卓越系列·国家示范性高等职业院校核心课程特色教材

# 单片机技术
# 任务驱动式教程

Task－Driven Approach Course for MCS－51

主　编　徐进强　左翠红

副主编　王　浩　姜　荣

参　编　刘翠玲　乔立强

　　　　刘文峰　曹　莉

U0370182

天津大学出版社

TIANJIN UNIVERSITY PRESS

## 内 容 提 要

本书以电子技术领域使用较广泛的 AT89 系列单片机为对象,着重介绍其内部结构、工作原理、接口技术、软硬件开发、工作流程等内容。

本书可作为高职高专院校电气自动化、机电一体化、过程控制技术、计算机应用技术等专业学生的教材,也可供从事单片机软硬件开发的工程技术人员参考。

**图书在版编目(CIP)数据**

单片机技术任务驱动式教程/徐进强,左翠红主编.
—天津:天津大学出版社,2010.2(2022.5重印)
国家示范性高等职业院校核心课程特色教材
ISBN 978 - 7 - 5618 - 3307 - 0

Ⅰ.①单… Ⅱ.①徐…②左… Ⅲ.①单片微型计算机-高等学校:技术学校-教材 Ⅳ.①TP368.1

中国版本图书馆 CIP 数据核字(2010)第 015837 号

| | | |
|---|---|---|
| **出版发行** | 天津大学出版社 | |
| **地　　址** | 天津市卫津路 92 号天津大学内(邮编:300072) | |
| **电　　话** | 发行部:022 - 27403647　邮购部:022 - 27402742 | |
| **网　　址** | www.tjupress.com.cn | |
| **印　　刷** | 北京盛通商印快线网络科技有限公司 | |
| **经　　销** | 全国各地新华书店 | |
| **开　　本** | 169mm×239mm | |
| **印　　张** | 18 | |
| **字　　数** | 420 千 | |
| **版　　次** | 2010 年 2 月第 1 版 | |
| **印　　次** | 2022 年 5 月第 2 次 | |
| **定　　价** | 39.00 元 | |

# 前　言

单片机具有功能强、使用灵活、可靠性高、成本低、体积小巧等特点,在工业测控、机器人、日用家电、智能仪表和尖端武器等各领域应用日益广泛。单片机应用技术已经成为当今社会电子工程师必备技能之一。

单片机应用技术是一门软硬件结合非常紧密的技术,课程内容晦涩难懂,新器件、新技术层出不穷,学生难以入门,是高等工科院校中公认的难教难学的课程之一。

为适应单片机课程教学内容的不断变化,利于初学者入门学习,编者根据高职高专教育的培养目标,从高职高专学生的知识结构、学习特点以及认知规律出发,结合多年的教学与实践经验,精心编写了这本《单片机技术任务驱动式教程》。

本教程以电子技术领域使用较广泛的 AT89 系列单片机为对象,着重介绍其内部结构、工作原理、接口技术、软硬件开发、工作流程等内容。本教程的编写力求做到以下几点。

① 采用任务驱动式教学方法组织教材内容,从 22 个实用的单片机应用实例入手(一个经典项目,21 个典型任务)讲解理论,做到理论联系实际,拉近程序设计学习与硬件电路设计间的距离,激发学生的学习兴趣。所有应用实例均采用 PROTEUS 仿真软件调试通过,程序附有详细的注释,便于学生自学。

② 在内容编排上,力求由浅入深,循序渐进,前后联系紧密。例如,某些任务采用多种解决方案,分布在不同的地方讲授,启发学生思维,鼓励学生自主思考。

③ 尊重教学规律,以便于学生入门,便于实践应用为主、兼顾理论知识的系统性和完整性,不面面俱到,体现"必需、够用、实用"的原则,如存储器扩展内容点到为止,初学者不必深入研究。

④ 突出实用性,舍弃或淡化了实际应用中很少用到的知识点,如定时器方式 0 的应用,增加了流行的技术内容,如 $I^2C$ 总线串行扩展、16×16 点阵 LED 显示屏等知识点。教程中还增加了单片机软硬件设计与调试点滴经验积累栏目,帮助初学者解决实践锻炼中经常遇到的一些问题和注意事项。

本书由徐进强、左翠红任主编,王浩、姜荣任副主编。其中徐进强、左翠红共同编写了第 1、2、3、4 章,姜荣编写了第 6、8 章,王浩编写了第 7、9 章,刘翠玲编写了第 5章,乔立强参与编写了第 7 章部分章节,刘文峰参与编写了第 9 章部分章节,曹莉编写了第 10 章,刘秋菊参与书中部分图片与版式的处理。全书由徐进强策划、统稿和定稿。

由于编者水平有限,加之时间仓促,错误和不妥之处在所难免,敬请广大读者批评指正。

编　者
2010 年 1 月

# 目　　录

第1章　为什么要学习单片机技术……………………………………………（1）

本章学习目标……………………………………………………………（1）

1.1　引言……………………………………………………………………（1）

1.2　数字时钟电路项目设计与分析……………………………………（1）

1.2.1　中小规模数字集成电路的实现方法……………………（2）

1.2.2　单片机应用技术的实现方法……………………………（3）

本章小结…………………………………………………………………（4）

习题与思考题……………………………………………………………（4）

第2章　初识单片机…………………………………………………………（5）

本章学习目标……………………………………………………………（5）

2.1　什么是单片机…………………………………………………………（5）

2.2　单片机的特点、发展及应用领域……………………………………（6）

2.2.1　单片机的特点……………………………………………（6）

2.2.2　单片机的发展……………………………………………（7）

2.2.3　单片机的应用领域………………………………………（8）

2.3　基于51内核的单片机简介…………………………………………（9）

2.4　怎样学好单片机技术………………………………………………（11）

本章小结…………………………………………………………………（13）

习题与思考题……………………………………………………………（14）

第3章　让我的单片机工作起来……………………………………………（15）

本章学习目标……………………………………………………………（15）

3.1　任务一——点亮最简单的单片机系统……………………………（15）

3.1.1　单片机的引脚及功能……………………………………（17）

3.1.2　单片机的时钟电路………………………………………（19）

3.1.3　单片机的复位电路………………………………………（21）

3.1.4　单片机的工作机理………………………………………（22）

3.2　任务二——在单片机应用系统中存储数据（硬件电路设计）…………（22）

3.2.1　单片机的存储器组织配置………………………………（27）

3.2.2　单片机的数据存储器……………………………………（27）

3.2.3　单片机的程序存储器……………………………………（33）

3.2.4　单片机最小应用系统……………………………………（33）

3.3　单片机软硬件设计与调试点滴经验积累（一）……………………（33）

本章小结……………………………………………………………（ 34 ）

习题与思考题………………………………………………………（ 34 ）

**第 4 章　如何与单片机交流——初识指令**……………………（ 36 ）

本章学习目标………………………………………………………（ 36 ）

4.1　任务三——在单片机应用系统中存储数据（程序指令书写）……（ 36 ）

　　4.1.1　指令格式与符号说明………………………………（ 37 ）

　　4.1.2　寻址方式……………………………………………（ 39 ）

　　4.1.3　内部 RAM 数据传送指令…………………………（ 43 ）

　　4.1.4　片外数据存储器与累加器 A 之间的传送指令……（ 48 ）

　　4.1.5　程序存储器向累加器 A 的传送指令………………（ 48 ）

4.2　任务四——单片机控制 LED 发光管模拟数值运算…………（ 50 ）

　　4.2.1　加法指令……………………………………………（ 52 ）

　　4.2.2　减法指令……………………………………………（ 53 ）

　　4.2.3　乘法指令……………………………………………（ 53 ）

　　4.2.4　除法指令……………………………………………（ 53 ）

　　4.2.5　加 1 指令……………………………………………（ 53 ）

　　4.2.6　减 1 指令……………………………………………（ 54 ）

　　4.2.7　十进制调整指令……………………………………（ 54 ）

4.3　任务五——单片机控制的流水彩灯……………………………（ 55 ）

　　4.3.1　逻辑运算及移位指令………………………………（ 57 ）

　　4.3.2　位操作指令…………………………………………（ 61 ）

　　4.3.3　控制转移类指令……………………………………（ 63 ）

本章小结……………………………………………………………（ 69 ）

习题与思考题………………………………………………………（ 69 ）

**第 5 章　让单片机更加听话——编程技术**……………………（ 71 ）

本章学习目标………………………………………………………（ 71 ）

5.1　任务六——单片机控制的单只数码管正计时器………………（ 71 ）

　　5.1.1　汇编语言程序设计流程与伪指令…………………（ 75 ）

　　5.1.2　顺序结构程序设计…………………………………（ 79 ）

　　5.1.3　延时子程序设计……………………………………（ 80 ）

　　5.1.4　查表程序设计………………………………………（ 85 ）

5.2　任务七——单片机控制的两位数码管倒计时器………………（ 87 ）

　　5.2.1　循环结构程序设计…………………………………（ 90 ）

　　5.2.2　分支结构程序设计…………………………………（ 93 ）

5.3　单片机软硬件设计与调试点滴经验积累（二）………………（ 96 ）

本章小结……………………………………………………………（ 97 ）

习题与思考题……………………………………………………（97）

**第 6 章　单片机与外界沟通的桥梁——并行接口**……………………（100）

本章学习目标………………………………………………………（100）

6.1　任务八 ——按键控制灯………………………………………（100）

6.1.1　并行接口的结构原理 …………………………………（102）

6.1.2　并行接口的负载能力 …………………………………（105）

6.2　任务九 ——单片机控制 4 位数码管显示数字 ………………（105）

6.2.1　静态显示方式 …………………………………………（107）

6.2.2　动态扫描方式 …………………………………………（107）

6.3　任务十 ——单片机演奏音乐 ………………………………（108）

6.3.1　蜂鸣器及其驱动电路 …………………………………（110）

6.3.2　音乐程序的编写方法 …………………………………（112）

本章小结……………………………………………………………（113）

习题与思考题………………………………………………………（113）

**第 7 章　单片机的关键技术——中断系统与定时/计数器**…………（115）

本章学习目标………………………………………………………（115）

7.1　任务十一 ——基于单片机的交通灯模拟控制系统 …………（115）

7.1.1　CPU 与外部设备的数据传送方式 ……………………（122）

7.1.2　单片机中断源与内部结构 ……………………………（124）

7.1.3　中断控制 ………………………………………………（124）

7.1.4　中断响应 ………………………………………………（128）

7.2　任务十二 ——基于单片机的方波发生器设计 ………………（132）

7.2.1　定时/计数器的控制 ……………………………………（135）

7.2.2　定时/计数器 T0、T1 的工作方式 ……………………（138）

7.3　任务十三——基于单片机的频率计设计 ……………………（145）

7.3.1　定时/计数器其他应用再举例 …………………………（148）

7.3.2　定时/计数器用于扩展外部中断源 ……………………（151）

本章小结……………………………………………………………（154）

习题与思考题………………………………………………………（155）

**第 8 章　有空常联络——串行口与通信**…………………………（157）

本章学习目标………………………………………………………（157）

8.1　任务十四 ——串行口控制多只彩灯 …………………………（157）

8.1.1　串行通信的基础知识 …………………………………（159）

8.1.2　单片机串行接口的结构 ………………………………（160）

8.1.3　74LS164 功能说明 ……………………………………（163）

8.1.4　串行口工作方式 0 ……………………………………（163）

8.2　任务十五——单片机和单片机间的数据传递 ……………………(166)

8.2.1　串行口工作方式3 ……………………………………………(168)

8.2.2　方式3下串口通信的应用举例 ……………………………(170)

8.3　任务十六——单片机与PC机间的通信 ……………………………(171)

8.3.1　RS—232总线标准 ……………………………………………(174)

8.3.2　RS—232接口电路 ……………………………………………(175)

8.4　单片机软硬件设计与调试点滴经验积累(三) ……………………(176)

本章小结 ……………………………………………………………………(177)

习题与思考题 ………………………………………………………………(177)

第9章　单片机技术的进一步应用——系统扩展与接口技术 …………(178)

本章学习目标 ………………………………………………………………(178)

9.1　任务十七——基于单片机的电子密码锁设计(键盘处理部分) ……(178)

9.1.1　键盘接口类型的选择 ………………………………………(183)

9.1.2　按键的识别方法 ……………………………………………(184)

9.2　任务十八——基于单片机的电子密码锁设计(I²C存储器部分) ……(188)

9.2.1　I²C串行总线概述 ……………………………………………(189)

9.2.2　I²C总线上数据传输 …………………………………………(190)

9.2.3　AT24串行E²PROM系列应用 ……………………………(193)

9.2.4　电子密码锁解决方案 ………………………………………(204)

9.3　任务十九——汉字点阵显示屏设计 ………………………………(213)

9.3.1　汉字点阵显示屏系统设计方案综述 ………………………(216)

9.3.2　汉字点阵显示屏软硬件设计 ………………………………(217)

9.4　任务二十——简易数字电压表设计 ………………………………(233)

9.4.1　A/D转换器原理分析 ………………………………………(238)

9.4.2　AT89S51与ADC0809的连接及应用 ……………………(241)

9.4.3　A/D转换器与微机接口应注意的问题 ……………………(245)

9.5　任务二十一——基于单片机的步进电机控制系统 ………………(246)

9.5.1　步进电机的基础知识 ………………………………………(249)

9.5.2　单片机与步进电机的接口电路设计及应用 ………………(251)

本章小结 ……………………………………………………………………(254)

习题与思考题 ………………………………………………………………(255)

第10章　一起来做经典的单片机课程设计项目
　　　　——基于单片机的一键多功能数字时钟 ………………(256)

本章学习目标 ………………………………………………………………(256)

10.1　课程设计的目的和过程要求 ……………………………………(256)

10.2　课程设计实例——基于单片机的一键多功能数字时钟 ………(257)

10.2.1 硬件电路设计 ……………………………………………………(257)

10.2.2 控制程序设计 ……………………………………………………(257)

10.3 单片机课程设计参考选题 ……………………………………………(267)

本章小结 ………………………………………………………………………(268)

**附录 A AT89 系列单片机指令表** ……………………………………(269)

**附录 B ASCII 码字符表** ………………………………………………(274)

**附录 C Keil uVision2 仿真软件使用方法** ………………………………(276)

**参考文献** …………………………………………………………………………(278)

# 第1章　为什么要学习单片机技术

本章学习目标
※掌握采用中小规模数字集成电路完成数字时钟训练项目的方法
※了解用单片机技术实现数字时钟训练项目的方法
※理解单片机应用技术的特点

## 1.1　引言

"模拟电子技术"和"数字电子技术"是电子类专业两门重要的专业基础课。这两门课主要介绍了二极管、三极管、放大电路、逻辑门电路、触发器、组合与时序逻辑电路的分析与设计以及数模信号转换等内容。学生在学完之后具备了分立元器件和通用集成电路的一些基础知识,初步掌握了电子电路设计与调试的基本技能和方法,为今后的专业学习打下了一定的基础。

随着集成电路技术的进一步发展,具有智能化应用特征的单片机技术在当今工业控制、仪器仪表、通信终端及各种数码产品中得到了广泛应用。单片机技术的应用从根本上改变了传统控制系统的设计思想和方法。以前必须由模拟电路或数字电路实现的大部分控制功能,现在都能通过单片机用软件方法予以实现,有时甚至不需要改变线路连接,只通过改变程序就可以大大增加系统的功能。单片机技术已成为高等学校测控、仪表、计算机和电子通信等专业学生的一门非常重要的专业核心课程。

## 1.2　数字时钟电路项目设计与分析

下面以数字时钟的设计制作项目为例,对比用以前所学的数电、模电技术与用单片机技术进行设计制作的异同。

数字时钟设计项目要求如下:

①能够准确地以数字形式显示时、分、秒;

②小时的计时要求为"24 翻 1",分和秒均为六十进位;

③显示时间有误差时可以校时。

## 1.2.1　中小规模数字集成电路的实现方法

该系统的工作原理示意图如图 1—1 所示。

固定脉冲信号源产生高稳定度的 1 Hz 脉冲信号,以作为数字钟的时间基准。秒计数器计满 60 后向分计数器进位,分计数器计满 60 后向时计数器进位,时计数器按"24 翻 1"的规律计数。计数器的输出经译码器译码后送显示器显示。计时出现误差时可以用校时电路进行校时、校分、校秒。

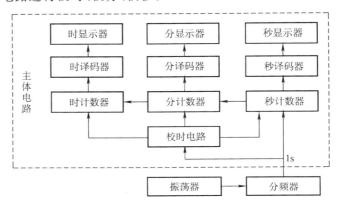

图 1—1　数字时钟电路工作原理示意图

1. 基准脉冲信号

基准 1 Hz 脉冲信号是数字时钟的核心,其稳定度及频率的精度决定了数字时钟的准确度。这里采用石英晶体构成振荡器电路,振荡器的频率稳定度和准确度都很高,经分频后获得 1 Hz 的标准脉冲信号。

2. 时、分、秒计数器的设计

分、秒计数器都是模数 $M=60$ 的计数器,计数规律为 00—01—02—…—58—59—00。可以选择二、五、十进制计数器 74LS90 或其他计数器实现,再将它们级连组成模数 $M=60$ 的计数器。时计数器是一个 24 翻 1 的特殊进制计数器,即当数字钟计到 23 时 59 分 59 秒时,秒的个位计数器再输入一个脉冲时,数字时钟应自动显示为 00 时 00 分 00 秒,实现日常生活中习惯用的计时规律。

3. 译码显示电路设计

计数器输出的数据经过译码驱动芯片 CD4511 传送给共阴极 LED 数码管显示器件。CD4511 是一个用于驱动共阴极 LED 数码管显示器的 BCD 码—七段码译码器,具有 BCD 转换、消隐和锁存控制、七段译码及驱动功能,能提供较大的拉电流,可直接驱动 LED 显示器。

4. 校时电路设计

对校时电路的要求是,在小时校正时不影响分和秒的正常计数;在分钟校正时不影响秒和小时的正常计数。校时方式通常有"快校时"和"慢校时"两种。"快校时"是指通过开关控制，使计数器对 1 Hz 的校时脉冲计数；"慢校时"则是指手动产生单次脉冲作为校时脉冲信号。

图 1—2 为采用中小规模数字集成电路设计的数字时钟电路实物图。可以看出，电路设计比较复杂，使用芯片较多，布线麻烦，容易出错。

图 1—2　中小规模数字集成电路芯片构成的数字时钟电路

## 1.2.2　单片机应用技术的实现方法

数字时钟的设计与制作是公认的单片机入门的经典选题。它综合应用了单片机技术中的定时器、中断、LED 显示、按键处理等很多知识。在电路设计时，可以先构成单片机的最小应用系统，利用单片机的并行接口经三极管驱动外接六位数码管，显示方式为动态显示。单片机外接石英晶体。由于单片机内部有一振荡电路，这样就构成了自激振荡器，并在单片机内部产生了精确的时钟脉冲信号。在程序编制时，使用单片机内部的定时器，通过程序设置让其产生 1 秒时钟定时信号。控制程序主要包括主程序、显示子程序、定时器 T0(T1) 中断服务程序以及延时子程序等。对于校时功能，可以采取中断处理方式。当有按键按下时，给单片机中断触发信号，通过 CPU 执行中断服务程序完成校时。总之，大部分功能是通过 CPU 执行程序实现的，而不是完全由硬件电路实现，所以说程序编写任务相对较重。

图 1—3 为以 AT89 系列单片机为控制核心设计的数字时钟电路实物图。由图

图 1—3　以单片机为控制核心构成的数字时钟

1—3 可以看出,电路设计非常简单,使用芯片较少,布线容易,不易出错。

通过以上对比,读者不难看出单片机技术的优势所在。电子工程师通过选用高性价比的单片机,充分利用单片机内部的丰富资源,尽可能地将硬件电路软件化,尽量减少硬件电路的成本,降低故障点,可大大提高系统的可靠性及应用系统的灵活性。

# 本 章 小 结

本章首先提出了一个数字时钟训练项目,介绍了采用中小规模数字集成电路的实现方法,然后又简单分析了采用单片机技术的解决方案。通过采用不同方法设计的数字时钟电路对比普通的数字集成电路实现方法与单片机技术实现方法的特点,了解单片机应用系统的设计思路和单片机技术的应用特点。

本书以下各章将详细讲解单片机应用系统设计过程中的各项基础知识与应用技术。以单片机实现的数字时钟的具体电路设计图以及源程序将在最后一章中以课程设计的形式给出。

# 习题与思考题

1. 在图 1—2 的基础上,如果将数字时钟的显示格式改为 12 小时进制,硬件电路需要做哪些改变? 如果再加上整点报时功能,硬件电路的改动是否很繁琐?

2. 在图 1—3 的基础上,如果将数字时钟的显示格式改为 12 小时进制,硬件电路需要做哪些改变? 如果再加上整点报时功能,硬件电路的改动是否很麻烦?

3. 结合图 1—1 和图 1—2,利用已经学过的知识,采用不同的方案,设计一完整的数字时钟电路,给出详细的电路设计图,并在电路板上焊接、调试,或利用仿真软件进行仿真。

# 第2章　初识单片机

**本章学习目标**
※ 了解单片机的概念、特点、发展和应用领域
※ 明确单片机与普通微型计算机的联系与区别
※ 了解常用 51 内核单片机芯片的性能参数
※ 掌握单片机学习过程中经常使用的数制与码制

## 2.1　什么是单片机

单片机是单片微型计算机(Single Chip Microcomputer)的简称。顾名思义,单片机属于计算机的范畴。

人们通常按照计算机的体积、性能和应用范围等标准,将计算机分为巨型机、大型机、中型机、小型机和微型机等。微型计算机正朝着两个不同的方向发展。一个方向是高速度、大容量、高性能的高档 PC(Personal Computer)机。PC 机是微型计算机中应用极为广泛的一种,也是人们非常熟识、经常与之打交道的一种计算机。由于其人机界面好、功能强、软件资源丰富,具有高速度、大容量、高性能的特点,通常用于办公或家庭的事务处理及科学计算。现在,PC 机已经成为当代社会各领域中最为通用的工具。微型计算机的另一个发展方向是稳定可靠、体积小、成本低的单片机。

单片微型计算机是指集成在一个芯片上的微型计算机,也就是把人们所熟识的组成微型计算机的各种功能部件,包括CPU(Central Processing Unit)、随机存取存储器 RAM(Random Access Memory)、只读存储器 ROM(Read Only Memory)、基本输入/输出(Input/Output)接口电路、定时器/计数器等部件制作在一块集成芯片上,构成一个完整的微型计算

图 2-1　普通 PC 机

机,从而实现微型计算机的基本功能。由于其构成都集中在一块芯片上,故称为单片机。下面把普通 PC 机(图 2-1)和单片机(图 2-2)进行比较,看看它们究竟有哪些异同点。

从组成上看,二者都具备 CPU(实现运算和控制功能)、RAM(数据存储器)、输入/输出(I/O)口(包括串口、并口等)和 ROM(程序存储器)等。对于 PC 机,上述部件以芯片形式安装在主板(图 2—3)上;而对于单片机,上述部件均被集成到一个芯片上。

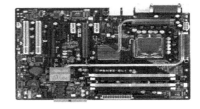

图 2—2　单片机　　　　　　　　　　　　　图 2—3　主板

从外观上看,通用 PC 机一般包括键盘、显示器、鼠标、软驱、光驱、音箱、打印机、扫描仪等许多外设;而单片机则仅仅是一片集成电路芯片(常见的有 64、48、40、32、28、20、16、8 只引脚)。

从功能上看,PC 机主要擅长海量数据的高速运算、采集、处理、存储以及传输。在 PC 机上运行各类软件(如 PROTEL、AUTOCAD、WORD、PHOTOSHOP 等)都属于这种功能。普通 PC 机的运行速度已经达到了 3 GHz 以上,拥有海量的硬盘空间,如 160、250 GB 都很常见,内存可达到 1 GB 以上。单片机主要用来控制(或受控于)外设,它的专长是应用于测控领域,实际应用中往往嵌入到某个仪器、设备或系统中,使其达到智能化的效果。单片机运算速度一般只有几兆至几十兆赫兹,如 51 单片机常用的晶振频率有 6、11.059 2、24 MHz 等;单片机内部 ROM 也比较小,一般在几千到几十千字节;单片机内部 RAM 一般为几百到几千字节。

虽然单片机的性能无法与 PC 机相比,但是单片机具有高可靠性、体积小、智能性、实时性、可塑性强(只要写入不同的程序,同一片单片机能够完成不同的工作)等诸多优点,而且价格低廉,如一片 AT89S51 单片机才几块钱。正是因为具备这些优点,单片机成为电子工程师们开发嵌入式应用系统和小型智能化产品的首选。

## 2.2　单片机的特点、发展及应用领域

### 2.2.1　单片机的特点

1. 面向控制

单片机主要应用于仪器仪表和测控领域,其结构及功能均按自动控制要求设计,又称微控制器(Microcontroller Unit,MCU)。利用微控制器进行控制的技术称微控制技术。传统控制系统的控制功能是通过电子电器元件和线路连接等硬件手段实现的,一经完成,功能很难被更改。若要改变功能,必须重新连接电路,十分不便。而微

控制技术是由硬件和软件共同实现的。通过修改程序,就可以在原有硬件线路上实现多种功能。例如彩灯的控制,若由传统控制系统实现,则线路完成之后,彩灯的闪烁方式也就确定了;而若采用单片机系统控制,即便不改变线路连接,而只简单地修改程序也可实现多种不同的彩灯闪烁方式。

微控制技术从根本上改变了传统的控制系统思想,它通过对单片机编程的方法代替由模拟电路或数字电路实现的大部分控制功能,是对传统控制的一次革命。

2. 在线应用

在线应用就是以单片机代替常规模拟或数字控制电路,使其成为测控系统的一部分,在被控制对象工作过程中实现实时检测和控制。在线应用为实时测控提供了可能和方便。

3. 嵌入式应用

单片机在应用时通常装入到各种智能化产品之中,所以又称嵌入式微控制器(Embedded Microcontroller Unit,EMCU)。"嵌入"使得单片机的应用十分灵活。

另外,单片机还具有体积小、成本低、速度快、使用灵活、抗干扰能力强、性能可靠、价格低廉、易于产品化等诸多优点。

## 2.2.2　单片机的发展

单片机诞生于 20 世纪 70 年代。1976 年美国 Intel 公司推出第一个 8 位单片机系列 MCS-48,成为计算机发展史上的重要里程碑。其技术特点是采用了专门的结构设计,片内集成了 8 位 CPU、并行 I/O 口、8 位定时/计数器、RAM 和 ROM 等,无串行接口,中断处理较简单,片内 RAM 和 ROM 容量较小,且寻址范围不大于 4 KB。

1978 年,Intel 公司在 MCS-48 基础上推出了完善的、典型的单片机系列 MCS-51。它奠定了典型的通用总线型单片机体系结构。20 世纪 80 年代,随着 MCS-51 系列的广泛应用,许多电气厂商竞相使用 80C51 为内核,将许多测控系统中使用的电路技术、接口技术、多通道模/数(A/D)转换部件、可靠性技术等应用到单片机中,增强了外围电路功能,强化了智能控制的特征。

20 世纪 90 年代以后,微控制器进入全面发展阶段。单片机已成为工业控制领域中普遍采用的智能化控制工具——小到玩具、家电产品,大到车载、舰船电子系统,其应用遍及计量测试、工业过程控制、机械电子、金融电子、商用电子、办公自动化、工业机器人和航空航天领域。为满足不同的要求,出现了高速、大寻址范围、强运算能力和多机通信能力的 8 位、16 位、32 位通用型单片机以及小型廉价、外围系统集成的专用型单片机和各具特色的现代单片机。可以说,单片机的发展进入了百花齐放的时代,为用户提供了广阔的选择空间。

从单片机的结构功能上看,单片机将向着片内存储器容量增加、高性能、高速度、多功能、低电压、低功耗、低价格以及外围接口电路内装化(嵌入式)等方向发展。具体说来有如下趋势。

### 1. 制作工艺 CMOS 化

近年,CHMOS 技术的进步大大地促进了单片机的 CMOS 化。CMOS 芯片除了低功耗特性之外,还具有功耗的可控性,使单片机可以工作在功耗精细管理状态。CHMOS 是 CMOS 和 HMOS 的结合,除保持了 HMOS 的高速度和高密度的特点之外,还具有 CMOS 低功耗的特点。例如,80C51 单片机的功耗只有 120 mW。这对于注重低功耗设计的便携式、手提式或野外作业仪器设备是非常有意义的。

### 2. 外围接口电路内装化

尽管单片机是将中央处理器 CPU、存储器和 I/O 接口电路等主要功能部件集成在一块集成电路芯片上的微型计算机,但由于工艺和其他方面的原因,很多功能部件并未集成在单片机芯片内部。于是,用户通常的做法是根据系统设计的需要在外围扩展功能芯片。随着集成电路技术的快速发展和"以人为本"的思想在单片机设计上的体现,很多单片机生产厂家充分考虑到用户的需求,将一些常用的功能部件,如 A/D 转换器、声音发生器、监视定时器、液晶显示驱动器等集成到芯片内部,尽量做到单片化。

### 3. 串行扩展技术的广泛应用

很长一段时间里,通用型单片机通过三总线结构扩展外围器件成为单片机应用的主流结构。随着低价位 OTP(One Time Programable) 及各种类型片内程序存储器的发展,加之外围接口电路不断进入片内,推动了单片机"单片"应用结构的发展。特别是 I2C、SPI 等串行总线的引入,可以使单片机的引脚更少,单片机系统结构更加简化及规范化。

## 2.2.3 单片机的应用领域

单片机广泛应用于仪器仪表、家用电器、医用设备、航空航天、专用设备的智能化管理及过程控制等领域,具体如下。

### 1. 在智能仪器仪表上的应用

单片机广泛应用于仪器仪表中。结合不同类型的传感器,它可实现电压、功率、频率、湿度、温度、流量、速度、厚度、角度、长度、硬度、压力等物理量的测量。采用单片机控制还可使仪器仪表数字化、智能化、微型化,且功能比采用电子或数字电路更加强大,如精密的测量设备(功率计、示波器及各种分析仪)。

### 2. 在工业控制中的应用

单片机广泛应用于工业自动化控制系统中,无论是数据采集、过程测控、生产线上的机器人系统,都是用单片机作为控制器。自动化能使工业系统处于最佳工作状态、提高经济效益、改善产品质量和减轻劳动强度。因此,单片机技术广泛应用于机械、电子、电力、石油、化工、纺织、食品等工业领域中。

### 3. 在家用电器中的应用

单片机的参与进一步提高了家电产品智能化的程度,如"微电脑控制"的洗衣机、电冰箱、微波炉、空调机、电视机、音响设备等。这里的"微电脑"实际上就是"单片机"。

4. 在计算机网络和通信领域中的应用

现代的单片机普遍具备通信接口,可以很方便地与计算机进行数据通信,为在计算机网络和通信设备间的应用提供了极好的物质条件。现在的通信设备基本上都实现了单片机智能控制,从手机、电话机、小型程控交换机、楼宇自动通信呼叫系统、列车无线通信,到日常工作中随处可见的移动电话、集群移动通信、无线电对讲机等。

5. 在医用设备领域中的应用

单片机在医用设备中的用途亦相当广泛,如医用呼吸机、各种分析仪、监护仪、超声诊断设备及病床呼叫系统等。

纵观现在生活的各个领域,从导弹的导航装置到飞机上的各种控制仪表,从计算机的网络通讯与数据传输到工业自动化过程的实时控制和数据处理,以及生活中广泛使用的各种智能 IC 卡、电子宠物等,都离不开单片机。以前没有单片机时,这些也能实现,但是只能使用复杂的模拟电路和数字电路,然而这样做出来的产品不仅体积大,而且成本高,并且由于长期使用导致元器件不断老化,控制的精度自然也会达不到标准。在单片机技术兴起后,这些控制电路就变得智能化了,只需要在单片机外围接一些简单的接口电路,核心部分通过写入程序来完成。这样,产品的体积变小了,成本也降低了,长期使用也不会担心精度达不到了。

## 2.3 基于 51 内核的单片机简介

在学习本节时,需要弄清几个常见的名词——MCS－51 系列、8051、80C51 内核。

MCS－51 系列单片机是美国 Intel 公司于 1980 年推出的,8051 是该系列的典型产品。有些文献甚至也将 8051 泛指 MCS－51 系列单片机。后来,Intel 公司将 MCS－51 系列中的 80C51 内核使用权以专利互换或出售形式转让给全世界许多 IC 制造厂商,如 Philips、NEC、Atmel 等。这些公司都在保持与 80C51 单片机兼容的基础上改善了 80C51 的许多特性。这样,80C51 就变成有众多制造厂商支持的、发展出上百品种的大家族,现统称为 80C51 系列。80C51 的架构和指令系统为后来的单片机提供了参考基准和强大支持,凡是学过 80C51 单片机的人再去学用其他类型的单片机就易如反掌了。

美国 Atmel 公司的技术优势在于 Flash 存储器技术。它将 Flash 与 80C51 核相结合,形成了 Flash 单片机 AT89 系列。AT89 系列单片机内部含有大容量的 Flash 存储器,又增加了新的功能,如看门狗定时器 WDT 以及 ISP 和 SPI 串行接口技术等,因此在电子产品开发及智能化仪器仪表中有着广泛的应用。本书应用的单片机就是基于 51 内核的 AT89 系列单片机。

以下是 AT89 系列中几种常用单片机的参数和性能。

1. AT89C51

AT89C51 片内含 4 KB 的可反复擦写的只读程序存储器和 128 B 的随机存取数据存储器(RAM),器件采用 Atmel 公司的高密度、非易失性存储技术生产,兼容标准 MCS—51 指令系统,片内配置通用 8 位中央处理器(CPU)和 Flash 存储单元。主要性能参数如下:

①与 MCS—51 产品指令系统完全兼容;

②4 KB 可重擦写 Flash 闪速存储器;

③1 000 次擦写周期;

④全静态操作,0~24 MHz;

⑤三级加密程序存储器;

⑥128×8 B 内部 RAM;

⑦32 个可编程 I/O 口线;

⑧2 个 16 位定时/计数器;

⑨6 个中断源;

⑩可编程串行 UART 通道;

⑪低功耗空闲和掉电模式。

2. AT89S51

在市场化方面,AT89C51 受到了 PIC 单片机阵营的挑战。AT89C51 的缺点在于不支持 ISP(在线可编程)功能,必须加上 ISP 功能等新功能才能更好地延续 MCS—51 的传奇。AT89S51 就是在这样的背景下取代 AT89C51 的。

AT89S51 相对于 AT89C51 功能及特点如下。

①增加了 ISP 在线编程功能,并且不需要把芯片从工作环境中剥离,就可改写单片机存储器内的程序。

②最高工作频率为 33 MHz,而 AT89C51 的极限工作频率是 24 MHz。

③具有双工 UART 串行通道。

④内部集成看门狗计时器,不再需要像 AT89C51 那样外接看门狗计时器单元电路。

⑤具有双数据指示器。

⑥具有电源关闭标识。

⑦有全新的加密算法,这使得对于 AT89S51 的解密变为不可能,程序的保密性大大加强。

⑧向下完全兼容 51 全部子系列产品,比如 8051、89C51 等早期 MCS—51 兼容产品。

3. AT89S52

AT89S52 具有 8 KB 系统内可编程 Flash 存储器,使用 Atmel 公司高密度非易失性存储器技术制造,与 80C51 产品指令和引脚完全兼容。片上 Flash 允许程序存储器系统内可编程,亦适于常规编程器。AT89S52 具有以下标准功能:8 KB Flash,256 B RAM,32 位 I/O 口线,看门狗定时器,2 个数据指针,3 个 16 位定时器/计数器,1 个 6 向量 2 级中断结构,全双工串行口,片内晶振及时钟电路。

## 2.4　怎样学好单片机技术

当今电子技术的学习远比上个世纪学习二极管、三极管难得多。在学习模拟电路、数字电路时,采用各种仿真软件能帮助人们高效地分析和设计电路,不仅节省时间,也使得学习过程更加直观明了。而单片机技术是软硬件结合的技术,单片机应用系统的设计既需要进行硬件电路的设计,也需要编写软件程序。作为单片机的初学者,更应该借助现代的设计调试手段,建立必备的软硬件环境。

硬件有 PC 机一台(普通配置,不必很高档)、万用表、仿真器或下载型的单片机实验板 1 块(含下载线)。现在市面上流行的开发实验板很多,读者可以选择的余地很大。读者可以到"电子驿站"、"伟纳电子"、"天祥电子"等诸多单片机网站查询,一般数百元就可买到,网站或厂家还能提供较好的技术支持。学校的实验室虽然配备单片机实验箱,但由于实践教学场地以及时间的限制,作者仍强烈建议有志于从事单片机开发工作的学子们买一套实验开发板,业余时间勤学苦练,效果更佳。图 2—4 是一款单片机学习板,体积小巧,功能丰富,适合自学。

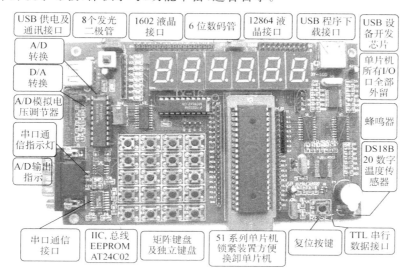

图 2—4　单片机学习板

　　软件有用于编辑、编译、调试源程序的工具软件一套。Keil C51 是众多单片机应用开发软件中最为著名的软件之一，它支持大部分不同的 MCS—51 架构的芯片。它集编辑、编译、仿真等功能于一体，同时还支持 PLM、汇编语言和 C 语言的程序设计。它的界面和常用的微软 VC＋＋的界面相似，十分友好，易学易用。Keil C51 是一款商业软件，可以到 Keil 中国代理周立功公司的网站上下载一份能编译 2 KB 程序的评估版软件，基本可以满足一般的个人学习和小型应用的开发。

　　在此推荐一款学习单片机的很好的 EDA 工具软件——PROTEUS。PROTEUS 是英国 Labcenter Electronics 公司研发的 EDA 工具软件。PROTEUS 不仅是模拟电路、数字电路、A/D 混合电路的设计与仿真平台，更是目前世界上最先进、最完整的多种型号微控制器（单片机）系统的设计与仿真平台。它真正实现了在计算机上完成从原理图设计、电路分析与仿真、单片机代码调试与仿真、系统测试与功能验证到形成 PCB 的完整的电子设计、研发过程。

　　与其他单片机仿真软件不同的是，它不仅能仿真单片机 CPU 的工作情况，也能仿真单片机外围电路或没有单片机参与的其他电路的工作情况。因此在仿真和程序调试时，关心的不再是某些语句执行时单片机寄存器和存储器内容的改变，而是从工程的角度直接看程序运行和电路工作的过程和结果。这样的仿真实验，从某种意义上讲，是弥补了实验和工程应用间脱节的矛盾和现象。图 2—5 和图 2—6 分别是 PROTEUS 软件的启动界面和一个 LCD 液晶显示的仿真实例。

图 2—5　PROTEUS 软件的启动界面

　　学习单片机最好有数字电路和微机原理等方面的知识基础。高校学生一般都学过这些课程。作者曾发现，有的学生数字电路理论考试成绩很优秀，但让他谈谈数电中很常用的器件（如译码器的功能和应用场合）时，却讲不清楚，而译码器或其实现的功能在单片机技术中是会经常使用到的。若前面基础课程没学好，势必会影响单片机课程的学习效果。

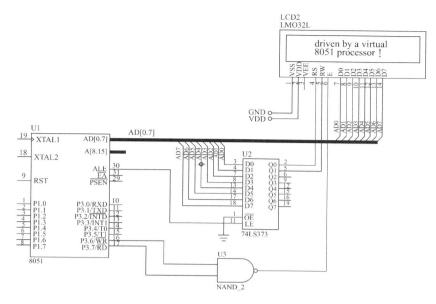

图 2－6　PROTEUS 软件仿真 LCD 应用的实例

　　网络的盛行让人们大受其益,很多优秀的网站给人们提供了广阔的学习和交流的平台,例如"21IC 中国电子网"、"电子驿站"、"平凡单片机工作室"以及"单片机攻略"等。网站上有很多的 BBS 板块,不懂的问题能很快得到答复,也有很多关于学习方法的介绍。经常光顾这类网站必定会开拓眼界,激发学习兴趣。

　　学习单片机,一般认为入门不算容易,很多知识点在一开始学习时较难吃透。以上文提及的各种单片机的性能比较为例,如果没有学完本教材,没有真正设计过电路、做过实验,是不可能有深刻理解的。所以,在学习单片机技术时,要有耐心,碰到实在弄不懂的问题,不能钻牛角尖。在学习时,不妨暂且搁置疑问,以后再反复钻研,只有这样才能坚持到最后,登入辉煌的技术殿堂。

# 本 章 小 结

　　本章主要介绍了单片机的基本概念以及其发展、特点和应用领域,读者应明确单片机与微型计算机的联系与区别,认识单片机应用技术在自动控制等领域中的地位。单片机种类繁多,目前高校中学习应用的大多是 51 内核单片机芯片,如 AT89S51 和 AT89S52 等。AT89S52 由于具有 8 KB 的存储容量,基本不需要外扩程序存储器,在电子设计竞赛等场合应用较多。学好一种单片机的应用方法,对学习其他型号和系列的单片机会有很大帮助。

　　PROTEUS 是一款流行的单片机仿真软件,工作界面简便友好,提供的元件库丰富,提供的仪表仪器资源符合单片机教学实验的要求,便于单片机硬件和软件的综合调试,是学生学习的一个很好的工具软件。

# 习题与思考题

1. 什么是单片机,主要特点有哪些?
2. 单片机的发展分为哪几个阶段?
3. 单片机与微型计算机的区别与相似之处有哪些?
4. 列举一些日常生活中单片机应用的实例。
5. 学习单片机需要具备哪些软硬件的条件?

# 第3章 让我的单片机工作起来

**本章学习目标**

※认识单片机的引脚分布,了解外围辅助电路的功能

※了解单片机的硬件组成和各功能部件的作用

※掌握单片机存储器的组织和配置

※了解单片机的工作机理,理解时钟和机器周期的概念,
明确时序的含义

## 3.1 任务一 ——点亮最简单的单片机系统

【学习目标】 通过一个最简单任务的完成,认识单片机的内部结构,了解单片机各组成部分的功能和单片机工作的基本机理,掌握单片机应用系统的开发流程。

【任务描述】 单片机系统上电工作后,点亮一个发光二极管。

1. 硬件电路与工作原理

硬件电路如图 3-1 所示。

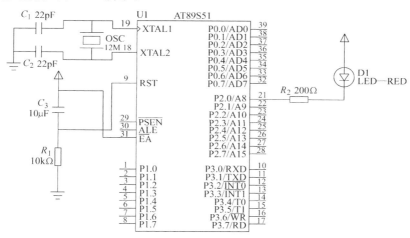

图 3-1 单片机点亮发光二极管

图 3-1 采用 PROTEUS 虚拟仿真软件绘制。从图中可以看出,当 P2.0 引脚输出低电平时,发光二极管上有电流流过,发光二极管发光;否则,当 P2.0 引脚输出

高电平时,发光二极管上无电流流过,发光二极管不亮。也就是说,只需控制单片机P2.0引脚的输出电平,就能控制发光二极管的亮灭。芯片 AT89S51 的左边部分是时钟电路与复位电路,这是单片机工作所需要的最基本的外围电路。

2. 控制源程序

控制源程序如下。

```
ORG    0000H              ;指定该程序在程序存储器中存放的起始位置
MOV  P2,   ♯11111110B ;P2.0 口输出低电平,P2 口的其他口线输出高电平
HERE：AJMP  HERE        ;在此循环等待
END                         ;程序结束
```

3. 源程序的编辑、编译和下载

市面上有很多不同版本的模拟仿真软件及 ISP 下载软件,读者可根据自身的条件或实验室的配置选择,依据帮助说明和详细要求使用。由于篇幅所限,在此不详细叙述。其实,这些软件的操作方式和步骤大同小异,主要功能是要完成源程序的编辑、编译和下载等,也就是提供一个编辑源程序的环境,然后把用汇编语言或 C 语言写的程序"翻译"成二进制目标代码,最后下载到单片机的程序存储器中运行调试。这样,单片机应用系统上电后,就能自动执行程序存储器中的指令代码,来完成预定的功能。

单片机应用系统开发过程中经常使用的仪器有单片机编程器(图 3—2)和仿真器(图 3—3)。下面做一简单介绍。

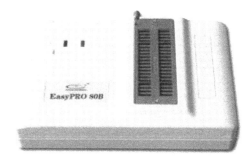

图 3—2　编程器

图 3—3　仿真器

编程器又叫做烧录器,它的作用是将目标代码(注意:是目标代码而不是源程序)烧录到单片机中。编程器一般有两种类型。一种是独立型,即可以独立编程,不需要电脑驱动,但前提条件是要有一个母片,适合于批量生产。另外一种是由电脑驱动的,需要相应的操作软件与编程器配合才能完成烧录工作,是实验室常用的。

仿真器就是用仿真头借助软件来代替在目标板上的单片机芯片,关键是不用反复插拔单片机芯片,而仅仅反复烧写程序。程序执行情况可以在电脑屏幕上显

示，如程序单步运行或在指定断点位置停止等，调试极为方便。仿真器应包括两个硬件接口，一个连接到目标板上的单片机插座，另一个接口与 PC 机相连。在开发初期，开发系统依靠仿真器工作，当目标功能完善后，仿真器被真正的 MCU 取代。

　　仿真器和电脑上的仿真软件是通过串口或 USB 口相连的，通过仿真器内部芯片的 RxD 和 TxD 端口与联机通讯。RxD 端口负责接收电脑主机发来的控制数据，TxD 端口负责给电脑主机发送反馈信息。控制指令仿真软件发出，仿真器内部的仿真主控程序负责执行接收到的指令，进而驱动硬件工作。通过仿真主控程序可以让目标程序做特定的运行，如单步运行、断点运行、运行到光标处等，并且通过仿真软件可以实时观察到单片机内部各个存储单元的状态。

　　仿真器价格相对较高，对于初学者，可考虑采用具有 ISP 功能的单片机。ISP 是"In System Programming"的缩写，即现在流行的在系统可编程技术。51 系列单片机(如 AT89S51、S52、S53、S8252 等)都支持 ISP 功能。

　　简单地说，在系统可编程技术就是指待编程的单片机已经安装在目标板上，不必拆下来用编程器进行编程，只需利用 ISP 编程接口，通过下载线(图 3-4)就可把程序代码下载到单片机内部。ISP 技术是对传统编程技术的一大革新。在烧写程序时，使用 ISP 技术就不必频繁拔插芯片，只要点击鼠标即可把程序写入单片机。在系统编程使得单片机芯片寿命更长、性能更高、写入速度更快、稳定性更好，写入完成后自动运行新程序，可以立即查看到程序运行结果，具有"所见即所得"的特性。它的易用性接近仿真器，学习使用更方便、更快捷。

图 3-4　下载线

　　下面围绕这一任务，介绍单片机的引脚功能以及单片机工作所必需的外围辅助电路，进而了解单片机的工作机理。

### 3.1.1　单片机的引脚及功能

　　任务一要求用单片机点亮一个发光二极管。从硬件角度分析，单片机的某个引脚应通过一定的方式与发光二极管连接，以实现对发光管的控制。那么究竟该选择哪个引脚，就需要先研究单片机各个引脚本身的定义和功能。

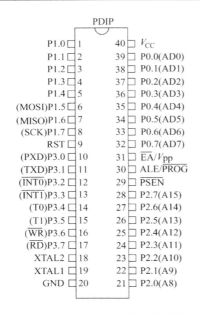

图 3—5　AT89S51 单片机的引脚分布

做数字电路实验时便知,拿到一个芯片首先要查看它有多少引脚,分析其功能表或 PDF 说明文档,确定各个引脚有什么功能。而把芯片内部看成一个黑匣子,无需关心内部是如何工作的(多数情况如此)。下面以 AT89S51 单片机为例,介绍单片机各引脚的分布与功能。AT89S51 的引脚分布如图 3—5所示

AT89S51 单片机有 PDIP、PLCC、TQFP 3 种封装方式,其中最常见的就是采用 40Pin 封装的双列直插方式。芯片共有 40 个引脚,引脚的排列顺序为从靠芯片的缺口左边引脚逆时针数起,依次为 1、2、3、4……40。在单片机的 40 个引脚中,电源引脚有 2 根,外接晶体振荡器引脚 2 根,控制引脚 4 根以及 4 组 8 位可编程输入、输出引脚 32 根。

各引脚的功能详细说明如下。

1)$V_{CC}$　　电源电压输入端。

2)GND　　电源地。分时提供低 8 位地址和 8 位数据。

3)P0 口(P0.0—P0.7)　P0 口可作为通用 I/O(输入/输出)口。作为输出口,每个引脚可吸收 8 个 TTL 的灌电流;作为输入时,首先应将引脚置 1。在访问外部数据存储器或程序存储器时,这组口线分时转换地址(低 8 位)和数据总线。

4)P1 口(P1.0—P1.7)　P1 口可作普通 I/O 口,内部带上拉电阻。P1 的输出缓冲级可驱动(吸收或输出电流)4 个 TTL 逻辑门电路。对端口写"1",通过内部的上拉电阻把端口拉到高电平,此时可作输入口。在串行编程和校验时,P1.5、P1.6 和 P1.7 还具备第二功能,分别是串行数据输入、输出和移位脉冲引脚,如表 3—1 所示。

5)P2 口(P2.0—P2.7)　P2 是一个带有内部上拉电阻的 8 位双向 I/O 口。P2 的输出缓冲级可驱动(吸收或输出电流)4 个 TTL 逻辑门电路。对端口写"1",通过内部的上拉电阻把端口拉到高电平,此时可作输入口。在访问外部程序

表 3—1　P1.5、P1.6 和 P1.7 的第二功能

| 端口引脚 | 第二功能 |
|---|---|
| P1.5 | MOSI(用于 ISP 编程) |
| P1.6 | MISO(用于 ISP 编程) |
| P1.7 | SCK(用于 ISP 编程) |

存储器或 16 位地址的外部数据存储器(例如执行 MOVX A,@DPTR 指令)时,P2 口送出高 8 位地址数据。在访问 8 位地址的外部数据存储器(如执行 MOVX A,@Ri 指令)时,P2 口线上的内容(即特殊功能寄存器区中 P2 寄存器的内容)在整个访问期间不变。

6)P3 口(P3.0—P3.7)　P3 口是一组带有内部上拉电阻的 8 位双向 I/O 口。P3 口输出缓冲级可驱动(吸收或输出电流)4 个 TTL 逻辑门电路。对 P3 口写入"1"时,它们被内部上拉电阻拉高并可作为输入端口。P3 口除了作为一般的 I/O 口线外,更重要的用途是它的第二功能,如表 3—2 所示。

表 3—2　P3 口的第二功能

| 端口引脚 | 第二功能 | 端口引脚 | 第二功能 |
|---|---|---|---|
| P3.0 | RXD(串行输入口) | P3.4 | T0(定时器/计数器 0) |
| P3.1 | TXD(串行输出口) | P3.5 | T1(定时器/计数器 1) |
| P3.2 | $\overline{INT0}$(外中断 0) | P3.6 | $\overline{WR}$(外部数据存储器写选通) |
| P3.3 | $\overline{INT1}$(外中断 1) | P3.7 | $\overline{RD}$(外部数据存储器读选通) |

7)RST　复位输入端,高电平有效。当振荡器工作时,RST 引脚出现两个机器周期以上的高电平,使单片机复位。

8)ALE/$\overline{PROG}$　当访问外部程序存储器或数据存储器时,ALE(地址锁存允许)输出脉冲用于锁存地址信息的低 8 位字节。即使不访问外部存储器,ALE 仍以时钟振荡频率的 1/6 输出固定的正脉冲信号,因此它可对外输出时钟或用于定时。

9)$\overline{PSEN}$　外部程序存储器读选通信号,低电平有效。当 AT89S51 执行来自外部程序存储器中的指令代码时,PSEN 每个机器周期两次有效。在访问外部数据存储器时,PSEN 无效。

10)$\overline{EA}/V_{PP}$　外部程序存储器访问允许。如果需要 CPU 仅访问外部程序存储器(地址为 0000H—FFFFH),$\overline{EA}$端必须保持低电平(接地);如果$\overline{EA}$端为高电平(接 $V_{CC}$端),CPU 则将先执行内部程序存储器中的指令。

11)XTAL1　片内振荡器反相放大器和时钟发生器的输入端。

12)XTAL2　片内振荡器反相放大器的输出端。

AT89S51 单片机对外部电路进行控制或交换信息都是通过 I/O 端口进行的。由任务一的要求可知,应该通过单片机的一个 I/O 口去控制发光二极管,让 I/O 口(比如说 P2.0 输出高低电平)控制发光二极管的亮灭。在本任务中当然也可以选用 P0~P3 中其他 I/O 口线。电阻 $R_2$ 是限流电阻,可以接至 $V_{CC}$,也可以接至 GND。这两种接法的区别在于电流是流入单片机,还是流出单片机。由于单片机 I/O 口能承受的灌电流(流入)的能力比拉电流(流出)大,故一般电路都采用图 3—1 所示的接法。

## 3.1.2　单片机的时钟电路

任务一电路图(图 3—1)中的 $C_2$、$C_3$ 和 OSC(晶体振荡器)等器件组成了单片机的一个常用的外围辅助电路——时钟电路,向单片机提供时钟信号。

单片机内部集成了大量的时序元器件及时序电路。时序元器件及时序电路需要在时钟脉冲的控制下工作。也就是说,单片机内部的寄存器、计数器、运算器乃至

CPU 的各种动作都需要在时钟脉冲的触发下进行。单片机本身就是一个复杂的同步时序电路。为保证同步工作方式的实现,电路就应在唯一时钟信号控制下严格地按时序进行工作。所以,时钟电路是单片机系统中不可缺少的。

1. 时钟信号的产生

在 AT89S51 芯片内部有一个高增益反相放大器,其输入端为引脚 XTAL1,输出端为引脚 XTAL2 。在芯片外部,XTAL1 和 XTAL2 之间跨接晶体振荡器(图3－6)和微调电容(图 3－7),从而构成一个稳定的自激振荡器。单片机时钟电路如图3－8 所示。

图 3－6　晶体振荡器

图 3－7　微调电容

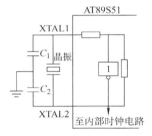

图 3－8　单片机的时钟电路

时钟电路产生的振荡脉冲经过内部触发器进行二分频之后,才成为单片机的时钟脉冲信号。请读者特别注意时钟脉冲与振荡脉冲之间的二分频关系。一般电容 $C_1$ 和 $C_2$ 取 10～30 pF。晶体振荡频率高,则系统的时钟频率也高,单片机运行速度也就越快。AT89S51 单片机常用的频率为 6、11.0592、12、24 MHz 等。

2. 时序

时序是用定时单位说明的。AT89S51 的时序定时单位共有 4 个,从小到大依次是节拍、状态、机器周期和指令周期,如图 3－9 所示。由石英晶体振荡器产生的时钟信号的周期称为振荡周期,它是单片机中最小的时序单位。

(1)节拍与状态

把振荡脉冲的周期定义为节拍(用 P 表示)。振荡脉冲经过二分频后,就是单片机时钟信号的周期,定义为状态(用 S 表示)。这样,一个状态就包含两个节拍,其前半周期对应称为节拍 1($P_1$),后半周期为节拍 2($P_2$)。

(2)机器周期

单片机完成一个基本操作所需要的时间称为一个机器周期。规定一个机器周期的宽度为 6 个状态,并依次表示为 $S_1$～$S_6$。由于一个状态又包括两个节拍,因此一个机器周期总共有 12 个节拍,分别记作 $S_1P_1$、$S_1P_2$……$S_6P_2$。也就是说,机器周期是振荡脉冲的十二分频。当振荡脉冲频率为 12 MHz 时,一个机器周期为 1 $\mu$s;当振荡脉冲频率为 6 MHz 时,一个机器周期为 2 $\mu$s。

（3）指令周期

指令周期是最大的时序定时单位，执行一条指令需要的时间称为指令周期。它一般由若干个机器周期组成。不同的指令所需要的机器周期数也不相同。指令的运算速度与指令所包含的机器周期有关，机器周期数越少的指令执行速度越快。

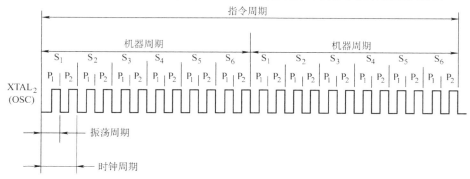

图 3-9　单片机各种周期的相互关系

### 3.1.3　单片机的复位电路

任何单片机在工作之前都要有复位过程。复位是程序执行前进行的准备工作。显然，准备工作不需要太长的时间。

AT89S51 单片机复位信号的输入端是 RESET 引脚，高电平有效，有效时间应持续 24 个振荡周期（2 个机器周期）以上。RESET 端的外部复位电路有两种操作方式：上电自动复位（图 3-10）和按键手动复位（图 3-11）。

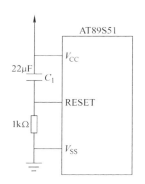 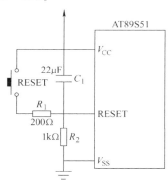

图 3-10　上电自动复位电路　　　　　图 3-11　按键手动复位电路

图 3-10 为上电复位电路，是利用电容充电实现的。在打开电源瞬间，RESET 端的电位与 $V_{CC}$ 相同，随着充电电流的减少，RESET 的电位逐渐下降。只要保证 RESET 为高电平的时间大于 2 个机器周期，便能正常复位。

图 3-11 为按键复位电路。该电路除具有上电复位功能外，还可通过按 RESET 键实现复位。此时电源 $V_{CC}$ 经电阻 $R_1$、$R_2$ 分压，在 RESET 端产生一个复位高电平。

本任务中电路设计采用的复位电路结构是简易的上电复位电路。

### 3.1.4 单片机的工作机理

任务一的硬件电路已经连接完毕,程序也已经编写完,并且已下载到单片机的程序存储器中,单片机应用系统上电后就可执行程序了。单片机的工作过程实质上就是执行用户编制程序的过程。由于单片机只能识别 0、1 代码,所以应该通过专门的软件将用汇编语言或其他高级语言(如 C 语言)编写的程序翻译成 0 和 1 表示的机器码。程序的机器码在单片机应用系统上电运行之前都已经固化到单片机内部的存储器中(或外部扩展的存储器中),因此单片机上电复位后,就可以从存储器的 0000H单元开始取指令,并执行指令。

下面以任务一源程序为例说明指令的执行过程。

先来看第二条指令"MOV P2,≠11111110B"。MOV 是移动的意思,即把数据11111110 移动到特殊功能寄存器 P2 中。由于 P2 口又是单片机的输入/输出口,这条指令的执行结果外在表现为 P2 端口的第 0 位即 P2.0 输出低电平,其他口线输出高电平。这条指令的机器码是 75H、A0H、FEH,假设已存在程序存储器的 0000H、0001H 和 0002H 单元中。第三条指令"HERE:AJMP HERE"的含义是 CPU 在原地等待,相应的机器码是 80H、FEH,存放在 0003H 和 0004H 单元中。第一条指令"ORG0000H"和最后一条指令"END"是伪指令,不产生机器码。伪指令在第五章介绍。

单片机系统接通电源后,PC =0000H,CPU 开始取指令过程。PC 中的 0000H送到片内的地址寄存器;PC 的内容自动加 1 变为 0001H,指向下一个指令字节;地址寄存器中的内容 0000H 通过地址总线送到存储器,经存储器中的地址译码选中0000H 单元;CPU 通过控制总线发出读命令;被选中单元的内容 75H 送内部数据总线上。该内容通过内部数据总线送到单片机内部的指令寄存器。指令寄存器中的内容经指令译码器译码后,说明这条指令是一条数据传送指令;PC 的内容为 0001H 送地址寄存器,译码后选中 0001H 单元,同时 PC 的内容自动加 1 变为 0002H;CPU 同样通过控制总线发出读命令,得到要传送的目的地址,即 0001H 单元的内容 A0H;最后是得到要传送的数据为 FEH。一条指令执行结束,机器又进入下一条指令的取指令过程。这一过程一直重复下去,直至收到暂停指令或循环等待指令暂停。CPU就是这样一条一条地执行指令,完成所有规定的功能。

## 3.2 任务二 ——在单片机应用系统中存储数据 (硬件电路设计)

【学习目标】 通过任务二,了解单片机是如何存储数据(包括程序指令)的,尤其是要重点掌握单片机内部数据存储器的组织和配置,认识一些重要寄存器的功能、特点和使用方法,进一步理解单片机的工作机理,进一步熟悉单片机应用系统的开发流程。

【**任务描述**】　将字符 A～F 的 ASCII 码保存在单片机应用系统中。

1. 硬件电路与工作原理

在设计该电路之前,首先要简单了解单片机内部的结构组成,认识单片机内部与编程密切相关的组件,这样才能有的放矢地设计相关电路。

单片机的基本组成如图 3—12 所示。

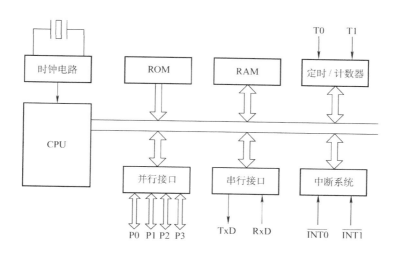

图 3—12　单片机的基本组成

(1)中央处理器(CPU)

CPU 是单片机内部的核心,是一个 8 位二进制数的中央处理单元,主要完成运算和控制功能。中央处理器包括运算器和控制器两部分。运算器主要用来实现算术、逻辑运算和位操作,其包括算术和逻辑运算单元 ALU、累加器 A、B 寄存器、PSW 寄存器和两个暂存器等。控制器是识别指令并根据指令性质协调计算机内各组成单元进行工作的部件。控制器主要包括程序计数器 PC、指令寄存器、指令译码器、定时及控制逻辑电路等。

(2)内部数据存储器(内部 RAM)

AT89S51 芯片中共有 256 个 RAM 单元,但其中高 128 个单元被专用寄存器占用,能作为寄存器供用户使用的只是低 128 个单元,用于存放可读写的数据。因此通常所说的内部数据存储器就是指低 128 个单元,简称内部 RAM。

(3)内部程序存储器(内部 ROM)

AT89S51 内部具有 4 KB 基于 Flash 技术的只读存储器,用于存放程序、原始数据或表格,因此称为程序存储器,简称内部 ROM。

(4)定时器/计数器

AT89S51 共有 2 个 16 位的定时器/计数器,以实现定时或计数功能,并以其定时或计数结果对计算机进行控制。

（5）并行 I/O 口

AT89S51 共有 4 个 8 位的 I/O 口（P0、P1、P2、P3），以实现数据的并行输入输出。

（6）串行口

AT89S51 有一个全双工的串行口，以实现单片机和其他设备之间的串行数据传送。该串行口功能较强，既可作为全双工异步通信收发器使用，也可作为同步移位器使用。

（7）中断控制系统

AT89S51 共有 5 个中断源，即外中断 2 个、定时/计数中断 2 个和串行中断 1 个。全部中断分为高级和低级两个优先级别。

（8）时钟电路

AT89S51 芯片的内部有时钟电路，但石英晶体和微调电容需外接。时钟电路为单片机产生时钟脉冲序列，振荡器频率为 0～33 MHz。

从上述内容可以看出，AT89S51 虽然是一个单片机芯片，但计算机应该具有的基本部件它都包括，因此它实际上已是一个简单的微型计算机系统了。

既然单片机内部有数据存储器和程序存储器，就可以把数据和指令存储在单片机内部。这样，结合任务一介绍的单片机工作所必需的时钟电路、复位电路，设计任务二的硬件电路如图 3—13 所示。

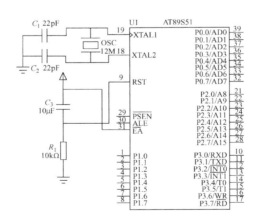

图 3—13　在单片机内部存储计算数据与程序指令电路设计

如果需要存储的数据容量很大，大于内部 RAM 128 B，就只能将数据存放在单片机外部，在单片机外部扩展存储器芯片，电路设计如图 3—14 所示。图中芯片 6116 为数据存储器芯片。图中省略了时钟与复位电路，读者可自行加上。另外，对于图 3—14 和图 3—15，仅要求读者有个总体认识，可不必具体掌握存储器芯片各引脚的连线方法。

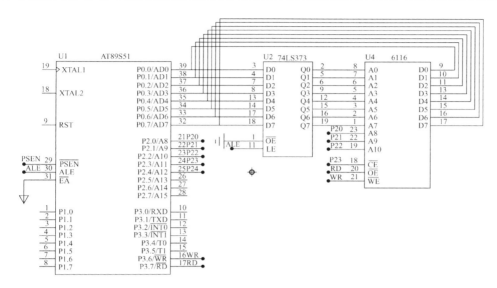

图 3－14　在单片机外部存储计算数据电路设计

若程序指令也很长，超过单片机内部 ROM 4 KB 容量的限制，无法全部放在单片机内部，就必须在单片机外部同时扩展 ROM 和 RAM，如图 3－15 所示。图中芯片 2816 为程序存储器扩展芯片。

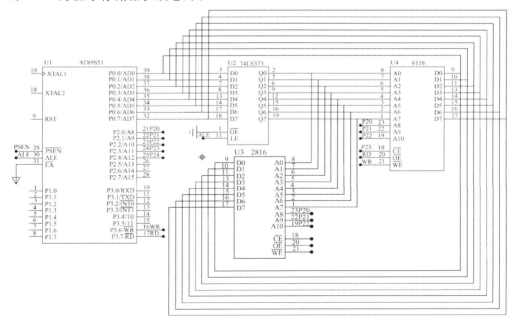

图 3－15　在单片机外部存储数据与程序指令电路设计

在本任务中，由于需要存储的数据少，编写的程序指令也不多，所以不必外部扩展数据存储器和程序存储器,可以采用图 3—13 所示电路设计方案。对于初学者而言,多数场合下单片机内部的 RAM 和 ROM 已经满足应用系统要求,不必在片外扩展。尤其是单片机内部 4 KB 的程序存储器已足够大,若初学者编写的程序代码超过 4 KB 容量,可以说他已经不再是初学者了。

2. 控制源程序

由于本任务要存储的是 ASCII 码数据,在编写程序之前应了解一些 ASCII 码的知识。

在微型计算机中,除了处理数字信息外,还要处理大量字母和符号信息。这些字母和符号统称为字符,它们也必须用特定规则进行二进制编码,以供微型计算机识别和处理。目前,广泛应用于微型计算机中的国际通用标准编码是 ASCII 码,如附录 B 所示。

ASCII 码是美国标准信息交换标准码( American Standard Code for Information Interchange )的简称。ASCII 码使用指定的 7 位或 8 位二进制数组合表示 128 或 256 种可能的字符。标准 ASCII 码也叫基础 ASCII 码,使用 7 位二进制数表示英文大写和小写字母、数字 0 到 9、标点符号以及在美式英语中使用的特殊控制字符。其中十进制码值 0~32 及 127(共 34 个)是控制字符或通讯专用字符(其余为可显示字符),如控制符 LF(换行)、CR(回车)、FF(换页)、DEL(删除)、BS(退格)、BEL(振铃)等;通讯专用字符有 SOH(文头)、EOT(文尾)、ACK(确认)等;ASCII 值 8、9、10 和 13 分别转换为退格、制表、换行和回车字符。它们并没有特定的图形符号,但会依不同的应用程序对文本显示有不同的影响。33~126(共 94 个)是字符,其中 48~57 为 0 到 9,共 10 个阿拉伯数字;65~90 为 26 个大写英文字母,97~122 为 26 个小写英文字母,其余为一些标点符号、运算符号等。

下面以图 3—13 为例,给出详细的源程序,将 ASCII 码数据存放在单片机内部数据存储器中。读者仅需要大致了解程序的功能,读懂即可。任务二的程序编写方法将放在第 4 章中详细介绍。

```
ORG    0000H        ;指定该程序在程序存储器中存放的起始位置
MOV    30H,  ♯41H  ;将 A 字符的 ASCII 码存放在单片机内部存储器 30H 单元
MOV    31H,  ♯42H  ;将 B 字符的 ASCII 码存放在单片机内部存储器 31H 单元
MOV    32H,  ♯43H  ;将 C 字符的 ASCII 码存放在单片机内部存储器 32H 单元
MOV    33H,  ♯44H  ;将 D 字符的 ASCII 码存放在单片机内部存储器 33H 单元
MOV    34H,  ♯45H  ;将 E 字符的 ASCII 码存放在单片机内部存储器 34H 单元
MOV    35H,  ♯46H  ;将 F 字符的 ASCII 码存放在单片机内部存储器 35H 单元
HERE: AJMP  HERE   ;在此循环等待
END                 ;程序结束
```

3. 源程序的编辑、编译和仿真

由于该任务是在单片机内部存储数据,从外部看不到单片机应用系统发生了什

么变化。对于该任务,可以借助 Keil C51 仿真软件,查看内部存储器数据的变化。关于 Keil C51 的使用方法,读者可参见附录 C。

下面围绕这一任务的完成,详细介绍单片机应用系统中存储器的组织与配置模式,分析单片机系统是如何存储数据(包括程序指令)的,认识一些重要寄存器的功能、特点和使用方法,并对该任务的硬件电路设计图进行了补充说明。

## 3.2.1  单片机的存储器组织配置

本章任务一中要控制发光二极管的亮灭,所以必须基于所设计的硬件电路编写控制程序。程序编写完后,应下载到单片机的程序存储器中,使得单片机上电后能自动执行程序。在很多应用场合,如任务二,还需要把已有数据、外界采集的数据或程序计算处理的结果存放在单片机的数据存储器中。

存储器是单片机中一个很重要的组成部分。单片机内部一般集成有程序存储器(ROM)和数据存储器(RAM),那么它们是怎样组织和配置的呢? 应如何正确有效地使用这些资源?

AT89S51 单片机的存储器结构与一般的微型计算机不同。一般微机通常只有一个逻辑存储器地址空间,ROM 和 RAM 可以随意安排。AT89S51 单片机的存储器配置在物理结构上是把程序存储器和数据存储器分开,并且存储器有内外之分,共有 4 个物理上独立的存储空间:片内程序存储器、片外程序存储器、片内数据存储器、片外数据存储器。

从用户使用的角度,存储器分为以下 3 个逻辑地址空间。

① 片内外统一编址的 64 KB 程序存储器地址空间 0000H~FFFFH,如图 3—16(a)所示。

② 256 B 的片内数据存储器地址空间 00H~FFH(包括低 128 B 的内部 RAM 地址 00H~7FH 和高 128 B 的特殊功能寄存器地址空间),如图 3—16(b)所示。

③ 64 KB 的外部数据存储器或扩展 I/O 接口地址空间 0000H~FFFFH,如图3—16(c)所示。

对于不同的存储器地址空间,单片机采用不同的存储指令和控制信号:CPU 访问片内、外 ROM 时,采用“MOVC”指令,外部 ROM 用 PSEN 选通;访问外部 RAM 或扩展 I/O 接口时,采用“MOVX”指令,由 $\overline{RD}$(读)信号和 $\overline{WR}$(写)信号选通;访问片内 RAM 和特殊功能寄存器时,采用“MOV”指令。因此,尽管程序存储器地址和数据存储器地址空间重叠,但不会发生混乱。

## 3.2.2  单片机的数据存储器

本任务要求将字符 A~F 的 ASCII 码数据保存在单片机应用系统中,一共 6 个字节,数据较少,可以将这些数据存储在单片机内部 RAM 中。单片机数据存储器各存储单元并不是可以任意使用的,必须遵循一些规则,尤其是内部数据存储器,尽管

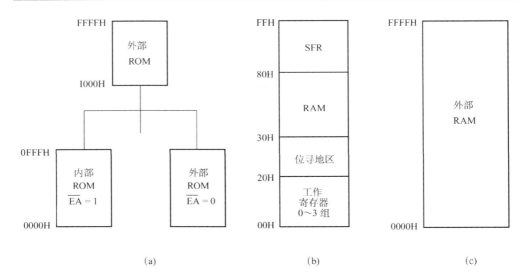

图 3-16　AT89S51 的存储器的配置

(a)片内外统一编址的程序存储器地址空间;(b)片内数据存储器地址空间;

(c)外部数据存储器或扩展 I/O 接口地址空间

容量不大,但较复杂,使用灵活,读者应给予足够的重视。

1. 内部数据存储器低 128 单元

AT89S51 的内部 RAM 共有 256 个单元。通常把这 256 个单元按功能划分为两部分:低 128 单元(单元地址 00H～7FH)和高 128 单元(单元地址 80H～FFH)。表 3-3 说明了片内低 128 个单元的分配方法。

表 3-3　片内 RAM 的配置

| 30H～7FH | 通用 RAM 区 | 10H～17H | 工作寄存器 2 区(R0～R7) |
|---|---|---|---|
| 20H～2FH | 位寻址区(00H～7FH) | 08H～0FH | 工作寄存器 1 区(R0～R7) |
| 18H～1FH | 工作寄存器 3 区(R0～R7) | 00H～07H | 工作寄存器 0 区(R0～R7) |

低 128 单元是单片机的真正 RAM 存储器,按其用途划分为 3 个区域。

(1)工作寄存器区

工作寄存器共有 4 组,每组 8 个寄存单元(各为 8 位),各组都以 R0～R7 作寄存单元编号。寄存器常用于存放操作数及中间结果等,由于它们的功能及使用不作预先规定,因此称之为通用寄存器,有时也叫工作寄存器。4 组通用寄存器占据内部 RAM 的 00H～1FH 单元地址。

在任一时刻,CPU 只能使用其中的一组寄存器,并且把正在使用的那组寄存器称之为当前寄存器组。到底是哪一组,由程序状态字寄存器 PSW 中 RS1、RS0 位的状态组合决定,如表 3-4 所示。

通用寄存器为 CPU 提供了就近数据存储的便利,有利于提高单片机的运算速度。此外,使用通用寄存器还能提高程序编制的灵活性,因此在单片机的应用编程中应充分利用这些寄存器,以简化程序设计,提高程序运行速度。

表 3-4　当前工作寄存器组的选择

| RS1 | RS0 | 被选寄存器组 | 寄存器 R0~R7 的地址 |
| --- | --- | --- | --- |
| 0 | 0 | 0 组 | 00H~07H |
| 0 | 1 | 1 组 | 08H~0FH |
| 1 | 0 | 2 组 | 10H~17H |
| 1 | 1 | 3 组 | 18H~1FH |

（2）位寻址区

内部 RAM 的 20H~2FH 单元既可作为一般 RAM 单元使用,进行字节操作,也可以对单元中每一位进行位操作,因此把该区称之为位寻址区。位寻址区共有 16 个 RAM 单元,计 128 位。位地址为 00H~7FH。表 3-5 为位寻址区的位地址表。

表 3-5　片内 RAM 位寻址区的位地址

| 单元地址 | MSB | | | 位地址 | | | | LSB |
| --- | --- | --- | --- | --- | --- | --- | --- | --- |
| 2FH | 7F | 7E | 7D | 7C | 7B | 7A | 79 | 78 |
| 2EH | 77 | 76 | 75 | 74 | 73 | 72 | 71 | 70 |
| 2DH | 6F | 6E | 6D | 6C | 6B | 6A | 69 | 68 |
| 2CH | 67 | 66 | 65 | 64 | 63 | 62 | 61 | 60 |
| 2BH | 5F | 5E | 5D | 5C | 5B | 5A | 59 | 58 |
| 2AH | 57 | 56 | 55 | 54 | 53 | 52 | 51 | 50 |
| 29H | 4F | 4E | 4D | 4C | 4B | 4A | 49 | 48 |
| 28H | 47 | 46 | 45 | 44 | 43 | 42 | 41 | 40 |
| 27H | 3F | 3E | 3D | 3C | 3B | 3A | 39 | 38 |
| 26H | 37 | 36 | 35 | 34 | 33 | 32 | 31 | 30 |
| 25H | 2F | 2E | 2D | 2C | 2B | 2A | 29 | 28 |
| 24H | 27 | 26 | 25 | 24 | 23 | 22 | 21 | 20 |
| 23H | 1F | 1E | 1D | 1C | 1B | 1A | 19 | 18 |
| 22H | 17 | 16 | 15 | 14 | 13 | 12 | 11 | 10 |
| 21H | 0F | 0E | 0D | 0C | 0B | 0A | 09 | 08 |
| 20H | 07 | 06 | 05 | 04 | 03 | 02 | 01 | 00 |

（3）通用 RAM 区

位寻址区后的 30H~7FH 共 80 个字节为通用 RAM 区。这些单元可以作为数据缓冲器使用。这一区域的操作指令非常丰富,数据处理方便灵活。本任务的源程序中"MOV 30H,≠41H"等指令就是将字符的 ASCII 码存放在这一区域(≠41H 是 ASCII 码,30H 是单元地址)。

在实际应用中,常需要在 RAM 区设置堆栈。AT89S51 的堆栈一般设在 30H~

7FH 的范围内。栈顶的位置由堆栈指针 SP 指示。单片机复位后,SP 的初值为 07H,在系统初始化时可以重新设置。关于堆栈的介绍详见第 4 章。

2. 内部数据存储器高 128 单元

内部 RAM 的高 128 单元(80H～FFH)是供专用寄存器使用的,因这些寄存器的功能已作专门规定,故而称为特殊功能寄存器(SFR,Special Function Register)。AT89S51 单片机有 21 个 8 位的特殊功能寄存器,它们离散地分布在这 128 个地址单元中,其中有 11 个 SFR 具有位地址,可以进行位寻址,对应的位也有位名称,它们的字节地址正好能被 8 整除。

SFR 的名称、符号、字节地址及可位寻址的位名称和位地址如表 3—6 所示。注意其他大部分是空余单元,它们没有定义,不能作内部 RAM 使用。如果对空余单元进行读/写操作,将会得到一个不确定的随机数。

**表 3—6　特殊功能寄存器地址表**

| SFR　名称 | 符号 | MSB | | 位地址/位定义 | | | | | LSB | 字节地址 |
|---|---|---|---|---|---|---|---|---|---|---|
| B 寄存器 | B | F7 | F6 | F5 | F4 | F3 | F2 | F1 | F0 | F0H |
| 累加器 A | ACC | E7 | E6 | E5 | E4 | E3 | E2 | E1 | E0 | E0H |
| 程序状态字 | PSW | D7 | D6 | D5 | D4 | D3 | D2 | D1 | D0 | D0H |
| | | CY | AC | F0 | RS1 | RS0 | OV | F1 | P | |
| 中断优先级控制 | IP | BF | BE | BD | BC | BB | BA | B9 | B8 | B8H |
| | | / | / | / | PS | PT1 | PX1 | PT0 | PX0 | |
| I/O 接口 3 | P3 | B7 | B6 | B5 | B4 | B3 | B2 | B1 | B0 | B0H |
| | | P3.7 | P3.6 | P3.5 | P3.4 | P3.3 | P3.2 | P3.1 | P3.0 | |
| 中断允许控制 | IE | AF | AE | AD | AC | AB | AA | A9 | A8 | A8H |
| | | EA | / | / | ES | ET1 | EX1 | ET0 | EX0 | |
| I/O 接口 2 | P2 | A7 | A6 | A5 | A4 | A3 | A2 | A1 | A0 | A0H |
| | | P2.7 | P2.6 | P2.5 | P2.4 | P2.3 | P2.2 | P2.1 | P2.0 | |
| 串行数据缓冲 | SBUF | | | | | | | | | (99H) |
| 串行口控制 | SCON | 9F | 9E | 9D | 9C | 9B | 9A | 99 | 98 | 98H |
| | | SM0 | SM1 | SM2 | REN | TB8 | RB8 | TI | RI | |
| I/O 口 1 | P1 | 97 | 96 | 95 | 94 | 93 | 92 | 91 | 90 | 90H |
| | | P1.7 | P1.6 | P1.5 | P1.4 | P1.3 | P1.2 | P1.1 | P1.0 | |
| 定时/计数器 1 高 8 位 | TH1 | | | | | | | | | (8DH) |
| 定时/计数器 0 高 8 位 | TH0 | | | | | | | | | (8CH) |
| 定时/计数器 1 低 8 位 | TL1 | | | | | | | | | (8BH) |
| 定时/计数器 0 低 8 位 | TL0 | | | | | | | | | (8AH) |
| 定时/计数器方式选择 | TMOD | GATE | C/T | M1 | M0 | GAT | C/T | M1 | M0 | (89H) |

| SFR　名称 | 符号 | MSB | | | 位地址/位定义 | | | | LSB | 字节地址 |
|---|---|---|---|---|---|---|---|---|---|---|
| 定时/计数器控制 | TCON | 8F | 8E | 8D | 8C | 8B | 8A | 89 | 88 | 88H |
| | | TF1 | TR1 | TF0 | TR0 | IE1 | IT1 | IE0 | IT0 | |
| 电源控制及波特率选择 | PCON | SMOD | / | / | / | / | / | / | / | (87H) |
| 数据指针高 8 位 | DPH | | | | | | | | | (83H) |
| 数据指针低 8 位 | DPL | | | | | | | | | (82H) |
| 堆栈指针 | SP | | | | | | | | | (81H) |
| I/O 接口 0 | P0 | 87 | 86 | 85 | 84 | 83 | 82 | 81 | 80 | 80H |
| | | P0.7 | P0.6 | P0.5 | P0.4 | P0.3 | P0.2 | P0.1 | P0.0 | |

下面简单介绍其中的部分特殊功能寄存器,其余将在有关章节中详细说明。

(1)程序计数器(PC——Program Counter)

PC 是一个 16 位的计数器,它的作用是控制程序的执行顺序。其内容为将要执行指令的地址,寻址范围达 64 KB。PC 有自动加 1 功能,从而实现程序的顺序执行。程序计数器 PC 不占据 RAM 单元。它在物理上是独立的,因此是不可寻址的寄存器,用户无法对它进行读写操作,但可以通过转移、调用、返回等指令改变其内容,以实现程序的转移。需要特别指出的是,单片机复位后,各寄存器的初始状态是不一样的。PC 复位后为 0000H,表明单片机将由 0000H 单元开始执行程序。

(2)累加器(A——Accumulator)

累加器为 8 位寄存器,是使用最频繁的寄存器,功能强大。它是运算器中最重要的寄存器,大多数操作都要有累加器 A 的参与,同时用于存放操作数和运算结果。

(3)B 寄存器

B 寄存器是一个 8 位寄存器,主要用于乘除运算。乘法运算时,B 是乘数。乘法操作后,乘积的高 8 位存于 B 中。除法运算时,B 是除数。除法操作后,余数存于 B 中。此外,B 寄存器也可作为一般数据寄存器使用。

(4)程序状态字(PSW——Program Status Word)寄存器

程序状态字寄存器是一个 8 位寄存器,用于存放程序运行中的各种状态信息。其中有些位状态是根据程序执行结果由硬件自动设置的,而有些位状态则使用软件方法设定。一些控制转移指令将根据 PSW 某些位的状态进行程序转移。PSW 的各位定义见表 3—7。

表 3—7　PSW 的名位定义

| D7H | D6H | D5H | D4H | D3H | D2H | D1H | D0H |
|---|---|---|---|---|---|---|---|
| CY | AC | F0 | RS1 | RS0 | OV | — | P |

1)CY(PSW.7) 进位标志位。CY 是 PSW 中最常用的标志位。在进行加减运算时,如果操作结果最高位有进位或借位时,CY 由硬件置 1,否则 CY 清零;在进行位操作时,CY 作累加位使用。指令助记符中用 C 表示。

2)AC(PSW.6) 辅助进位标志位。在进行加减运算中,若操作结果的低半字节(D3 位)向高半字节产生进位或借位时,AC 位将由硬件自动置 1,否则 AC 位清零。

3)F0(PSW.5) 用户标志位。这是一个供用户定义的标志位,需要利用软件方法置位或复位,用以控制程序的转向。

4)RS1 和 RS0(PSW.4,PSW.3) 寄存器组选择位。它用于选择 CPU 当前工作的通用寄存器组,相关知识前面已经介绍过。当单片机上电或复位后,RS1 RS0=00。

5)OV(PSW.2) 溢出标志位。在带符号数加减运算中,OV=1 表示加减运算超出了累加器 A 所能表示的符号数有效范围(-128 ~ +127),即产生了溢出,因此运算结果错误;否则,OV=0 表示运算正确,即无溢出产生。

在乘法运算中,OV=1 表示乘积超过 255,即乘积分别在 B 与 A 中;否则,OV=0,表示乘积只在 A 中;在除法运算中,OV=1 表示除数为 0,除法不能进行;否则,OV=0,除数不为 0,除法可正常进行。

6)P(PSW.0) 奇偶标志位。表示指令运行后累加器 A 中 1 的个数的奇偶性。若 1 的个数为偶数,P=0,否则为 1。

(5)数据指针(DPTR)

数据指针 DPTR 是一个 16 位的特殊功能寄存器,由两个 8 位寄存器 DPH 和 DPL 组成。DPH 是高位字节,DPL 是低位字节。编程时,DPTR 既可以按 16 位寄存器使用,也可以按两个 8 位寄存器分开使用。

DPTR 主要用来存放 16 位地址,当对 64 KB 外部数据存储器地址空间寻址时,可作为间址寄存器。可以使用"MOVX A,@DPTR"和"MOVX @DPTR,A "两条指令实现。在访问程序存储器时,DPTR 可用作基址寄存器,使用指令"MOVC A,@A+DPTR"读取存放在程序存储器内的表格常数。

3. 片外数据存储空间

片外 RAM 用 16 位地址指针 DPTR 寻址,最大地址空间是 64 KB,地址为 0000H~0FFFFH,用 MOVX 指令访问。当外扩的数据存储器小于 256 B 时,可用 R0、R1 作间接寻址寄存器的地址指针。片外数据存储空间可以被映射为数据存储器、扩展的输入/输出接口、模拟/数字转换器和数字/模拟转换器等。这些外围器件统一编址。所有外围器件的地址都占用数据存储空间的地址资源,因此 CPU 与片外外围器件进行数据交换时可以使用与访问外部数据存储器相同的指令。CPU 通过向相应的外部数据存储器地址单元写入数据,实现控制对应的片外外围器件的工作;从相应的外部数据存储器地址单元读出数据,实现读取对应的片外外围器件的工作结果。

### 3.2.3　单片机的程序存储器

程序存储器用来存放程序和重要的数据。程序(机器代码)最终要放在这里,以便 CPU 执行。程序的存放一般是在单片机系统工作之前进行的。单片机构成应用系统工作时,一般不再改动这些信息,即只许"读出",不许"写入"。在 AT89 系列单片机中,常用的程序存储器读出指令为 MOVC。单片机系统中程序存储器简称为 ROM。

AT89S51 单片机程序存储器空间为 64 KB,内部有 0000H~0FFFH 共 4 KB 存储空间。任务二源程序很小,生成的机器代码也很少,只有几十个字节的容量,可以存放在单片机内部 ROM 中。单片机外部程序存储器的编址空间为 0000H~0FFFFH。显然,片内、片外程序存储器地址有重叠的部分。程序运行时,CPU 首先从程序存储器的 0000H 单元开始读取指令,从 0000H 开始部分的程序存储单元究竟是指片内还是片外由单片机的引脚决定。当引脚接高电平时,选择片内,反之则选片外。

### 3.2.4　单片机最小应用系统

图 3—13 中的电路设计非常简单,除了 AT89S51 单片机、时钟电路、复位电路、电源之外,并没有其他外围接口电路。这样简单的电路能够工作吗? 答案是肯定的,这其实就是单片机最小应用系统。

对于内部带有程序存储器的单片机,若接上工作时所需要的电源、复位电路和晶体振荡电路,利用芯片自身的并行接口(第 6 章介绍)、中断系统、定时/计数器(第 7 章介绍)、串行接口(第 8 章介绍)就可组成一个完整的单片机系统,用于连接外部设备、对外设进行检测控制。这种维持单片机运行的最简单的配置系统,称为最小应用系统。

## 3.3　单片机软硬件设计与调试点滴经验积累(一)

任务一给出的电路虽然比较简单,但是对于初次调试单片机电路甚至是连普通电路都没有调试过的初学者来说还是有很多地方需要注意。初学者搭接的第一个电路往往因为种种原因并没有按照预先的设想工作。由于单片机应用电路是一个软硬件结合的系统,故障原因可能是多方面的,既可能是硬件电路设计方案本身有错误,也可能是电路板上的某个器件损坏,还可能是编写的源程序不合理,或者是所使用的仿真器本身出现故障,或者是仿真调试软件的某些设置不对。学习者应该注意增加动手的机会,在实践中积累设计调试经验。

一般来说,如果电路不工作,首先应该确认电源电压是否正常。用电压表测量接地引脚跟电源引脚之间的电压,看是否符合电源电压,如常用的 5 V。接下来就是检查复位引脚电压是否正常。已知:RST 引脚保持高电平一定时间就会使单片机可靠复位。如果电路设计、焊接失误,使得 RST 引脚一直处于高电平,就会让单片机一直处于复位状态,无法正常工作。分别测量按下复位按钮和放开复位按钮时的电压值,看是否符合要求。时钟电路部分也是不容忽视的,一定要保证晶振正常起振。一般用示波器来看晶振引脚的波形,简便的办法是用万用表测量 ALE 引脚输出的频率。正常情况下,ALE 引脚输出晶振频率的 6 分频的信号,如果晶振是12 MHz,则 ALE 应输出 2 MHz 的信号。晶振电路中微调电容的引线要短,晶振与微调电容在电路板上的布置位置要紧靠单片机的 XTAL 引脚。另外还要注意的是,如果使用片内 ROM 的话(大部分情况下如此,现在已经很少需要外部扩展 ROM),一定要将 EA 引脚拉高,否则会出现程序"跑飞"的情况。有时用仿真器可以调试正常,而将程序写入到单片机中运行就出现问题,则可能是因为 EA 引脚没拉高的缘故。

## 本 章 小 结

本章从实现最简单的任务入手,引领读者学习单片机的内部结构,了解单片机的工作原理,掌握单片机工作所需的最基本的外围辅助电路的构成。

AT89 系列单片机的程序存储器和数据存储器是各自独立的,有自己的寻址系统、控制信号和功能。在物理结构上可分为片内数据存储器、片内程序存储器、片外数据存储器和片外程序存储器 4 个存储空间。片内 RAM 共 256 B,分为两大功能区。低 128B 为真正的 RAM 区;高 128B 为特殊功能寄存器(SFR)区。低 128B RAM 又分为工作寄存器区、位寻址区和用户 RAM 区。

存储器知识对单片机的学习来讲至关重要,尤其是内部数据存储器,尽管容量不大,但较复杂,功能强大。从某种角度上说,掌握了片内 RAM,也就基本掌握了单片机。

## 习题与思考题

1. 简述单片机的工作过程及机理。
2. AT89S51 单片机内部 RAM 共有多少单元? 分几个区?
3. 程序的顺序执行是由哪一个 SFR 的功能实现的?
4. 要保证单片机能够正常工作,外部至少需要包括哪些电路,为什么?
5. 综述 AT89S51 单片机各引脚的分类及功能。
6. 什么是振荡周期、时钟周期、机器周期、指令周期? 它们之间的关系如何?
7. AT89S51 单片机的 EA 引脚应如何处理?
8. 单片机复位后,CPU 使用了哪一组工作寄存器? 工作寄存器 R0~R7 对应的单元地址是多少?

9. 程序状态字 PSW 的作用是什么? 常用的状态标志有哪几位? 作用是什么?

10. 如果单片机的晶振频率为 12 MHz 和 6 MHz,则一个机器周期各为多少?

11. 数据指针 DPTR 和程序计数器 PC 都是 16 位寄存器,它们有什么不同之处?

# 第 4 章 如何与单片机交流——初识指令

本章学习目标
※ 了解指令格式与指令系统的基本知识
※ 熟悉指令系统中常用的符号
※ 理解并掌握各种寻址方式
※ 熟悉常用指令的使用方法

## 4.1 任务三 ——在单片机应用系统中存储数据
### （程序指令书写）

【学习目标】 通过任务三,重点学习单片机汇编语言的指令格式,了解 CPU 寻找数据的方式(寻址方式),进一步理解数据在单片机应用系统中的存储方式,掌握数据传送类指令的使用方法。

【任务描述】 将字符 A～F 的 ASCII 码数据保存在单片机应用系统中(同第 3 章)。

1. 硬件电路与工作原理

硬件电路设计如图 3—13 所示,已经在第 3 章介绍过,电路原理不再赘述。

2. 控制源程序

本章将主要从程序指令的角度具体分析该任务的解决过程。本章将在学习过程中结合不同知识点给出该任务的多种编程方法,希望读者能够灵活掌握及应用单片机的相关汇编指令。

下面是任务三的参考控制源程序 1(基于图 3—13)。

```
        ORG  0000H          ;指定该程序在程序存储器中存放的起始位置
        MOV 30H， ≠41H     ;将 A 字符的 ASCII 码存放在内部存储器 30H 单元
        MOV 31H， ≠42H     ;将 B 字符的 ASCII 码存放在内部存储器 31H 单元
        MOV 32H， ≠43H     ;将 C 字符的 ASCII 码存放在内部存储器 32H 单元
        MOV 33H， ≠44H     ;将 D 字符的 ASCII 码存放在内部存储器 33H 单元
        MOV 34H， ≠45H     ;将 E 字符的 ASCII 码存放在内部存储器 34H 单元
        MOV 35H， ≠46H     ;将 F 字符的 ASCII 码存放在内部存储器 35H 单元
HERE：AJMP HERE            ;在此循环等待
        END                 ;程序结束
```

3. 源程序的编辑、编译与下载

由于该任务是在单片机内部存储数据，故从外面看不到单片机应用系统发生了什么变化。对于该任务，可以借助 Keil C51 仿真软件，查看内部存储器数据的变化。关于 Keil C51 的使用方法，读者可参见附录 C。

下面介绍单片机汇编语言指令书写格式、寻址方式和与数据存储任务相关的数据传送类指令的用法。

## 4.1.1　指令格式与符号说明

通过第 3 章的学习，读者已经初步认识了单片机的内部结构，但是完善的计算机系统包括硬件系统和软件系统，因此要使用单片机还需要学习单片机的指令系统。

指令是计算机执行某些操作的命令，CPU 所能执行的全部指令的集合就构成了指令系统。程序实际上就是为了某一任务按一定顺序组织在一起的指令序列。所以，指令系统是编程的基础，掌握指令的格式、功能和使用是非常重要的。AT89 系列单片机指令系统共有 33 种功能、42 种助记符、111 条指令。初学者在刚开始学习时没有必要一一记住，因为在实际应用中经常使用到的指令也不过三四十条，用这些指令就足以编写出合理、规范和高效的程序。

AT89 系列单片机的指令具有两种格式：机器语言指令格式和汇编语言指令格式（也称为助记符格式）。其中汇编语言指令格式是当前用户主要使用的格式。用汇编语言指令编写完程序后，由汇编程序将汇编语言源程序（即用户编写的程序）汇编成由二进制代码构成的机器语言程序。

1. 机器语言指令

用二进制代码（或十六进制数）表示的指令称为机器指令。计算机中存储和运行的信息是二进制代码（即高、低电平），所以机器指令能够直接被计算机硬件识别和执行。例如：将累加器 A 中的内容加 10，机器指令代码（简称机器码）为 0010 0100 0000 1010B，用十六进制表示机器码为 24 0A。

读者可参照附录 A 写出上面任务三程序的机器语言指令，即 75 30 41 75 31 42 75 32 43 75 33 44 75 34 45 75 35 46 01 0F。这些代码将被存放在单片机的程序存储器中，供单片机上电复位后 CPU 调取执行。

2. 汇编语言指令

所谓汇编语言指令就是用表示指令功能的助记符表示指令，分为单字节指令、双字节指令和三字节指令 3 种表示形式。不同字节数的指令在存储器中占的空间是不同的。例如：指令 INC DPTR、MOV A,20H 和 MOV 20H,30H 都是汇编语言格式，分别为单字节（A3）、双字节（E5 20）和三字节指令（85 20 30）。显然，用汇编语言格式表示指令更便于用户的理解、使用、记忆和书写。

汇编语言指令具体的格式为：

[标号:] 操作码 [操作数 1][,操作数 2][,操作数 3][;注释]

其中,方括号内为可选项。各部分之间必须用界定符隔开,即标号要以冒号":"结尾,操作码和操作数之间要有一个或多个空格,操作数和操作数之间用","分隔。注释,开始之前要加";"。

标号是程序员根据编程需要给指令设定的符号地址,可有可无,由 1～8 个字符组成。第一个字符必须是英文字母,不能是数字或其他符号。标号后必须跟冒号。

以下标号是非法的:3D、RT+RE、SUBB、ORG 等。

操作码表示指令的操作种类,如 MOV 表示数据传送操作,ADD 表示加法操作等。

操作数或操作数地址表示参加运算的数据或数据的有效地址。操作数一般有以下几种形式:没有操作数项;操作数隐含在操作码中(如 RET 指令);只有一个操作数(如 CPL A 指令);有两个操作数(如 MOV A,♯00H 指令,操作数之间以逗号相隔);有三个操作数(如 CJNE A,♯00H,NEXT 指令,操作数之间也以逗号相隔)。

注释是对指令的解释说明,用以提高程序的可读性,注释前必须加分号。

在介绍单片机的汇编指令集之前,对指令中使用的一些符号含义做如下约定。

A、ACC:累加器。

B:寄存器 B。

C、CY:进位标志位,它是布尔处理机的累加器,也称之为累加位。

Rn:当前寄存器组的 8 个通用寄存器 R0～R7,n=0～7。

Ri:可用做间接寻址的寄存器 R0、R1,i=0、1。

♯data:8 位立即数。

♯data16:16 位立即数。

direct:8 位直接地址,在指令中表示直接寻址方式,寻址范围为 256 单元。其值包括 0～127(内部 RAM 低 128 单元地址)和 128～255(专用寄存器的单元地址)。

addr16:16 位目的地址,只限于在 LCALL 和 AJMP 指令中使用。

addr11:11 位目的地址,只限于在 ACALL 和 AJMP 指令中使用。

rel:相对转移指令中的偏移量,为 8 位带符号补码数。

DPTR:数据指针。

bit:内部 RAM(包括专用寄存器)中的直接寻址位。

/:加在位地址的前面,表示对该位状态取反。

(×):某存储单元的内容。

((×)):由×间接寻址的单元中的内容。

<>.:表示其内的内容为必选项。

[ ]:表示其内的内容为可选项。

←:箭头左边的内容被箭头右边的内容所取代。

↔:左右两边的内容互换。

$:指本条指令起始地址。

## 4.1.2　寻址方式

在详细学习单片机汇编指令之前,有必要先理解寻址方式的概念。

寻址方式就是寻找操作数地址的方法。指令执行时需要使用操作数,这就存在着到哪里去取操作数的问题。例如,任务三的控制源程序 1 中 MOV 30H, ≠41H 指令,机器码是 75 30 41,分别存放在程序存储器的 0000H、0001H 和 0002H 单元中。CPU 在取到指令代码 75H 时,就明白是要往内部数据存储器中传送数据,那么究竟是送哪个数据,往哪个单元传送,CPU 就需要去找数据或找地址(内部数据存储器的地址),在本指令中数据是 41H。大家知道,计算机中存放数据的场所是存储器,存储器有内外 RAM、内外 ROM 之分,而 41H 这个数据就在指令中,指令存放在程序存储器里,41H 在操作码 75 之后,即 0002H 单元。这种寻址方式称为立即寻址。有的指令不直接给出操作数,而是直接或间接的给出操作数的地址,只要找到了操作数所在单元的地址,就能得到所需的操作数,因此寻址的实质就是如何确定操作数的单元地址的问题。

为了区分指令中操作数所处的地址空间,针对数据存储空间的不同,采用不同的寻址方式。AT89 系列单片机共有 7 种寻址方式,分别为寄存器寻址、直接寻址、立即寻址、寄存器间接寻址、变址寻址、相对寻址和位寻址。

1. 寄存器寻址

寄存器寻址是指将操作数存放于寄存器中,因此指定了寄存器名称就能得到操作数。寄存器包括工作寄存器 R0 ~ R7、累加器 A、通用寄存器 B、数据指针 DPTR 等。

指令 MOV R1,A 的操作是把累加器 A 中的数据传送到寄存器 R1 中,其操作数存放在累加器 A 中,所以寻址方式为寄存器寻址。

例如:程序状态寄存器 PSW 的 RS1RS0＝01(选中第二组工作寄存器,对应地址为 08H～0FH),设累加器 A 的内容为 30H,则执行 MOV R1,A 指令后,内部 RAM 09H 单元的值就变为 30H,如图 4-1 所示。

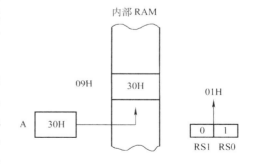

图 4-1　寄存器寻址示意图

2. 直接寻址

直接寻址就是指令中直接给出操作数地址的寻址方式。在 AT89 系列单片机中,可以直接寻址的存储器主要有内部 RAM 区和特殊功能寄存器 SFR 区。

指令 MOV A,30H 执行的操作是将内部 RAM 中地址为 30H 的单元内容传送到累加器 A 中,其操作数 30H 就是存放数据的单元地址,因此该指令是直接寻址。

例如:设内部 RAM 30H 单元的内容是 56H,指令 MOV A,30H 的执行过程如图 4—2 所示。

内部 RAM 数据存储区

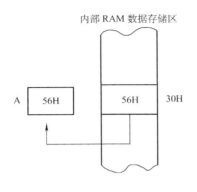

图 4—2　直接寻址示意图

任务三控制源程序 1 中的指令 MOV 30H,♯41H 是一条内部 RAM 数据传送指令,对于目的操作数而言,30H 就是直接寻址,因为该条指令是要把 41H 这个数据放在存储器中,30H 直接给出要放置的单元的地址编号。

注意:直接地址必须为 8 位数据,MOV A,1234H 是错误的,因为内部 RAM 的存储空间为 00H~FFH。

3. 立即寻址

立即寻址就是指令中直接给出操作数的寻址方式。这种指令中的操作数称为立即数。它可以是 8 位数,也可以是 16 位数。在机器指令中,操作数字段存放的是操作数。在汇编指令中,操作数前加"♯",就表示此操作数是立即数,寻址方式是立即寻址。

例如:指令 MOV A,♯23H 执行的操作是将立即数 23H 送到累加器 A 中。该指令就是立即寻址。注意:对于同一个数,若数前加"♯"号则表示它是立即数;若数前任何符号都没加,则表示它是单元地址。该指令的执行过程如图 4—3 所示。

还是以任务三控制源程序 1 的指令 MOV 30H,♯41H 为例,对于源操作数而言,41H 就是立即寻址。要传送的数据为 41H,它就在指令当中,CPU 可以立即找到这个数据,而不用通过其他方式寻找。

图 4—3　立即寻址示意图

注意:目的操作数与源操作数的位数要匹配。指令 MOV A,♯1234H 是错误的,因为 A 是 8 位寄存器;指令 MOV DPTR,♯34H 则等同于 MOV DPTR,♯0034H,该指令是正确的。

4. 寄存器间接寻址

寄存器间接寻址是以寄存器中的内容为地址取得操作数的方法。寄存器寻址时,寄存器中存放的是操作数,而寄存器间接寻址时,寄存器中存放的是操作数的地址。寄存器间接寻址使用的寄存器为 R0、R1 或 DPTR,寄存器前面加"@"标志。指令形式为:

MOV　A,@R0

MOVX　A,@DPTR

指令 MOV A,@R0 执行的操作是将 R0 的内容作为内部 RAM 的地址,再将该地址单元中的内容取出来送到累加器 A 中。

例如：设 R1＝5DH，内部 RAM 5DH 中的值是 26H，则指令 MOV A，@R1 的执行结果是累加器 A 的值为 26H。该指令的执行过程如图 4－4 所示。

任务三给出的参考源程序 1 编程思路简单，每条指令的源操作数的寻址方式为立即寻址，目的操作数的寻址方式为直接寻址。这种方法在传送处理少量数据时简单有效，容易理解。但如果要传送的数据很多，有几十个甚至上百个数据，数据形式比较有规律，这种办法就显得比较笨拙。

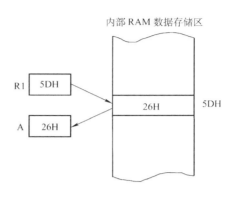

图 4－4　寄存器间址寻址示意图

下面给出任务三的控制源程序 2，寻址方式主要为寄存器间接寻址，读者可以比较这两种方法的特点。

```
    ORG    0000H        ;指定该程序在程序存储器中存放的起始
                          位置
    MOV    R0，    ≠30H  ;赋首地址
    MOV    A，     ≠41H  ;赋初值
    MOV    R1，    ≠6    ;传送的数据个数
    MOV    @R0，   A     ;数据传送，目的操作数采用的是寄存器间
                          接寻址
    INC    R0           ;地址加 1，指向下一地址单元
    INC    A            ;要传送的数据处理
    DJNZ   R1，    NEXT  ;传送数据个数控制（DJNZ 指令将在本章
                          后续介绍）
HERE：AJMP  HERE        ;在此循环等待
    END                 ;程序结束
```

5. 变址寻址

变址寻址方式使用程序计数器 PC 或数据指针 DPTR 作为基址寄存器，累加器 A 为变址寄存器，将基址寄存器的内容与变址寄存器的内容之和作为操作数地址。操作数的有效地址可表示为：操作数有效地址＝PC 或 DPTR 的内容＋A 的内容。

变址寻址只能对程序存储器中的数据作寻址操作，通常用于查表操作中，使用指令助记符 MOVC。当以 DPTR 存放 16 位基址时，可寻址 64 KB 存储空间；当以 PC 作为基址时，则可寻址以 PC 当前值为起始地址的 256 个字节空间。

例如：设累加器 A＝10H，DPTR＝2030H，外部 ROM（2040H）＝6AH，则指令 MOVC A，@A＋DPTR 的执行结果是累加器 A 的内容变为 6AH。该指令的执行过程如图 4－5 所示。

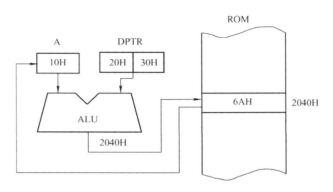

图 4—5 变址寻址示意图

6. 相对寻址

相对寻址是以程序计数器 PC 的当前值(指当前跳转指令的下一条指令的地址)为基准,加上指令中给出的相对偏移量 rel 得到程序执行地址的寻址方式。该类寻址方式主要用于跳转指令。例如指令 JNZ rel。

偏移量 rel 是一带符号 8 位二进制数的补码数,范围是 $-128\sim +127$。实际书写程序时往往先用地址标号代替,在汇编为机器指令时再计算出来。例如指令 JNZ LP1。

7. 位寻址

位寻址就是指令中直接给出 1 位操作数的地址的寻址方式。如果每 8 位操作数赋予 1 个地址,这个地址就称为字节地址,这 8 位数必须同时被存取。例如 MOV A,40H(内部 RAM 地址为 40H 单元中的 8 位数据被同时传送给累加器 A)。每 1 位操作数赋予 1 个地址,这个地址就称为位地址。AT89 系列单片机有相当强的位处理功能,可以对位进行直接操作。

可以使用位寻址方式的空间包括:

①片内 RAM 字节地址为 20H~2FH 区域的每 1 位;

②字节地址能被 8 整除的特殊功能寄存器的每 1 位。

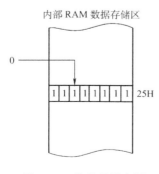

图 4—6 位寻址示意图

位寻址与直接寻址的形式和执行过程基本相同,但参加操作的数据位数是 1 位而不是 8 位,使用时应注意。

例如:指令 CLR 2DH 执行的操作是将内部 RAM 位寻址区中的 2DH 位清零。设内部 RAM 25H 单元的内容是 0FFH,执行 CLR 2DH 后,由于 2DH 对应着内部 RAM 25H 的 D6 位,因此该位变为 0,也就是 25H 单元的内容变为 0DFH。该指令的执行过程如图 4—6 所示。

【例 4—1】 指出下列指令中源操作数的寻址

方式。

①MOV　30H,≠50H

②MOV　A,@R1

③MOV　A,R1

④MOVC　A,@A+DPTR

⑤MOV　30H,50H

[解]

①立即寻址

②寄存器间接寻址

③寄存器寻址

④变址寻址

⑤直接寻址

【例 4—2】　判断以下指令是否正确,若不正确请指出错误。

①MOV　A,DPTR

②MOV　DPTR,≠10H

③MOV　≠40H,A

④MOV　A,C

[解]

①不正确。A 是 8 位寄存器,DPTR 为 16 位寄存器,数据不匹配。

②正确。等同于 MOV DPTR,≠0010H。

③不正确。≠40H 为立即数,不能作为目的地址。

④不正确。A 为 8 位字节寄存器,C 为 1 位位累加器,数据不匹配。

## 4.1.3　内部 RAM 数据传送指令

　　从本节开始(4.1.3~4.1.5)介绍的数据传送类指令是单片机指令系统中最基本、包含指令最多的一类指令。其用于实现寄存器、存储器之间的数据传送,把源操作数传送到目的地址,而源操作数不变,即该指令是"复制",而不是"搬家",目的地址中的数据被传送后的源操作数所代替。该类指令中的源操作数可以是立即数、累加器 A、工作寄存器 Rn 或片内 RAM 单元,目的操作数可以是累加器 A、工作寄存器 Rn 或片内 RAM 存储单元,但要注意立即数不能作为目的操作数。

　　1. 通用传送类指令 MOV

　　通用传送指令 MOV 可以实现片内 RAM 和特殊功能寄存器 SFR 各数据存储单元之间的数据传送。主要包括以下指令。

　　(1)以累加器 A 为目的操作数的指令

```
MOV   A,Rn                ;A←Rn,Rn=R0~R7
MOV   A,direct            ;A←(direct)
MOV   A,@Ri               ;A←(Ri),Ri=R0、R1
```

MOV　A，♯data　　　　　　　　　；A←data

上述指令表示将源操作数所指定的工作寄存器 Rn、片内 RAM 地址存储单元（direct 表示直接地址）、SFR 内容或立即数 data 送到目的操作数累加器 A 中。

【例 4-3】 已知 R3＝20H，A＝30H，R0＝40H，(50H)＝1EH，(40H)＝5FH，执行下列指令后 A 中的数据为何值？

MOV　A，R3　；A←R3

MOV　A，50H　；A←(50H)

MOV　A，@R0　；A←(R0)MOV　A，♯34H　；A←34H

［解］

执行第一条指令后 A 中的值为 20H；执行第二条指令后 A 中的值为 1EH；执行第三条指令后 A 中的值为 5FH；执行第四条指令后 A 中的值为 34H。

（2）以寄存器 Rn 为目的操作数的指令

MOV　Rn，A　　　　　　　　；Rn ← A

MOV　Rn，direct　　　　　　　；Rn ←(direct)

MOV　Rn，♯data　　　　　　　；Rn ← ♯data

该组指令的功能是把源操作数所指定的累加器 A、片内直接地址单元、SFR 内容或立即数送入当前工作寄存器，源操作数不变。

【例 4-4】 已知 A＝30H，R2＝30H，R3＝40H，(50H)＝1EH，试说明顺序执行下列指令之后各单元内容的变化。

MOV　R2，A　　　　　　　　；R2←A

MOV　R3，50H　　　　　　　；R3←(50H)

MOV　R1，♯20H　　　　　　　；R1←20H

［解］

R2＝30H，R3＝1EH，R1＝20H。

（3）以直接地址为目的操作数的指令

MOV　direct，A　　　　　　　　　；(direct)←A

MOV　direct，Rn　　　　　　　　　；(direct)←Rn

MOV　direct1，direct2　　　　　　　；(direct1)←(direct2)

MOV　direct，@Ri　　　　　　　　；(direct)←(Ri)

MOV　direct，♯data　　　　　　　　；(direct)←data

该组指令的功能是将源操作数指定的累加器 A、工作寄存器 Rn、立即数或片内 RAM 单元的内容传送到直接地址 direct 所指定的片内存储器单元中。

【例 4-5】 已知 A＝30H，R1＝40H，R2＝50H，(40H)＝1EH，试说明顺序执行下列指令后各单元内容的变化。

MOV　20H，A　　；20H←A

MOV　20H，R1　　；20H←R1

MOV　20H，40H　；20H←(40H)

MOV　20H,@R1 ;20H←(R1)

MOV　20H,≠54H;20H←54

[解]

执行第一条指令后 20H 中的值为 30H;执行第二条指令后 20H 中的值为 40H;执行第三条指令后 20H 中的值为 1EH;执行第四条指令后 20H 中的值为 1EH;执行第五条指令后 20H 中的值为 54H。

(4)以寄存器间接地址为目的操作数的指令

MOV　@Ri,A　　　　　　　　;(Ri)←A

MOV　@Ri,direct　　　　　　;(Ri)←(direct)

MOV　@Ri,≠data　　　　　　;(Ri)←data

该组指令的功能是将累加器 A、片内 RAM 存储器单元的内容或立即数送入由 Ri 内容指定的片内存储单元中。

【例 4-6】　已知 A=10H,R0=30H,R1=40H,(20H)=50H。试说明顺序执行下列指令后各单元内容的变化。

MOV　@R0,A　　　;(R0)←A

MOV　@R1,20H　;(R1)←(20H)

MOV　@R0,≠54H;(R0)←54H

[解]

执行第一条指令后 30H 中的值为 10H;执行第二条指令后 40H 中的值为 50H;执行第三条指令后 30H 中的值为 54H。

(5)16 位数据传送指令

MOV　DPTR,≠data16　　　;DPH←data8~15,DPL←data0~7

该指令是唯一的一条 16 位立即数传送指令,功能是将一个 16 位的立即数送入数据指针 DPTR 中去。其中高位字节数据送入 DPH,低位字节数据送入 DPL。

例如:指令 MOV DPTR,≠1234H 执行完之后,DPH 中的值为 12H,DPL 中的值为 34H。

这和分别向 DPH、DPL 传送数据结果是一样的。上面这条指令等价于下面两条指令:

MOV　DPH,≠12H

MOV　DPL,≠34H

2. 数据交换类指令

该类指令能实现片内 RAM 单元中数据的交换。

(1)字节交换指令

XCH　A,Rn　　　　　　　;A←→Rn

XCH　A,@Ri　　　　　　;A←→(Ri)

XCH　A,direct　　　　　;A←→(direct)

该组指令实现累加器 A 与工作寄存器 Rn、Ri 内容指定的片内存储单元或片内

RAM 直接地址单元的内容的互相交换。

例如:设 A＝1CH,R0＝30H,(30H)＝56H,执行指令 XCH A,@R0 后,结果为:A＝56H,(30H)＝1CH。

(2)半字节交换指令

XCHD　A,@Ri ;A.0～A.3←→(Ri.0～Ri.3)

XCHD 指令的功能是将累加器 A 的低 4 位内容与 Ri 间接寻址单元内容的低 4 位互换,它们的高 4 位保持不变。

例如:设 A＝1CH,R0＝30H,(30H)＝56H, 执行指令 XCHD A,@R0 后,执行结果为:A＝16H,(30H)＝5CH。

(3)累加器高低半字节交换指令

SWAP　A　　　;A.4～A.7 ←→ A.0～A.3

SWAP　A 指令的功能是将累加器 A 的高 4 位(A.4～A.7)与其低 4 位(A.0～A.3)互换。本指令也可作为 4 位循环移位指令。

例:设 A＝1CH,执行指令 SWAP A 后,执行结果为 A＝C1H。

3. 栈操作指令 PUSH 和 POP

程序运行时,需要一称为堆栈的 RAM 块作为数据缓冲区,以暂存程序运行过程中的一些重要数据。堆栈由连续 RAM 单元组成。在前面已经介绍过,内部数据 RAM 的 30F～7FH 单元为堆栈和数据缓冲区,堆栈一般开辟在这一片区域。数据写入堆栈称入栈,数据从堆栈中读出称出栈。堆栈的操作遵循"先进后出"的原则,正如向弹仓压入子弹和从弹仓弹出子弹是一样的。

数据的进栈和出栈由指针 SP 统一管理,即堆栈的位置由 SP 确定,可以通过编程来设置,如"MOV SP,≠40H"是把堆栈指针设在 40H 单元(该单元称为栈底),真正的堆栈是从 41H 为起始地址的位置开始向上生长的,存放最后一个进入堆栈的数据的单元称为栈顶。单片机复位后,SP 默认为 07H。为了确保数据存储正确,用户应把堆栈设在内部数据 RAM 的 30H 单元以后的区域。

在 AT89 系列单片机系统中,堆栈操作指令有两条:

PUSH　　　direct ;SP←(SP＋1),(SP)←(direct)

POP　　　　direct ;(direct)←(SP),(SP) ←(SP−1)

其中 PUSH 指令为入栈,POP 指令为出栈。操作时以字节为单位。入栈时 SP 指针先加 1,再入栈。出栈时内容先出栈,SP 指针再减 1。用堆栈保存数据时,先入栈的内容后出栈,后入栈的内容先出栈。

例如,若入栈保存时入栈的顺序为:

ACC

B

则出栈的顺序为:

B

ACC

下面参照图 4-7 举例说明堆栈操作指令的功能。设 SP=30H,A=01H,B=02H,现执行如下指令:

PUSH   ACC

PUSH   B

POP    10H

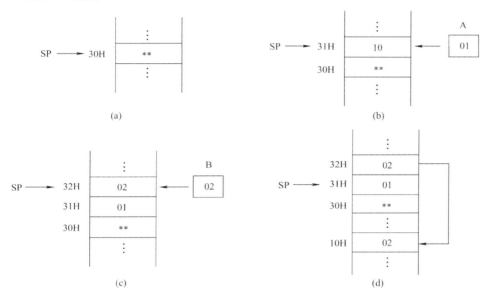

图 4-7   堆栈操作示意图

(a)执行堆栈操作前;(b)执行 PUSH ACC;(c)执行 PUSH B;(d)执行 POP 10H

由图可见,后压入堆栈的数 02H 在出栈时首先被弹出。打一个比方,堆栈就好像一只桶,里面放了许多盘子,每次只能从最上面取盘子,因此总是取出最后放进去的盘子。而 SP 就像一个游标,始终指示桶中最上面盘子的位置。

【例 4-7】  将片内 RAM 中 30H 和 31H 单元的内容交换。

[解]

方法一:用数据交换指令。

XCH    A,30H

XCH    A,31H

XCH    A,30H

方法二:用"MOV"指令。

MOV    A,30H

MOV    30H,31H

MOV    31H,A

方法三:用堆栈操作指令。

PUSH   30H

```
PUSH    31H
POP     30H
POP     31H
```

### 4.1.4　片外数据存储器与累加器 A 之间的传送指令

```
MOVX   A,@DPTR           ;A ← (DPTR)
MOVX   @DPTR,A           ;(DPTR) ← A
MOVX   A,@Ri             ;A ← (Ri)
MOVX   @Ri,A             ;(Ri) ← A
```

在使用 MOVX 指令实现数据传送功能时应注意以下几点。

①片外数据存储单元与片内 RAM 之间的数据传送以及片外数据存储单元之间的数据传送不能直接进行,必须通过累加器 A 中转。指令 MOV 20H,2000H 及 MOVX 3000H,2000H 等都是错误的。

②寻址方式只能是寄存器间接寻址。参与间接寻址的寄存器只有 Ri 和 DPTR 两种。DPTR 为 16 位寄存器,寻址范围 0000H~0FFFFH 共 64 KB 空间。而 Ri 是 8 位寄存器,只能寻址 00H~0FFH 低 256 单元。

③由于单片机扩展 I/O 口无独立地址空间,与片外存储单元统一编址,所以扩展 I/O 口的数据传送也通过该指令实现。

【例 4-8】　①将片外数据存储器 2000H 单元的内容传送到片内的 20H 单元中;②将片外数据存储器 2000H 单元的内容传送到片外的 0FAH 单元中。

〔解〕

```
①MOV     DPTR,♯2000H
  MOVX    A,@DPTR
  MOV     20H,A
②MOV     DPTR,♯2000H
  MOVX    A,@DPTR
  MOV     R0,♯0FAH
  MOV     P2,♯00H
  MOVX    @R0,A
```

### 4.1.5　程序存储器向累加器 A 的传送指令

此种传送指令如下:

```
MOVC   A,@A+PC             ;A←((A)+(PC))
MOVC   A,@A+DPTR           ;A←((A)+(DPTR))
```

该类指令操作时,将 DPTR 或 PC 中的内容与 A 中的 8 位无符号数相加,结果作为程序存储器单元地址,根据该地址读出数据再送回累加器 A 中。这是唯一的两条读片内或片外程序存储器的指令,源操作数采用变址寻址方式。由于它们特别适合查阅程序存储器中已建立的数据表格,所以也称为查表指令。

使用 MOVC 指令实现数据传送时应注意以下几点。

①程序存储器只能读出,不能写入,所以数据传送都是单向的,即从程序存储器读出数据,并且只能向累加器 A 传送。

②ROM 片内、片外是统一编址的,该指令既可访问片内,又可访问片外程序存储器。

③应用时,一般以 PC 或 DPTR 确定表格的首址,查表时根据 A 中不同的内容查找到表格中的相应项,故此时称 PC 或 DPTR 为基址寄存器,A 为变址寄存器,寻址方式为基址加变址寻址。

MOVC A,@A＋PC 指令被 CPU 读取之后,PC 的内容自动加 1(PC 当前值)。其功能是将 PC 的当前值与 A 中的 8 位无符号数相加形成新的地址,把该地址单元中的内容送累加器 A。

MOVC A,@A＋DPTR 指令在使用前先确定 DPTR 中的内容。由于可以赋予 DPTR 任何地址,所以读取范围可达 64 KB。其功能是以 A 和 DPTR 的内容之和为地址,把该地址单元中的数据送入累加器 A 中,执行指令后,DPTR 中的内容不变。

使用 DPTR 作为基址寄存器比较灵活,且不易出错。建议尽可能使用 MOVC A,@A＋DPTR 指令。

例如:假设在程序存储器中的 1000H 开始的单元中存放着如下数据。

　　　　1000H:12H
　　　　1001H:34H
　　　　1002H:56H
　　　　1003H:78H

(冒号前表示存储单元的地址,冒号后为存储单元的内容)

执行程序:MOV A,♯02H
　　　　　　MOV DPTR,♯1000H
　　　　　　MOVC A,@A＋DPTR

执行完后,(A)＝56H,(DPTR)＝1000H,即程序存储器中 1002H 单元中的内容送入 A 中,DPTR 中仍为 1000H。

【例 4－9】　改正下列指令中的错误,完成其功能。

①MOV A,2000H　　　　　　　;片外 RAM2000H 单元内容送 A
②MOVX 20H,2000H　　　　　;片外 RAM2000H 单元内容送片内 20H 单元
③MOVC A,2000H　　　　　　;将 ROM2000H 单元内容送入 A
④XCH 40H,30H　　　　　　　;交换片内 RAM30H 和 40H 单元的内容
⑤PUSH AB　　　　　　　　　;将寄存器对 AB 的内容压入堆栈

[解]

①MOV DPTR,♯2000H

```
    MOVX A,@DPTR
②MOV DPTR,♯2000H
    MOVX A,@DPTR
    MOV 20H,A
③MOV DPTR,♯2000H
    MOV A,♯00H
    MOVC A,@A+DPTR
④XCH A,40H
    XCH A,30H
    XCH A,40H
⑤PUSH ACC
    PUSH B
```

# 4.2　任务四——单片机控制 LED 发光管模拟数值运算

【学习目标】　本节主要学习单片机汇编语言的算术运算类指令,包括加、减、乘、除、加1、减1、十进制调整指令等,并进一步学习掌握 LED 发光管的控制方法。

【任务描述】　单片机应用系统上电后自动加1计数,并通过8只发光二极管的亮灭模拟二进制计数结果。

### 1. 硬件电路与工作原理

硬件电路设计如图4—8所示,单片机 P2 口连接8只发光二极管,规定发光管亮表示1,发光管灭表示0。例如,发光管 D0、D1 亮,其余发光管灭,则表示二进制数 00000011B。

从图中可以看出,任务四比任务一的硬件电路只多了一些发光二极管。时钟电路和复位电路是每个电路必备的部分,P2 口是单片机的并行输入/输出口的一个,共8根口线,分别为 P2.0～P2.7。向 P2 口的各口线输出高低电平便可控制灯的亮灭。电路原理非常简单。此任务的目标是练习单片机的指令,没有必要一开始就埋头钻入复杂的硬件电路分析中去。

### 2. 控制源程序

通过第3章的任务一已经学习了发光二极管亮灭的指令控制方法,那就是使用 MOV 指令向单片机的 I/O 口(如 P2 口)输出数据。因此,本任务中需要解决的问题不是显示问题,而是控制所输出数据的问题,即数据要不断加1,加1后再通过 MOV 指令送至 P2 口。单片机汇编指令集中包括了加、减、乘、除等简单的算术运算指令,下面先给出使用 ADD(加法)指令实现的控制源程序。

```
        ORG    0000H              ;指定该程序在程序存储器中存放的起始位置
        MOV    A      ♯00H        ;累加器 A 首先清0,二进制计数从0开始
NEXT:MOV   P2,     A              ;A 的数据送 P1 口,控制发光管的亮灭
```

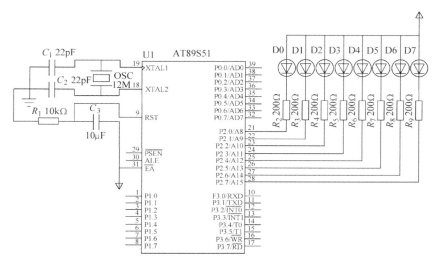

图 4—8 单片机控制 LED 发光管模拟数值运算电路

```
        LCALL DELAY              ;调用延时子程序,保障发光状态可见
        ADD     A,      ＃01H    ;将 A 中的数据内容加 1
        AJMP    NEXT             ;跳转指令,跳至 NEXT 程序行
DELAY:MOV      R7,     ＃255     ;延时子程序
LOOP: MOV      R6,     ＃255
        DJNZ    R6,     $
        DJNZ    R7,     LOOP
        RET                      ;子程序返回
        END                      ;程序结束
```

**3. 源程序的编辑、编译与下载**

打开仿真软件进行程序的编辑、编译、模拟仿真。打开下载软件,将目标文件下载到 AT89S51 单片机芯片中,观察程序运行结果。

下面介绍单片机汇编语言指令集中的算术运算类指令。

算术运算是指加、减、乘、除、加 1、减 1 等运算,是在数据处理中经常用到的操作。AT89 系列单片机只能进行 8 位二进制(单字节)算术运算,若进行多字节二进制算术运算,需要编程实现。

与数据传送指令不同,多数算术运算指令会影响程序状态字 PSW 的 CY、AC、OV 和奇偶标志位 P。加 1 和减 1 指令不影响这些标志,只有当源操作数为 A 时,加 1 和减 1 指令才影响标志位 P,乘法和除法指令影响标志位 OV 和 P。

应该指出的是,汇编语言并不适合编写复杂的运算程序。在实际应用中,一般采用高级语言(如 C 语言)编写复杂的运算程序。因此,读者可仅掌握算术运算类指令的基本用法,其他的则不必深究。

### 4.2.1　加法指令

1. 不带进位加法指令

指令如下：

ADD A, ♯ data　　　　　　;A←A＋data
ADD A, direct　　　　　　;A←A＋(direct)
ADD A, Rn　　　　　　　;A←A＋Rn
ADD A, @Ri　　　　　　　;A←A＋(Ri)

该类指令将累加器 A 中的值与源操作数指定的值相加，运算结果存放到累加器 A 中。两数相加时，可通过对 CY 的检测判断运算结果是否有进位。如果最高位有进位时，CY 为 1，否则为 0。

若是两个有符号数相加，因为符号位要参加运算，就有可能溢出，即超出单字节所能表示的有符号数的最大范围(−128～+128)。当两数之和的 D7、D6 位只有一位有进位时，(OV)＝1；否则，(OV)＝0。

例如，设 A＝0AEH，R0＝41H，(41H)＝75H，PSW＝0，执行指令 ADD A, @R0 的操作如下：

```
    1010 1110
 +  0111 0101
  10010 0011
```

执行结果：A＝23H，CY＝1，OV＝1，AC＝1，P＝1，PSW＝0C5H。

2. 带进位加法指令

指令如下：

ADDC A, Rn　　　　　　;A←A＋ Rn ＋CY
ADDC A, direct　　　　　;A←A＋(direct)＋CY
ADDC A, @Ri　　　　　　;A←A＋(Ri)＋CY
ADDC A, ♯ data　　　　　;A←A＋ data＋CY

该类指令将累加器 A 中的值、源操作数指定的值、进位标志位 CY 的值相加，运算结果存放到累加器 A 中。

例如，A＝ 9AH，R0＝41H，(41H)＝0E3H，PSW＝0，执行指令 ADDC A, @R0 的操作如下：

```
    1001  1010   累加器 A
 +  1110  0011   @R0
  1 0111  1101   CY
```

执行结果：A＝7DH，CY＝1，OV＝1，AC＝0，P＝0，PSW＝84H。

带进位加法指令通常用于多字节加法运算中。由于 AT89 系列单片机是 8 位机，所以只能做 8 位的数学运算。为扩大数的运算范围，实际应用时通常将多个字节组合运算。例如，两字节数据相加时先算低字节，再算高字节，低字节采用不带进位的加法指令,高字节采用带进位的加法指令。

## 4.2.2　减法指令

指令如下:

SUBB A,Rn　　　　　　;A←A− Rn −CY
SUBB A,direct　　　　　;A←A−(direct)−CY
SUBB A,@Ri　　　　　　;A←A−(Ri)−CY
SUBB A,♯data　　　　　;A←A− data −CY

该类指令能够实现从累加器 A 中减去源操作数指定的值及借位标志位 CY 的值,差值存放到累加器 A 中。

注意:系统没有提供不带借位的减法指令,如果需要做不带借位标志位的减法,只要先用 CLR C 指令将 CY 清零即可。

## 4.2.3　乘法指令

指令如下:

MUL AB　　　　;BA←A×B

该指令将累加器 A 和寄存器 B 中的两个 8 位无符号数相乘,所得 16 位乘积的高字节放在 B 寄存器中,低字节存放在 A 中。当积高字节 B≠0,即乘积大于 255(FFH)时,溢出标志位 OV 置 1;当积高字节 B=0 时,OV 为 0。进位标志位 CY 总是为 0,AC 标志位保持不变。

例如:设 A=40H,B=62H,执行指令 MUL AB。

运算结果:B=18H,A=80H,乘积为 1880H。CY=0,OV=1,P=1。

## 4.2.4　除法指令

指令如下:

DIV AB　　　;A←A÷B 的商,B←A÷B 的余数

该指令将 A 中的 8 位无符号数除以 B 中的 8 位无符号数(A/B),所得的商存放在 A 中,余数存放在 B 中。标志位 CY 和 OV 都为 0,但如果在做除法前 B 中的值是00H,即除数为 0,那么 OV=1。

例如:设 A=0F2H,B=10H,执行指令 DIV AB。

运算结果:商 A=0FH,余数 B=02H,CY=0,OV=0,P=0。

## 4.2.5　加 1 指令

指令如下:

INC A　　　　　　　　;A←A+1
INC Rn　　　　　　　　;Rn←Rn+1
INC direct　　　　　　;(direct)←(direct)+1

INC @Ri　　　　　　　;(Ri)←(Ri)+1

INC DPTR　　　　　　;DPTR← DPTR+1

该类指令将操作数指定单元的内容加1。除 INC A 影响奇偶标志位外,其余指令不对 PSW 产生影响。若执行指令前操作数指定的单元内容为 FFH,则加1后溢出为 00H。

例如:A=23H,执行指令 INC A。

运算结果:A=24H。

任务四控制源程序中的 ADD A,♯01H 指令可以改为 INC A,两者功能是一样的。

从运算结果可以看出 INC A 和 ADD A,♯01H 相同,但 INC A 是单字节、单周期指令,而且 INC A 除了影响奇偶标志位外,不会影响其他 PSW 标志位;而 ADD A,♯01H 则是双字节、双周期指令,影响 PSW 标志位 CY、OV、AC 和 P。从标志位状态和指令长度来看,这两条指令是不同的。

【例4—10】　分别指出指令 INC R1 和 INC @R1 的执行结果。设 R1=50H,(50H)=00H。

[解]

INC R1　　　　　　;R1+1=50H+1=51H→R1,R1=51H

INC @R1　　　　　;(R1)+1=(50H)+1→(R1),(50H)=01H,R1 中内容不变

## 4.2.6　减1指令

指令如下:

DEC A　　　　　　;A←A-1

DEC Rn　　　　　;Rn←Rn-1

DEC direct　　　　;(direct)←(direct)-1

DEC @Ri　　　　　;(Ri)←(Ri)-1

该类指令将操作数指定单元的内容减1。

此组指令除 DEC A 影响奇偶标志位外,其余指令不对 PSW 产生影响。若执行指令前操作数指定的单元内容为 00H,则减1后溢出为 FFH。

注意:不存在指令 DEC DPTR,实际应用时可用指令 DEC DPL 代替。

## 4.2.7　十进制调整指令

指令如下:

DA A　;十进制调整指令

该指令对 BCD 码进行加法运算后,根据 PSW 标志位 CY、AC 的状态及 A 中的结果对累加器 A 的内容进行"加6修正",使其转换成压缩 BCD 码(1个字节存放2位 BCD 码)形式。

修正规则如下。

①若累加器 A 的低 4 位大于 9 或者标志位 AC＝1,则 DA A 指令对 A 的低 4 位进行加 6 调整。

②若累加器 A 的高 4 位大于 9 或者标志位 CY＝1(包括由于低 4 位加 6 修正引起 CY＝1 的情况),则该指令对 A 的高 4 位进行加 6 修正。若修正后最高位产生进位使 CY＝1,则表示两个 BCD 码相加的和大于或等于 100,这对多字节加法有用,但不影响溢出标志。

修正原因如下。

由于 0～9 的压缩 BCD 码实际上是用二进制数 0000～1001 表示的,加法运算时计算机内部采用的规则是二进制的运算规则,即 4 位二进制数表示的 1 位 BCD 码采取的是逢十六进位的法则,而对于十进制数的 BCD 码来说应为逢十进位,所以 BCD 码加法运算时可能产生错误的结果,应对其结果按照修正规则进行修正,才能得到正确的 BCD 码结果。该指令不能单独使用,只能在 ADD 和 ADDC 指令之后使用。

实际上,计算机在遇到十进制调整指令时,中间结果的修正是由 ALU 硬件中的十进制调整电路自动进行的。因此,用户不必考虑是怎样调整的。使用时只需在上述加法指令后面紧跟一条"DA A"指令即可。

【例 4－11】　设 A＝29BCD,(30H)＝68BCD,写出执行如下指令的结果。

　　ADD A,30H

　　DA A

[解]

执行第一条指令,运算过程如下:

```
  0010   1001
+ 0110   1000
  1001   0001
```

执行结果为:标志位 AC＝1,A＝91,而正确结果为 97,所以结果错误。

执行第二条指令,运算过程如下:

```
  1001   0001
+ 0000   0110    (符合修正规则第一条,+6 修正)
  1001   0111
```

执行结果为:A＝97,可见调整后的结果才是正确的。

【例 4－12】　说明下列指令的执行结果。

[解]

| | | |
|---|---|---|
| MOV | A,≠05H | ;A←05H |
| ADD | A,≠08H | ;A←05H+08H,A＝0DH |
| DA | A | ;自动调整为 BCD 码,A＝13H |

# 4.3　任务五 ——单片机控制的流水彩灯

【学习目标】　本节主要学习逻辑运算及移位指令、位操作指令、控制转移类指令,重点是掌握控制转移类指令的使用方法。

　　【任务描述】　用单片机的 I/O 口控制 8 只发光二极管,实现流水灯效果。

　　1. 硬件电路与工作原理

　　单片机控制多只发光二极管的电路设计方法已经在前面介绍过,电路原理在此不再分析。硬件电路如图 4—9 所示。

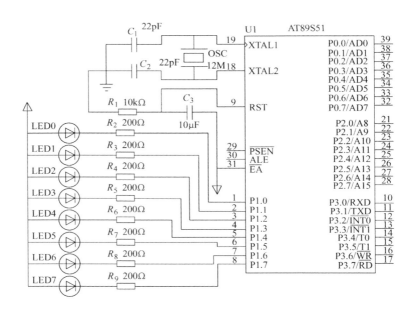

图 4—9　模拟彩灯控制电路

　　2. 控制源程序

　　运用前面学习的知识,读者不难写出下面的控制源程序 1。该流水灯效果的控制程序能够让 LED0～LED7 共 8 个发光二极管依次循环点亮,且每一时刻仅有一个灯亮,这样就显示出流水效果。任务五的控制源程序还可以采取其他编写方法,本章中将结合具体指令介绍。读者可通过对比本章中给出的多种编写方法,灵活应用单片机的指令系统。

　　控制源程序 1 如下。

```
        ORG   0000H
MAIN:   MOV  P1,    ≠11111110B      ;仅 P1.0 输出低电平,使 LED0 点亮
        LCALL  DELAY                ;调用延时子程序
        MOV  P1,    ≠11111101B      ;仅 P1.1 输出低电平,使 LED1 点亮
        LCALL  DELAY                ;调用延时子程序
        MOV  P1,    ≠11111011B      ;仅 P1.2 输出低电平,使 LED2 点亮
```

```
          LCALL  DELAY              ;调用延时子程序
          MOV  P1，   ≠11110111B    ;仅 P1.3 输出低电平，使 LED3 点亮
          LCALL  DELAY              ;调用延时子程序
          MOV  P1，   ≠11101111B    ;仅 P1.4 输出低电平，使 LED4 点亮
          LCALL  DELAY              ;调用延时子程序
          MOV  P1，   ≠11011111B    ;仅 P1.5 输出低电平，使 LED5 点亮
          LCALL  DELAY              ;调用延时子程序
          MOV  P1，   ≠10111111B    ;仅 P1.6 输出低电平，使 LED6 点亮
          LCALL  DELAY              ;调用延时子程序
          MOV  P1，   ≠01111111B    ;仅 P1.7 输出低电平，使 LED7 点亮
          LCALL  DELAY              ;调用延时子程序
          AJMP MAIN                 ;程序跳转到 MAIN 处，循环显示
DELAY：MOV R0，   ≠255              ;延时子程序
LOOP： MOV  R1，   ≠255
          DJNZ R1，   $
          DJNZ R0，   LOOP
          RET                       ;子程序返回
          END                       ;程序到此结束
```

3. 源程序的编辑、编译与下载

打开仿真软件进行程序的编辑、编译、模拟仿真。打开下载软件，将目标文件下载到 AT89S51 单片机芯片中，观察程序运行结果。

下面主要介绍逻辑运算及移位指令、位操作指令、控制转移类指令。

## 4.3.1　逻辑运算及移位指令

逻辑运算与移位指令共有 24 条。逻辑运算指令可以完成与、或、异或、取反、清零操作；移位指令是对累加器 A 进行循环移位操作，包括向左、向右以及带 CY 位的移位操作。

1. 累加器 A 清零指令

指令如下：

CLR　A；　A←0

2. 累加器 A 取反指令

指令如下：

CPL　A；　A←/A

注意：在单片机系统中，只能对累加器 A 中的内容进行清零和求反，如要对其他寄存器或存储单元进行清零和求反，则需放在累加器 A 中进行，运算后再放回原处。

3. 循环移位指令

指令如下：

RL      A；累加器 A 的内容循环左移一位

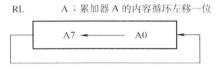

RR      A；累加器 A 的内容循环右移一位

RLC    A；累加器 A 的内容连同进位标志位循环左移一位

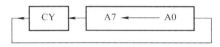

RRC    A；累加器 A 的内容连同进位标志位循环右移一位

任务五流水效果还可以使用循环移位指令实现。相比之下，语句较简洁，读者可做一比较。

控制源程序 2 如下。

```
        ORG     0000H
START:  MOV     A,      ≠0FEH   ;A 中先装入使 LED0 点亮的数据
        MOV     P1,     A       ;将 A 的数据送 P1 口
        MOV     R0,     ≠7      ;各个发光二极管点亮一遍需要循环
                                 7 次
LOOP:   RL      A               ;将 A 中的数据左移一位,比如原来
                                 是 11111110;移位后是 11111101
        MOV     P1,     A       ;把 A 的数据再送 P1 口显示
        ACALL   DELAY           ;调用延时子程序
        DJNZ    R0,     LOOP    ;不到 7 次循环继续移位输出显示
        AJMP    START           ;循环完毕重新再来,以达到循环流
                                 动效果
DELAY:  MOV     R0,     ≠255    ;延时子程序
LOOP:   MOV     R1,     ≠255
        DJNZ    R1,     $
        DJNZ    R0,     LOOP
```

```
                RET                        ;子程序返回
                END                        ;程序结束
```

4. *逻辑"与"指令*

指令如下：

```
ANL A,Rn                    ;A←A∧Rn
ANL A,direct                ;A←A∧(direct)
ANL A,@Ri                   ;A←A∧(Ri)
ANL A,≠data                 ;A←A∧data
ANL direct,A                ;(direct)←A∧(direct)
ANL direct,≠data            ;(direct)←(direct)∧data
```

前 4 条指令的功能为将源操作数指定的内容与累加器 A 的内容按位逻辑"与"，运算结果送入 A 中,源操作数可以是工作寄存器、片内 RAM 或立即数。

后两条指令的功能为将源操作数(直接地址单元)指定的内容与目的操作数(累加器 A 或立即数)按位逻辑"与",运算结果送入直接地址单元中。

按位逻辑"与"运算规则:只要两个操作数中任意一位为 0,则该位操作结果为 0,只有两位均为 1 时,运算结果才为 1。实际应用中,逻辑"与"指令通常用于屏蔽某些位,方法是将需要屏蔽的位和 0 相"与"即可。

例如,设 A＝31H,执行指令 ANL A,≠0FH 的操作如下:

```
       0011   0001
 ∧ 0000   1111
 ─────────────
       0000   0001
```

执行结果为:01H,实现了高 4 位的屏蔽。

【例 4－13】　将 P1 口的 P1.2、P1.3、P1.7 清零,其余位不变。

［解］

相应的指令为:ANL　P1,≠01110011B

5. *逻辑"或"指令*

指令如下：

```
ORL A,Rn                    ;A←A∨Rn
ORL A,direct                ;A←A∨(direct)
ORL A,@Ri                   ;A←A∨(Ri)
ORL A,≠data                 ;A←A∨data
ORL direct,A                ;(direct)←A∨(direct)
ORL direct,≠data            ;(direct)←(direct)∨data
```

本组指令的源操作数和目的操作数跟逻辑"与"指令相同。指令的功能为将源操作数指定的内容与目的操作数指定的内容进行逻辑"或"运算,运算结果存入目的操作数指定的单元中。

按位逻辑"或"运算规则:只要两个操作数中任意一位为 1,则该位操作结果为 1,

只有两位均为 0 时,运算结果才为 0。实际应用中,逻辑"或"指令通常用于使某些位置位或信息组合。

【例 4-14】 将累加器 A 的 1、3、5、7 位置 0,其他位置 1,送入片内 RAM40H 单元中。

[解]

```
ANL A,≠01010101B        ;将 A 的 1,3,5,7 位置 0
ORL A,≠01010101B        ;将 A 的 0,2,4,6 位置 1
MOV 40H,A
```

【例 4-15】 利用逻辑运算指令将 P1 口的 P1.4、P1.5、P1.6、P1.7 置 1,其余位保持不变。

[解]

相应的指令为:ORL P1,≠11110000B

6. 逻辑"异或"指令

指令如下:

```
XRL A,Rn                ;A←A⊕Rn
XRL A,direct            ;A←A⊕(direct)
XRL A,@Ri               ;A←A⊕(Ri)
XRL A,≠data             ;A←A⊕data
XRL direct,A            ;(direct)←A⊕(direct)
XRL direct,≠data        ;(direct)←(direct)⊕data
```

本组指令的源操作数和目的操作数跟逻辑"与"指令相同。指令的功能为将源操作数指定的内容与目的操作数指定的内容进行逻辑"异或"运算,运算结果存入目的操作数指定的单元中。

按位逻辑"异或"运算规则:只要两个操作数中进行"异或"的两个位相同,则该位操作结果为 0,只有两个位不同时,运算结果才为 1,即相同为"0",相异为"1"。实际应用中,逻辑"异或"指令通常用于使某些位取反,方法是将取反的位与 1 进行"异或"运算。

例如:设 A=3AH,要求将低 4 位取反,执行指令:XRL A,≠00001111 的操作如下:

```
   0011   1010
 ⊕ 0000   1111
   0011   0101
```

执行结果为:35H。

【例 4-16】 利用逻辑运算指令,将内部 RAM 中 40H 单元的 1、3、5、7 位取反,其他位保持不变。

[解]

相应指令为:XRL 40H,≠0AAH

## 4.3.2　位操作指令

上面介绍的指令都属于字节操作,即 CPU 处理的数据都是字节数据,是以字节为单位来控制的。单片机指令集中有单独的位操作指令,任务四也可以采用位操作指令编程。

单片机有一个位处理器(又称为布尔处理器)。它有一套位变量处理的指令集。进行位操作时,以进位标志位 CY 为位累加器,片内 RAM 中位寻址区为位 RAM,可以完成位变量的传送、运算、控制转移等操作。

位操作指令的对象是内部 RAM 的位寻址区,由两部分构成:一部分为特殊功能寄存器中可以位寻址的各位(即字节地址能被 8 整除的专用寄存器各位),位地址在80H~F7H 之间;另一部分即片内 RAM 的位地址区 20H~2FH 之间的 128 个位,位地址为 00H~7FH。

在汇编语言中,位地址的表达方式包括:

①用直接位地址表示,如 31H、3CH 等;

②用寄存器的位定义名称表示,如 ES、TR1 等;

③用点操作符表示,如 ACC.1、21H.7 等,其中点操作符“.”的前面部分为字节地址或可位寻址的专用寄存器名称,后面部分的数字表示它们的位;

④用自定义的位符号地址表示,如 MM BIT P1.0 定义了位符号地址 MM,则可在指令中使用 MM 代替 P1.0。

1. 位变量传送指令

指令如下:

```
MOV C,bit        ;CY←(bit)
MOV bit,C        ;(bit)←CY
```

这组指令的功能是实现位累加器 CY 和指定的位地址之间的数据传送。这种位数据传送指令中的一个操作数必须是位累加器 CY,另一个操作数可以为其他任意指定的可直接寻址的位。

【例 4-17】　已知片内 RAM(20H)=10110001B,将位地址 05H 中的内容传送到位地址 0FH 中,执行下列指令序列:

```
MOV C,05H
MOV 0FH,C
```

[解]

由于 05H 相当于(20H).5,0FH 相当于 21H.7,因此,执行结果为:CY=1,(0FH)=1。

2. 位变量修改指令

(1)位清 0

```
CLR C            ;CY←0
CLR bit          ;(bit)←0
```

（2）位置 1

SETB C　　　　　;C←1

SETB bit　　　　;(bit)←1

（3）位取反

CPL C　　　　　　;C←/C

CPL bit　　　　　;(bit)←/(bit)

该组指令的功能是对位累加器 CY 或直接寻址的位分别进行清 0、置 1 和取反操作。

3. 位逻辑运算指令(4 条)

指令如下：

ANL C,bit　　　;C←C∧(bit)

ANL C,/bit　　　;C←C∧/(bit)

该组指令的功能是把位累加器 CY 的内容与位地址的内容进行"与"运算,结果存放于位累加器 CY 中。

ORL C,bit　　　　;C←C∨(bit)

ORL C,/bit　　　　;C←C∨/(bit)

该组指令的功能是把位累加器 CY 的内容与位地址的内容进行"或"运算,结果存放于位累加器 CY 中。

说明：指令中的"/"表示对该位地址内容取反后,再参与运算,但并不改变位地址的原内容。

【例 4—18】　设 P1.0=1,(位地址 40H)=1,执行指令：

MOV C,P1.0

ANL C,40H

［解］

执行结果：CY= 0,(位地址 40H)=1

任务五还可以采用位操作指令完成,下面给出任务五的控制源程序 3。

```
          ORG     0000H
START:CLR      P1.0                ;P1.0 输出低电平,使 LED0 点亮
          ACALL  DELAY              ;调用延时子程序
          SETB   P1.0                ;P1.0 输出高电平,使 LED0 熄灭
          CLR     P1.1                ;P1.1 输出低电平,使 LED1 点亮
          ACALL  DELAY              ;调用延时子程序
          SETB   P1.1                ;P1.1 输出高电平,使 LED1 熄灭
          CLR     P1.2                ;P1.2 输出低电平,使 LED2 点亮
          ACALL  DELAY              ;调用延时子程序
          SETB   P1.2                ;P1.2 输出高电平,使 LED2 熄灭
```

```
          CLR       P1.3                  ;P1.3 输出低电平,使 LED3 点亮
          ACALL     DELAY                 ;调用延时子程序
          SETB      P1.3                  ;P1.3 输出高电平,使 LED3 熄灭
          CLR       P1.4                  ;P1.4 输出低电平,使 LED4 点亮
          ACALL     DELAY                 ;调用延时子程序
          SETB      P1.4                  ;P1.4 输出高电平,使 LED4 熄灭
          CLR       P1.5                  ;P1.5 输出低电平,使 LED5 点亮
          ACALL     DELAY                 ;调用延时子程序
          SETB      P1.5                  ;P1.5 输出高电平,使 LED5 熄灭
          CLRP      1.6                   ;P1.6 输出低电平,使 LED6 点亮
          ACALL     DELAY                 ;调用延时子程序
          SETB      P1.6                  ;P1.6 输出高电平,使 LED6 熄灭
          CLR       P1.7                  ;P1.7 输出低电平,使 LED7 点亮
          ACALL     DELAY                 ;调用延时子程序
          SETB      P1.7                  ;P1.7 输出高电平,使 LED7 熄灭
          ACALL     DELAY                 ;调用延时子程序
          AJMP      START                 ;8 个 LED 循环一遍后返回再循环
DELAY:    MOV       R0,      #255         ;延时子程序
LOOP:     MOV       R1,      #255
          DJNZ      R1,      $
          DJNZ      R0,      LOOP
          RET                             ;子程序返回
          END                             ;程序结束
```

### 4.3.3  控制转移类指令

任务一至任务五的控制源程序中出现了很多的 JMP 指令,如 LJMP、AJMP、SJMP 以及 DJNZ、ACALL 等,这些都属于控制转移类指令的范畴。

控制转移类指令可以控制程序根据不同情况执行不同的程序段,令单片机应用系统做出相应的动作。控制转移类指令使单片机具有"智能化"的功能,也是单片机编程过程中应用最复杂的指令,读者应加强对该类指令的学习和灵活运用。

程序的顺序执行是由 PC 自动加 1 实现的,要改变程序的执行顺序、实现分支转向,必须通过强迫改变 PC 值的方法实现,这就是控制转移类指令的基本功能。

1. 无条件转移类指令

(1)绝对无条件转移指令

指令如下:

AJMP addr11 ;PC←PC+2,PC10~0←addr10~0 ,PC15~11 保持不变

指令功能:由于 AJMP 是两字节指令,因此先将 PC 的值加 2,然后把指令中给出的 11 位地址 addr11 送入 PC 的低 11 位(即 PC10~PC0),PC 的高 5 位保持原值,这样由 addr11 和 PC 的高 5 位形成新的 16 位目标地址,程序随即转移到该地址处。

注意:因为指令只提供了低 11 位地址,PC 的高 5 位保持原值,所以转移的目标地址必须与 PC+2 后的值(即 AJMP 指令的下一条指令地址)位于同一个 2 KB 区域内。

(2)长转移类指令

指令如下:

LJMP addr16;PC←addr15~0

指令功能:将指令提供的 16 位地址 addr16 送入 PC 形成 16 位的目标地址,程序随即转移到该地址处执行。

由于指令提供了 16 位目标地址,因此程序可转移到程序存储器 64 KB 的任意地址单元处执行。

(3)相对转移指令

指令如下:

SJMP rel ;PC←PC+2, PC←PC+rel

指令功能:由于本指令为 2 字节指令,所以 PC 首先加 2,然后将当前 PC 值与 rel 值相加形成目标地址,程序随即转移到该地址处执行。

相对偏移量 rel 是一个 8 位带符号数,因此本指令转移的范围为 SJMP 指令的下一条指令首字节前 128 个字节和后 127 个字节范围之间。

实际编程时通常使用指令 HERE:SJMP HERE ,或写成 SJMP $ 。

这是一条死循环指令,目标地址等于源地址。通常用在程序调试时或中断程序中用来等待中断。当有中断申请时,CPU 转去执行中断,中断返回时仍然返回到该指令继续等待中断。

注意:上面 3 条指令的根本区别在于转移的范围不同,LJMP 可以在 64 KB 范围内实现转移,而 AJMP 只能在 2 KB 范围内跳转,SJMP 则只能在 256 个字节单元之间转移。所以,原则上所有用 SJMP 或 AJMP 的地方都可以用 LJMP 来替代,但要注意 AJMP 和 SJMP 是双字节指令,而 LJMP 则是三字节指令。

(4)间接转移指令

指令如下:

JMP @A+DPTR ;PC←A+DPTR

指令功能:把数据指针 DPTR 的内容与累加器 A 中的 8 位无符号数相加形成的转移目标地址送入 PC,不改变 DPTR 和 A 的内容,也不影响标志位。

间接转移指令通常用于多分支转移程序中。当把 DPTR 的内容作为基地址决定分支程序转移表的首地址时,根据 A 的内容不同就可以实现多分支转移。这样一条指令可以完成多条转移指令的功能,具有散转特征,因此间接转移指令又称为散转指令。

## 2. 条件转移指令

根据特定条件是否成立来实现转移的指令称为条件转移指令。AT89 系列单片机系统的条件转移指令都是相对转移指令,转移的目标地址位于转移指令的下一条指令的首字节地址的前 128 个字节和后 127 个字节内,即转移范围为:$-128 \sim +127$,共 256 个字节单元。在执行条件转移指令时,检测指令给定的条件,如果条件满足,则程序转向目标地址去执行;否则程序不转移,继续向下执行。

(1)判累加器 A 的内容是否为零的转移指令

指令如下:

JZ rel　　;PC←PC+2 ,若 A=0,则 PC←PC+rel;若 A≠0,则顺序执行

JNZ rel　　;PC←PC+2 ,若 A≠0,则 PC←PC+rel;若 A=0, 则顺序执行

第一指令的功能是:如果累加器 A=0,则转移到目标地址处执行,否则顺序执行(执行本指令的下一条指令);转移的目标地址=源地址+2+rel,实际应用时,通常使用标号作为目标地址。第二条指令的功能是:如果累加器 A≠0,则转移到目标地址处执行,否则顺序执行(执行本指令的下一条指令)。目标地址的计算方法和使用方法同第一条指令。

【例 4—19】　将外部 RAM 的一个数据块(首地址为 0100H)传送到内部 RAM(首地址为 30H),遇到传送的数据为零时停止。

[解]

```
              ORG      0000H
              MOV      DPTR,   ≠0100H    ;赋源数据块的首地址
              MOV      R1,     ≠30H      ;赋目的数据块的首地址
LP1:          MOVX     A,      @DPTR     ;外部 RAM 的数据必须先传送给 A
              JZ       LP2               ;若 A 为零则跳转至结尾,不为零则继续
              MOV      @R1,    A         ;将 A 的数据送至片内 RAM 的相应单元
              INC      R1                ;目的数据块的地址加 1
              INC      DPTR              ;源数据块的地址加 1
              LJMP     LP1               ;继续传送数据
LP2:          AJMP     LP2               ;循环等待
              END                        ;程序结束
```

上例中,LP1 和 LP2 是指令标号,分别代表其后指令存放的首位地址,两条控制转移指令"JZ LP2"和"LJMP LP1"使用指令标号 LP1 和 LP2 表示程序转移的目的,而不是直接写出转移量。这种方法在控制转移类指令中普遍采用,为编写程序带来了很大的方便。

(2)位条件转移指令

1)判 CY 转移指令　　指令如下:

JC rel　　　;PC←PC+2,若 CY=1,则 PC←PC+rel;若 CY=0,顺序执行

　　JNC rel　　;PC←PC+2,若 CY=0,则 PC←PC+rel;若 CY=1,顺序执行

　　本组指令以 PSW 中的进位标志位为判断条件。第一条指令的功能是如果 CY 等于 1 则转移到目标地址处执行,否则顺序执行。第二条指令则和第一条指令相反, 即如果 CY=0 则转移到目标地址处执行,否则顺序执行。

　　实际应用时,目标地址通常设为标号,由机器汇编计算具体的转移目标地址。

　　2)判位变量转移指令　　指令如下:

　　JB bit,rel;PC←PC+3,若(bit)=1,则 PC←PC+rel,否则顺序执行

　　JNB bit,rel;PC←PC+3,若(bit)=0,则 PC←PC+rel,否则顺序执行

　　JBC bit,rel;PC←PC+3,若(bit)=1,则(bit)←0,PC←PC+rel,否则顺序执行

　　本组指令以指定位 bit 的值为判断条件。当(bit)=1(第一条和第三条指令)或 (bit)=0(第二条指令),程序转移到目标地址处执行,否则顺序执行。对于第三条指令,当条件满足时(指定位为 1),还具有将该指定位清 0 的功能。

　　(3)比较转移指令

　　指令如下:

　　CJNE A,♯data,rel ;PC←PC+3,若 A>data,则 PC←PC+rel,CY←0;若 A< data,PC←PC+rel,CY←1;若 A=data,则顺序执行,CY←0。

　　CJNE A,direct,rel ; PC←PC+3,若 A>(direct),则 PC←PC+rel,CY←0;若 A<(direct),PC←PC+rel,CY←1;若 A=(direct),则顺序执行,CY←0。

　　CJNE Rn,♯data,rel ; PC←PC+3,若 Rn>data,则 PC←PC+rel,CY←0;若 Rn<data ,PC←PC+rel,CY←1;若 Rn=data,则顺序执行,CY←0。

　　CJNE @Ri,♯data,rel;PC←PC+3,若(Ri)>data,则 PC←PC+rel,CY←0;若 (Ri)<data ,PC←PC+rel,CY←1;若(Ri)=data,则顺序执行,CY←0。

　　本组指令是具有 3 个操作数的指令。第一个操作数为累加器 A 或工作寄存器 Rn 或间接寻址的片内 RAM 单元;第二个操作数为立即数或直接寻址的片内 RAM 单元。指令功能为比较前两个无符号操作数的大小,若相等则顺序往下执行,若不相等则转移到目标地址处执行。若第一个操作数的值大于或等于第二个操作数的值, 则进位位 CY=0,否则 CY=1。因此,若两个操作数不相等,在执行本指令后利用判断 CY 的指令便可确定前两个操作数的大小。

　　注意:指令相当于两个操作数相减,仅影响标志状态,不保存结果,所以不影响任何一个操作数。

　　由于本组指令为 3 字节指令,因此,转移目标地址=源地址+3+rel。实际应用时,目标地址通常设为标号,由机器汇编计算具体的转移目标地址。

　　【例 4-20】　分析下列程序段的功能。

　　　　　　CJNE　　A,　♯10H,　LP1

　　　　　　MOV　　R0,　♯00H

```
                 AJMP   LP3
LP1：            JC     LP2
                 MOV    R0，≠01H
                 AJMP   LP3
LP2：            MOV    R0，≠02H
LP3：            SJMP   LP3
```

〔解〕

程序段实现的功能如下。

| | |
|---|---|
| A＞10H | R0＝01H |
| A＝10H | R0＝00H |
| A＜10H | R0＝02H |

【例 4－21】　找出片内 RAM 以 30H 为首地址的数据块中第一个等于 50 的数，并将其单元地址存入 A 中。

〔解〕

```
            MOV R1，≠30H          ;赋数据块的首地址
LP1：       CJNE @R1，≠32H，LP2   ;源操作数使用寄存器间接寻址，与 50 比较
            LJMP LP3              ;相等则转向存单元地址的指令
LP2：       INC R1                ;数据块地址加 1
            LJMP LP1             ;转向继续比较指令
LP3：       MOV A，R1             ;内容为 50 的存储单元的单元地址存入 A 中
            END                  ;程序结束
```

（4）循环转移指令

指令如下：

DJNZ Rn,rel　　；PC←PC＋2,Rn←Rn－1；若 Rn≠0,PC←PC＋rel；若 Rn＝0,结束循环,往下执行。

DJNZ direct,rel　　；PC←PC＋2,(direct)←(direct)－1；若(direct)≠0,PC←PC＋rel；若(direct)＝0,结束循环,往下执行。

本组指令的功能为判断源操作数指定的内容减 1 是否为 0,若结果不为 0,则将结果送回源操作数,然后转到目标地址处继续循环执行,直到源操作数指定的值为 0,则结束循环,执行下一条指令。其中,源操作数可以为工作寄存器或直接地址单元。

注意：实际应用时,应将循环次数赋值给源操作数,使之起到一个计数器的功能,然后再执行需要循环的某段程序。

【例 4－22】　将内部 RAM 的 40H～6FH 单元清零。

〔解〕

```
            MOV R3，≠30H          ;共 30H 个数据单元需要清零,个数存入 R3 中
```

```
        MOV R0,#40H         ;赋数据块的首地址
NEXT:   MOV @R0,#00H        ;单元内容清零
        INC R0              ;指向下一个单元
        DJNZ R3,NEXT        ;循环次数控制
        END                 ;程序结束
```

(5) 与子程序相关的转移指令

实际应用时,经常需要多次进行一些相同的操作。若每次使用时都重新编写具有相同功能的程序段,不仅繁琐而且浪费存储空间,同时也增加了程序调试的难度,因此编写程序时通常将一些重复使用的程序段标准化,使之成为具有某种功能的独立程序段,以供主程序调用,这种程序段被称为子程序。

1)子程序调用指令　指令如下:

LCALL addr16　$PC \leftarrow PC+3, SP \leftarrow SP+1, (SP) \leftarrow PCL, SP \leftarrow SP+1, (SP) \leftarrow PCH, PC \leftarrow addr16$

ACALL addr11　$PC \leftarrow PC+2, SP \leftarrow SP+1, (SP) \leftarrow PCL, SP \leftarrow SP+1, (SP) \leftarrow PCH, PC \leftarrow addr11$

其中,addr16 和 addr11 分别为子程序的 16 位和 11 位入口地址,编程时可用标号代替。

第一条指令为长调用指令,由于该指令提供了 16 位的子程序入口地址,所以可以在 64 KB 程序存储器范围内调用子程序。它是一条 3 字节指令,执行时首先将 PC 值加 3,获得下一条指令的地址,再将该地址压入堆栈(先压入低字节,再压入高字节)进行保护,然后将子程序入口地址 addr16 装入 PC,程序转去子程序执行。

第二条指令为绝对调用指令,被调用的子程序入口地址只能与 ACALL 的下一条指令的首字节在同一个 2 KB 范围内。

2)返回指令　指令如下:

RET　　;$PC15 \sim 8 \leftarrow (SP), SP \leftarrow SP-1, PC7 \sim 0 \leftarrow (SP), SP \leftarrow SP-1$

RETI　;$PC15 \sim 8 \leftarrow (SP), SP \leftarrow SP-1, PC7 \sim 0 \leftarrow (SP), SP \leftarrow SP-1$

第一条指令为子程序返回指令,功能是从堆栈中弹出主程序调用子程序时的断口地址,送入 PC,使程序返回到断点处继续执行。

第二条指令为中断返回指令,功能是从堆栈中弹出 CPU 响应中断时的断口地址,送入 PC,使程序返回到断点处继续执行,并清除内部中断响应时置位的中断状态寄存器。子程序返回指令和中断返回指令只能置于子程序或中断服务程序的末尾,且两者不能互换。关于中断的详细内容在后面介绍。

可以看出,与一般的转移指令不同,调用子程序的指令执行时,首先要将当前地址压入堆栈保存,从子程序或中断服务程序返回时再将断口地址弹回到 PC。

(6)空操作指令(1 条)

指令如下:

NOP　　　;PC←PC+1

该指令执行时,不做任何操作,只是产生一个机器周期的延迟,然后将 PC 的内容加 1,指向下一条指令继续执行。空操作指令在程序中通常用于等待、延时等功能。

# 本 章 小 结

本章通过多个任务的完成,主要学习 51 单片机的指令系统。主要内容有单片机的指令格式、寻址操作数的方式(寻址方式)、51 单片机的常用指令及其使用方法。在学习指令系统时,应结合前面章节中有关单片机存储器组织和配置的知识,加强对各种寻址方式的理解。

本章重点是能利用各类指令完成常规任务,难点是控制转移指令的灵活运用。控制转移指令分为无条件转移指令、条件转移指令、子程序调用和返回指令。在使用转移指令和调用指令时要注意转移范围和调用范围。绝对转移和绝对调用的范围是指令下一个存储单元所在的 2 KB 空间;长转移和长调用的范围是 64 KB 空间;采用相对寻址的转移指令转移范围是 256 B。

# 习题与思考题

1. 何为寻址方式?

2. 汇编语言指令的具体格式是怎样的?

3. AT89 系列单片机共有哪几种寻址方式? 试简要说明。

4. AT89 系列单片机可以位寻址的空间有哪些?

5. 指令 MOV @Ri,A 与指令 MOVX @Ri,A 的功能是否相同?

6. 使用 MOV 指令实现数据传送功能时应注意哪些问题?

7. 使用 MOVX 指令实现数据传送功能时应注意哪些问题?

8. AJMP 指令、SJMP 指令和 LJMP 指令有什么区别?

9. MOV A,00H 和 MOV C,00H 指令中的 00H 含义是否相同? 为什么?

10. 用指令实现下述数据传送。

①内部 RAM20H 单元送内部 RAM40H。

②外部 RAM20H 单元送 R1 寄存器。

③外部 RAM10H 单元送内部 RAM40H 单元。

④外部 RAM2000H 单元送外部 RAM2001H 单元。

⑤外部 ROM1000H 单元送内部 RAM40H 单元。

⑥外部 ROM0010H 单元送外部 RAM30H 单元。

11. 写出达到下列要求的指令(不能改变其他位的内容)。

①使 A 的最低位置 1。

②清除 A 的高 4 位。

③使 ACC.3 和 ACC.4 置 1。

④将内部 RAM20H 的低 2 位,30H 的中间 4 位,31H 的高 2 位按序拼成一个新的字节,存在内部 RAM50H 单元中。

⑤将 DPTR 中间 8 位取反,其余位不变。

12. 分析堆栈操作指令的功能及执行过程。

13. 指出下列指令中带下画线操作数的寻址方式。

    MOV A,♯20H

    MOV A,20H

    MOV A,@R0

    MOV A,R3

    MOVC A,@A+PC

    AJMP LOOP

    SETB EA

    JC WAIT

14. 若内部 RAM(20H)=4AH,指出下列指令的执行结果。

①MOV A,20H

②MOV C,04H

③MOV C,20H.3

15. 找出下列指令的错误并改正。

| | | |
|---|---|---|
| MOV | R0,30H | ;将内 RAM 中(31H)←(30H) |
| MOV | 31H,@R0 | |
| MOV | A,♯1000H | ;A←♯1000H |
| MOVC | A,1000H | ;A←(1000H)片外 ROM |
| MOVX | A,1000H | ;A←(1000H)片外 RAM |
| XCH | R1,R2 | ;R1←→R2 |
| MOVX | DPTR,♯2000H | ;DPTR←♯2000H |

16. 设 R0 的内容为 32H,A 的内容为 48H,内部 RAM 的 32H 单元内容为 80H,40H 单元内容为 08H。试说明在执行下列程序段后上述各单元内容的变化。

    MOV A,@R0

    MOV @R0,40H

    MOV 40H,A

    MOV R0,♯35H

# 第 5 章 让单片机更加听话——编程技术

## 5.1 任务六——单片机控制的单只数码管正计时器

【学习目标】 熟悉 7 段 LED 的显示原理,掌握单片机控制数码管显示器的编程方法,认识 MCS—51 单片机的顺序、循环程序结构设计及延时子程序的设计方法。

【任务描述】 用 AT89S51 单片机控制数码管循环显示 0~9,时间间隔 1 s。

1. 硬件电路与工作原理

硬件电路如图 5—1 所示。

图 5—1 采用 PROTEUS 虚拟仿真软件绘制。在单片机最小应用系统正常工作前提下,P2 口通过一个 200 Ω 排阻连接一个共阳数码管,数码管的公共端接高电平。然后,编写程序控制数码管的显示。本任务除了单片机外,核心器件为数码管。如何控制数码管来显示 1、2、3、4……数字呢? 首先,学习数码管的相关知识。

LED 数码管如图 5—2 所示,在家电及工业控制中有着很广泛的应用,例如用来显示温度、数量、质量、日期、时间等,具有显示醒目、直观的优点。LED 数码管是由 7 个条状的发光二极管(LED)组成"8"字形,加上一个点状的发光二极管(LED)构成的,可实现数字 0~9 及少量字符的显示。

这些段分别由字母 a、b、c、d、e、f、g、dp 表示,排列顺序如图 5—3(a)所示。当数码管特定的段加上电压后,这些特定的段就会发亮,以形成眼睛看到的字样。如:显示一个"2"字,那么应当是 a 亮 b 亮 g 亮 e 亮 d 亮 f 不亮 c 不亮 dp 不亮。LED 数码管中各段发光二极管的伏安特性和普通二极管类似。在一定范围内,其正向电流与

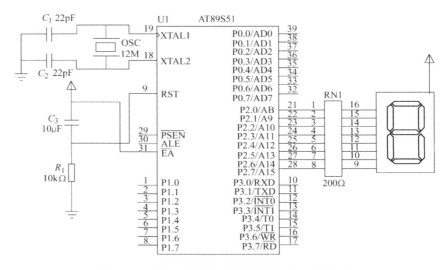

图5-1　单片机控制的单只数码管正计时器电路

图5-2　7段LED数码管

发光亮度成正比。为了保证发光二极管经久耐用而不被烧毁,需要外接限流电阻,取值为170～680 Ω。任务六中,排阻取值为200 Ω。

　　任务六中用的是共阳极数码管。所谓共阳极就是它们的公共端接正极;还有一种是共阴极数码管,即公共端是接负极的。两者内部结构如图5-3中的(b)图和(c)图所示。对于共阳极数码管,二进制数据位为0表示对应字段亮,数据为1表示对应字段暗;对于共阴极数码管,数据

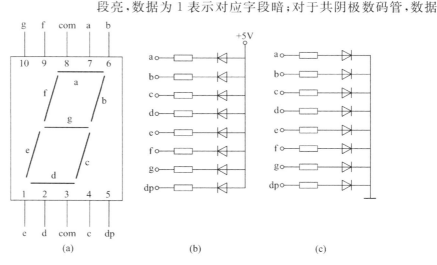

(a)　　　　　　　　　　　(b)　　　　　　　　　　　(c)

图5-3　7段数码管符号、共阴与共阳类型

(a)符号和引脚;(b)共阳极;(c)共阴极

为 0 表示对应字段暗,数据为 1 表示对应字段亮。若要显示"0",共阳极数码管的字形编码应为:11000000B(即 C0H),共阴极数码管的字形编码应为:00111111B(3FH),依此类推。数码管字形编码如表 5—1 所示。

表 5—1　数码管字型编码表

| 显示字符 | 字形 | 共阳极 | | | | | | | | | 共阴极 | | | | | | | | |
|---|---|---|---|---|---|---|---|---|---|---|---|---|---|---|---|---|---|---|---|
| | | dp | g | f | e | d | c | b | a | 字形码 | dp | g | f | e | d | c | b | a | 字形码 |
| 0 | 0 | 1 | 1 | 0 | 0 | 0 | 0 | 0 | 0 | C0H | 0 | 0 | 1 | 1 | 1 | 1 | 1 | 1 | 3FH |
| 1 | 1 | 1 | 1 | 1 | 1 | 1 | 0 | 0 | 1 | F9H | 0 | 0 | 0 | 0 | 0 | 1 | 1 | 0 | 06H |
| 2 | 2 | 1 | 0 | 1 | 0 | 0 | 1 | 0 | 0 | A4H | 0 | 1 | 0 | 1 | 1 | 0 | 1 | 1 | 5BH |
| 3 | 3 | 1 | 0 | 1 | 1 | 0 | 0 | 0 | 0 | B0H | 0 | 1 | 0 | 0 | 1 | 1 | 1 | 1 | 4FH |
| 4 | 4 | 1 | 0 | 0 | 1 | 1 | 0 | 0 | 1 | 99H | 0 | 1 | 1 | 0 | 0 | 1 | 1 | 0 | 66H |
| 5 | 5 | 1 | 0 | 0 | 1 | 0 | 0 | 1 | 0 | 92H | 0 | 1 | 1 | 0 | 1 | 1 | 0 | 1 | 6DH |
| 6 | 6 | 1 | 0 | 0 | 0 | 0 | 0 | 1 | 0 | 82H | 0 | 1 | 1 | 1 | 1 | 1 | 0 | 1 | 7DH |
| 7 | 7 | 1 | 1 | 1 | 1 | 1 | 0 | 0 | 0 | F8H | 0 | 0 | 0 | 0 | 0 | 1 | 1 | 1 | 07H |
| 8 | 8 | 1 | 0 | 0 | 0 | 0 | 0 | 0 | 0 | 80H | 0 | 1 | 1 | 1 | 1 | 1 | 1 | 1 | 7FH |
| 9 | 9 | 1 | 0 | 0 | 1 | 0 | 0 | 0 | 0 | 90H | 0 | 1 | 1 | 0 | 1 | 1 | 1 | 1 | 6FH |
| . | . | 0 | 1 | 1 | 1 | 1 | 1 | 1 | 1 | 7FH | 1 | 0 | 0 | 0 | 0 | 0 | 0 | 0 | 80H |
| 熄灭 | 灭 | 1 | 1 | 1 | 1 | 1 | 1 | 1 | 1 | FFH | 0 | 0 | 0 | 0 | 0 | 0 | 0 | 0 | 00H |

任务六中,数码管 a、b、c、d、e、f、g 分别与单片机的 P2.0~2.7 口相连,即 P2 口用来控制显示字形,把欲显示数字的字形码送到与数码管相连接的输入/输出口(任务六中为 P2 口),数码管就会显示需要的数字。只需在程序中将 0~9 的字形码间隔 1 秒循环送到 P2 口,就可实现数码管循环显示 0~9。字形码传送方法有两种:直接将字形码送到 P2 口,如采用 MOV P2,≠0C0H,或采用查表方法实现。本章将依次给出这两种实现方法,首先采用直接送字形码实现,查表法将在 5.1.4 节叙述。

2. 控制源程序

单片机开发中采用汇编语言编程。除了汇编语言外,单片机程序设计语言还有机器语言和高级语言。

(1)机器语言(Machine Language)

此语言是指直接用机器码编写程序、能够被计算机直接执行的机器级语言,是用二进制代码 0 和 1 表示指令和数据的最原始的程序设计语言。机器语言程序执行速度快,但人们一般不用机器语言编写程序,原因在于机器语言程序难认、难记、易错、可读性差,程序的设计、输入、修改和调试都很麻烦。单片机直接固化或输入的程序都是机器语言程序。

(2)汇编语言(Assembly Language)

此语言是指用指令助记符代替机器码的编程语言。这种语言相对机器语言易读、易记、易写。但是机器却不能识别,因此,计算机是无法直接执行的,只好求助于翻译。在计算机中,人们编写程序用汇编语言,然后请一位翻译,把汇编语言程序翻译成机器能懂得的机器语言程序,这个翻译过程,叫做"汇编"。汇编后产生的机器代码称为目标程序,汇编过程如图 5—4 所示。

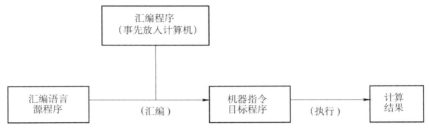

图 5—4　汇编语言汇编过程

汇编语言使程序设计工作前进了一大步,但是仍然存在很多缺点:第一,不便于描述求解过程,如一个数学公式,汇编语言的表达形式与人们的习惯表达形式差距很大;第二,它仍是面向机器语言,不同机型,汇编语言也不一样,因此用它编制的程序没有通用性。为了克服这些不足之处,人们进一步研制出了高级语言。

(3)高级语言(High—Level Language)

此语言是用接近人的常用语言形式编写程序的语言总称,如 C 语言是一种结构化的高级语言。其优点是可读性好,移植容易,是普遍使用的一种计算机语言;缺点是占用资源较多,执行效率没有汇编语言高。

将任务六源程序在 Keil uVision2 软件中汇编完成,汇编后得到一个 ＊.hex 文件,这就是目标文件,然后用编程器将该文件"写"到单片机中运行。这样,AT89S51 单片机就具有控制数码管时间间隔 1 s 循环显示 0～9 的功能了。

控制源程序 1 如下。

```
            ORG     0000H
MAIN：MOV     P2,      ≠0C0H      ;将 0 字形码送 P2 口
            LCALL  DELAY                ;延时 1 s
            MOV     P2,      ≠0F9H      ;将 1 字形码送 P2 口
            LCALL  DELAY                ;延时 1 s
            MOV     P2,      ≠0A4H      ;将 2 字形码送 P2 口
            LCALL  DELAY                ;延时 1 s
            MOV     P2,      ≠0B0H      ;将 3 字形码送 P2 口
            LCALL  DELAY                ;延时 1 s
            MOV     P2,      ≠99H        ;将 4 字形码送 P2 口
            LCALL  DELAY                ;延时 1 s
            MOV     P2,      ≠92H        ;将 5 字形码送 P2 口
```

```
        LCALL   DELAY                           ;延时 1 s
        MOV     P2，        ≠82H                 ;将 6 字形码送 P2 口
        LCALL   DELAY                           ;延时 1 s
        MOV     P2，        ≠0F8H                ;将 7 字形码送 P2 口
        LCALL   DELAY                           ;延时 1 s
        MOV     P2，        ≠80H                 ;将 8 字形码送 P2 口
        LCALL   DELAY                           ;延时 1 s
        MOV     P2，        ≠90H                 ;将 9 字形码送 P2 口
        LCALL   DELAY                           ;延时 1 s
        AJMP    MAIN                            ;显示到 9，跳转，从 0 开始继续 0～
                                                 9 循环显示
DELAY：MOV     R5，        ≠100                 ;延时 1 s 子程序
  LP3：MOV     R6，        ≠10
  LP2：MOV     R7，        ≠7DH
  LP1：NOP
        NOP
        DJNZ    R7，        LP1
        DJNZ    R6，        LP2
        DJNZ    R5，        LP3
        RET
        END
```

3. 源程序的编辑、编译与下载

打开仿真软件进行程序的编辑、编译、模拟仿真。打开下载软件,将目标文件下载到 AT89S51 单片机芯片中,观察程序运行结果。

任务六综合运用了汇编语言程序设计的多项知识,如 ORG 伪指令、顺序程序设计、循环程序、子程序设计、延时程序设计等。程序设计是单片机应用系统设计的重要组成部分,单片机的全部动作都是在程序的控制下进行的。下面围绕上述知识点介绍单片机汇编语言编程的应用知识。

## 5.1.1　汇编语言程序设计流程与伪指令

1. 汇编语言程序设计流程

在编写汇编语言程序时,应本着程序设计简明、占用内存少、执行时间最短的原则设计流程,步骤如下。

(1)分析问题,确定算法

先要对所需解决的问题进行分析,明确目的和任务,了解现有条件和目标要求后再确定设计方法。对于一个问题,一般有多种不同的解决方案,通过比较从中挑选最

佳方案。

（2）画流程图

流程图又称为程序框图,用各种图形、符号、指向线等说明程序的流程。它可以清晰地表达程序的设计思路,是程序设计的一种常用工具。

画程序流程图的过程是进行程序的逻辑设计的过程,正确的画法是先粗后细,一步一个脚印,只考虑逻辑结构和算法,不考虑或少考虑具体指令。这样画流程图就可以集中精力考虑程序的结构,从根本上保证程序的合理性和可靠性,剩下的任务只是进行指令代换,这时只要消除语法错误,一般就能顺利编出源程序,并很少大返工。表5-2为流程图符号说明。

表5-2　流程图符号说明

| 符　　号 | 名　　称 | 表示的功能 |
| --- | --- | --- |
| 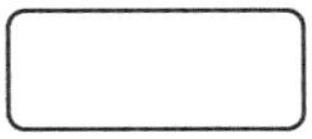  | 起止框 | 程序的开始或结束 |
| 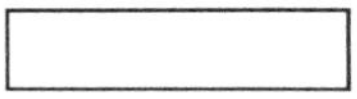  | 处理框 | 各种处理操作 |
| 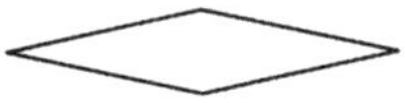  | 判断框 | 条件转移操作 |
|   | 输入/输出框 | 输入/输出操作 |
|   | 流线程 | 描述程序的流向 |
| 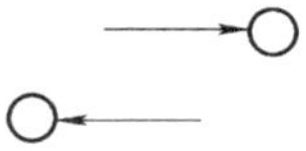  | 引入引出连接线 | 流程的连接 |

（3）编写源程序

根据流程图中各部分的功能,写出具体程序。

（4）汇编和调试

对已编好的程序,先进行汇编。在汇编过程中,若还有错误,需要对源程序进行修改。汇编工作完成后,上机调试运行。先输入给定的数据,运行程序,检查运行结果是否正确。若发现错误,通过分析,再对源程序进行修改,并还要再汇编,再调试,直到程序正确为止。

不管程序简单还是复杂,都可以看成是一个个基本程序结构的组合。这些基本结构包括顺序结构、分支结构、循环结构,如图5-5所示。

进行程序设计时,首先应能可靠地实现系统所要求的各种功能,同时要结合单片机系统的硬件电路,合理规划程序存储器和数据存储器,本着节省存储单元、减少程序长度和加快运算速度的原则,做到程序结构清晰、简洁、流程合理,各功能程序模块化、子程序化。

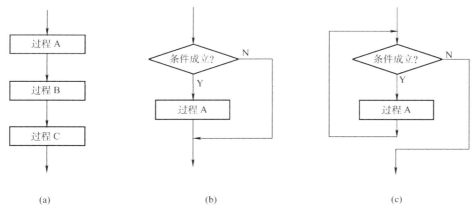

图 5—5　程序的 3 种基本结构
(a)顺序结构;(b)分支结构;(c)循环结构

**2. 常用伪指令**

使用汇编语言编程要会使用伪指令。任务六中,第一条指令 ORG 0000H,最后一条指令 END,都是伪指令。伪指令是在机器汇编过程中告诉汇编程序如何汇编,对汇编过程进行控制的命令,它把程序的存放首址为多少、程序到什么地方结束以及程序中的一些标志代号为何意义等信息告诉给计算机的汇编程序。伪指令与汇编语言指令不同,只是在源程序中出现,不产生任何机器代码,在程序的运行过程中不起作用,故称为"伪指令"。下面介绍汇编语言中常用的几条伪指令。

(1)ORG(汇编起始命令)

功能:规定下面的目标程序的起始地址。

格式:ORG 16 位地址,表示后面的程序从该 16 位地址开始

例如:任务六源程序中

ORG　0000H

MAIN:MOV　P2,　≠0C0H

　　……

规定了标号 MAIN 语句的内容所在的地址为 0000H。该程序的第一条指令就从 0000H 开始存放。一般在一个汇编语言源程序的开始,都用一条 ORG 伪指令规定程序存放的位置,故称为汇编起始命令。在一个源程序中,可以多次使用 ORG 指令,以规定不同的程序段的起始位置。但所规定的地址应该是从小到大,而且不允许有重叠,即不同的程序段之间不能有重叠。一个源程序若不用 ORG 指令开始,则默认从 0000H 开始存放目标码。

（2）END（汇编结束命令）

功能：END 是汇编语言源程序的结束标志，在 END 以后所写的指令和数据汇编程序都不予处理。一个源程序只能有一个 END 命令。在同时包含有主程序和子程序的源程序中，也只能有一个 END 命令，并放到所有指令的最后；否则，就有一部分指令不能被汇编。

格式：END

（3）EQU（等值命令）

功能：将一个数或者特定的汇编符号赋予规定的字符名称。

格式：字符名称 EQU 数或汇编符号

**注意**：这里使用的是"字符名称"，不是标号，而且也不用"："来作分隔符。若加上"："反而被汇编程序认为是一种错误。用 EQU 指令赋值以后的字符名称，可以用作数据地址、代码地址、位地址或者直接当作一个立即数使用。因此，给字符名称所赋的值可以是 8 位数，也可以是 16 位二进制数。

例如：

AA　　EQU　R1

MOV　A，AA

这里将 AA 等值为汇编符号 R1，在指令中 AA 就可以代替 R1 使用。又如：

A10　EQU　20H

DELY　EQU　01ABH

MOV　A，A10

LCALL　DELY

这里 A10 赋值以后当作直接地址使用，而 DELY 被定义为 16 位地址，可能是一个子程序的入口。使用 EQU 伪指令时必须先赋值，后使用，而不能先使用，后赋值。

（4）DB（定义字节命令）

功能：从指定的地址单元开始，定义若干个字节作为内存单元的内容。

格式：[标号:] DB　字节形式的数据表

这个伪指令是在程序存储器的某一部分存入一组规定好的 8 位二进制数，或者将一个数据表格存入程序存储器。该伪指令在汇编以后，将影响程序存储器的内容。例如：

TAB：　DB　45H,73,'5','A'

　　　DB　101B

设 TAB 的对应地址为 2000H，则以上伪指令经汇编以后，将对 2000H 开始的若干内存单元赋值：

(2000H)＝45H　　　　　　　　(2001H)＝49H

(2002H)＝35H　　　　　　　　(2003H)＝41H

（2004H）＝05H

其中 35H 和 41H 分别是字母 5 和 A 的 ASCII 码,其余的十进制数(73)和二进制数(101B)也都换算为十六进制数了。

DB 命令所确定的单元地址可以由下述两种方法之一来确定:

①若 DB 命令是紧接着其他源程序的,则由源程序最后一条指令的地址加上该指令的字节数确定;

②由 ORG 命令规定首地址。

因此,以下两种情况都可以产生上面例子中 TAB 地址为 2000H 的效果。

…

1FFEH：MOV　30H,A

TAB：　　DB　45H,73,'5','A'

或者

ORG　2000H

TAB：DB　45H,73,'5','A'

(5)DW(定义字命令)

功能:从指定地址开始,定义若干个 16 位数据。

格式:[标号:] DW　16 位数据表

每个 16 位数据要占 ROM 的两个单元,在 51 单片机中,16 位二进制数的高 8 位先存入(低地址字节),低 8 位后存入(高地址字节)。例如:

ORG　1000H

HETAB：DW　7234H,8AH,10

汇编以后:

| | |
|---|---|
| （1000H）＝72H | （1001H）＝34H |
| （1002H）＝00H | （1003H）＝8AH |
| （1004H）＝00H | （1005H）＝0AH |

**注意**:以上的 DB、DW 伪指令都只对程序存储器起作用,即不能用它们对数据存储器的内容进行赋值或其他初始化的工作。

## 5.1.2　顺序结构程序设计

任务六中,在显示 0～9 时,首先将 0 字形码送 P2 口,然后调用延时程序,接下依次以相同的方式送 1～9 字形码,程序按指令书写的顺序依次执行,在数码管上就依次显示 0～9,是一个典型顺序结构。顺序程序是最简单、最基本的程序结构,其特点是按指令的排列顺序一条条地执行,直到全部指令执行完毕为止,也称为简单程序或直线程序。顺序程序结构虽然比较简单,但也能完成一定的功能任务,是构成复杂程序的基础。

【例5—1】　设有两个16位的双字节数,低8位存放在片内20H、30H单元内,高8位存放在片内21H、31H单元,求这两个数的和,结果存放在22H、21H、20H单元中。

[解]

控制源程序如下。

```
ORG   0000H
MOV  A,    20H          ;20H 中的低 8 位数送入 A
ADD  A,    30H          ;两个数的低 8 位相加
MOV  20H,  A            ;低 8 位相加的结果送入 20H 中
MOV  A,    21H          ;21H 中的高 8 位数送入 A 中
ADDC A,    31H          ;两个数的高 8 位数相加,并加低 8 位进位
MOV  21H,  A            ;高 8 位相加的结果送入 21H 中
CLR  A                  ;A 清零
ADDC A,    ≠00H         ;加上高位进位
MOV  22H,  A            ;保存最高位进位
RET
```

【例5—2】　设R0寄存器中保存两个压缩的BCD码,试将它们拆开,并转换成ASCII码,分别放在片内RAM31H(高位)和30H(低位)单元中。

[解]

根据ASCII码表可知,0~9的BCD数与ASCII码表只相差30H。因此,本题只需将R0中的两个BCD数拆开,分别加上30H即可。

```
ORG 0000H
MOV  A,    R0           ;A←(R0)
ANL  A,    ≠0FH         ;低位 BCD 数送 A
ADD  A,    ≠30H         ;低位 BCD 数转换成 ASCII 码
MOV  30H,  A            ;送 30H 单元保存
MOV  A,    R0
ANL  A,    ≠0F0H        ;取高位 BCD 数
SWAP A                  ;高位 BCD 数送低 4 位
ADD  A,    ≠30H         ;完成高 4 位 BCD 数的转换
MOV  31H,  A            ;送入 31H 单元保存
RET
END
```

## 5.1.3　延时子程序设计

在任务六中调用延时子程序才能看到正确的显示结果,并以1 s间隔变化。延

时在单片机汇编语言程序设计中使用非常广泛,例如,键盘接口程序设计中的软件消除抖动、动态 LED 显示程序设计、LCD 接口程序设计、串行通信接口程序设计等。延时的方法可以通过使用类似于 NOP 的指令实现。但是,如果延时的时间比较长时,使用太多的 NOP 指令则会消耗过多的存储空间,最好的方法是使用子程序。

### 1. 子程序设计

　　子程序是指能完成明确任务、具有独立功能且能被其他程序反复调用的程序段。在一个程序中经常遇到反复多次执行某程序段的情况,例如延时程序、查表程序、算术运算程序等功能相对独立的程序段。如果重复书写这个程序段,会使程序变得冗长而杂乱。此时可把重复的程序段编写为一个子程序,通过主程序调用来使用它,这样不但减少了编写程序的工作量,而且也缩短了程序的长度。在任务六中,MAIN 为主程序,DELAY 为延时子程序。当主程序 MAIN 需要延时功能时,就用一条调用指令 ACALL DELAY 即可。子程序 DELAY 的编制方法与一般程序遵循的规则相同,同时也有它的特殊性。子程序的第一条语句必须有一个标号,如 DELAY,代表该子程序的第一个语句的地址,也称为子程序的入口地址,供主程序调用;子程序的最后一条语句必须是子程序的返回指令 RET,子程序只需书写一次,主程序可以反复调用它。子程序一般紧接着主程序存放。

　　【例 5—3】　将片内 RAM 区 20H~26H 单元中的一位十六进制数转换成 ASCII 码,并分别存放到片内 RAM 区 30H~36H 单元中。

　　[解]

　　根据附录 ASCII 码表可知,十六进制数的 0~9 的 ASCII 码为该数值加上 30H,分别为 30H~39H;十六进制数的 A~F 的 ASCII 码为该数值加上 37H,分别为 41H~46H。

　　源程序如下。

```
            ORG    0000H
MAIN:       MOV    R7,♯07H          ;数据块的长度
            MOV    R0,♯20H          ;存放十六进制数首地址
            MOV    R1,♯30H          ;存放 ASCII 码首地址
LP1:        MOV    A,@R0            ;取十六进制数
            LCALL  ZHA              ;调用代码转换程序
            MOV    @R1,A            ;存放 ASCII 码
            INC    R0               ;源地址控制
            INC    R1               ;目的地址控制
            DJNZ   R7,LP1           ;次数控制
HERE:       AJMP HERE

                                    ;子程序 ZHA,将十六进制数转换成
                                     ASCII 码
```

```
                                  ;入口参数 A 存放要转换的十六进制数
                                  ;出口参数 A 存放转换后的 ASCII 码
ZHA：     ANL     A,♯0FH        ;屏蔽高 4 位
          PUSH    ACC
          CLR     C
          SUBB    A,♯0AH        ;比较 A 中内容的大小
          POP     ACC
          JC      LP2           ;(A)＜10 时,转移
          ADD     A,♯07H
LP2：     ADD     A,♯30H        ;数据转换
          RET                   ;子程序返回
          END
```

子程序说明如下。

①汇编语言子程序编写格式很简单,只需第一条指令有标号,最后一条指令是RET,其他可根据程序功能编写即可。

②调用子程序是通过指令 ACALL(或 LCALL)实现的。调用子程序时,单片机首先自动将主程序断点地址 PC 的值压入堆栈保存;其次将子程序入口地址送入PC,开始执行子程序。最后执行 RET 指令时,单片机将堆栈内容弹出送入 PC,即恢复断点地址,则主程序在断点处进行。

③调用子程序时,单片机只自动保护和恢复断点地址,其他寄存器和直接地址单元的内容则需编程人员根据具体情况通过一些指令进行保护和处理。

④调用子程序时常常需要参数传送,即子程序从调用程序中获取数据进行处理,并将处理完的数据结果送回主程序,参数传送不能为立即数,应该采用寄存器单元地址或寄存器。

2. 延时子程序设计

任务六中,从标号 DELAY 标志的这一行到 RET 这一行中的所有程序,是一段延时子程序。实现单片机延时的本质,就是让 CPU 做一些与主程序功能无关的操作(例如将一个数字逐次减 1 直到为 0)来消耗掉 CPU 的时间。由于知道 CPU 执行每条指令的准确时间,因此执行整个延时程序的时间也可以精确计算出来。也就是说,可以写出延时长度任意而且精度相当高的延时程序。由于程序设计中经常会出现如图 5-6 所示的次数控制循环程序结构,为了编程方便,单片机指令系统中专门提供了循环指令 DJNZ,完全适用于上述结构的编程。例如：

DJNZ　R2,NEXT

R2 中存放控制次数,R2-1→R2,若 R2≠0,转

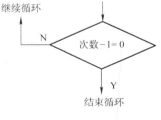

图 5-6　常见循环结构

移到 NEXT 继续循环,否则执行下面指令。

　　设计延时程序的关键是计算延时时间。延时程序一般采用循环程序结构编程,通过确定循环程序中的循环次数和循环程序段两个因素来确定延时时间。对于循环程序段,必须知道每一条指令的执行时间。这里涉及几个非常重要的概念——时钟周期、机器周期和指令周期。

　　**时钟周期**:是计算机基本时间单位,同单片机使用的晶振频率有关。若给定 $f_{osc}=6$ MHz,那么时钟周期$=1/f_{osc}=1/6$ M$=166.7$ ns。

　　**机器周期**:指 CPU 完成一个基本操作所需要的时间,如取指操作、读数据操作等,若 $f_{osc}=6$ MHz,则机器周期$=12$ 个时钟周期$=166.7$ ns$\times12=2$ $\mu$s。

　　**指令周期**:指执行一条指令所需要的时间。由于指令汇编后有单字节指令、双字节指令和三字节指令,因此指令周期没有确定值,一般为 $1\sim4$ 个机器周期。在附录的指令表中给出了每条指令所需的机器周期数,可以计算每一条指令的指令周期。

　　【例 5—4】　分析下面程序段的延时时间,假设 $f_{osc}=6$ MHz。

```
DELAY1:   MOV    R3,≠0FFH
DEL2:     MOV    R4,≠0FFH
DEL1:     NOP
          DJNZ   R4,DEL1
          DJNZ   R3,DEL2
          RET
```

[解]

　　经查指令表得到:指令 MOV R4,≠0FFH、NOP、DJNZ 的执行时间分别为 2 $\mu$s、2 $\mu$s 和 4 $\mu$s。NOP 为空操作指令,其功能是经过取指、译码,不进行任何操作进入下一条指令,经常用于产生一个机器周期的延迟。

　　此延时程序段为双重循环,下面分别计算内循环和外循环的延时时间。

　　内循环:内循环的循环次数为 255(0FFH)次,循环内容为

```
NOP                       ;2 μs
DJNZ    R4,DEL1           ;4 μs
```

内循环延时时间为 $255\times(2+4)=1\,530$ $\mu$s。

　　外循环:外循环的循环次数为 255(0FFH)次,循环内容为

```
MOV    R4,≠0FFH          ;2 μs
1 530 μs 内循环           ;1 530 μs
DJNZ   R3,DEL2            ;4 μs
```

外循环一次时间为 $1\,530+2+4=1\,536$,循环 255 次,另外加上第一条指令。

```
MOV    R3,≠0FFH          ;2 μs
```

因此总的循环时间为 $2+(1\,530+2+4)\times255=391\,682$ $\mu$s$\approx392$ ms。

以上是比较精确的计算方法,一般情况下,在外循环的计算中,经常忽略比较小的时间段,例如将上面的外循环计算公式简化为

$$1\ 530 \times 255 = 390\ 150\ \mu s \approx 390\ ms$$

【例 5－5】 设计一个延时 1 s 的程序,设单片机时钟晶振频率为 $f_{osc} = 6$ MHz。

[解]

使用三重循环结构,程序流程如图 5－7 所示。内循环为 1 ms,第二层循环延时 10 ms(循环次数为 10),第三层循环延时 1 s(循环次数为 100)。

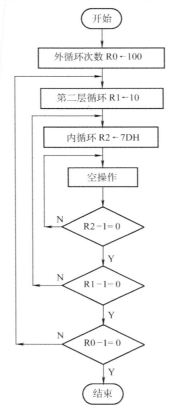

图 5－7 延时 1 s 的程序流程图

```
DELAY:MOV    R0,♯100          ;延时 1 s 的循环次数
DEL2：  MOV    R1,♯10           ;延时 10 ms 的循环次数
DEL1：  MOV    R2,♯7DH          ;延时 1 ms 的循环次数
DEL0：  NOP
        NOP
        DJNZ   R2,DEL0
        DJNZ   R1,DEL1
```

```
        DJNZ   R0,DEL2
        RET
```

本例中,第二层循环和外循环都采用了简化计算方法,编程关键是延时 1 ms 的内循环程序如何编制。首先确定内循环程序段的内容如下:

```
NOP                        ;2 μs
NOP                        ;2 μs
DJNZ   R2,DEL0             ;4 μs
```

内循环次数设为 count,计算方法如下式:

$$内循环时间 \times count = 1\ ms$$

从而得到

$$count = 1\ ms/(2\ \mu s + 2\ \mu s + 4\ \mu s) = 125 = 7DH$$

本例提供了一种延时程序的基本编制方法。若需要延时更长或更短时间,只要用同样的方法采用更多重或更少重的循环即可。

值得注意的是,延时程序的目的是白白占用 CPU 一段时间,此时不能做任何其他工作,就像机器在不停地空转一样,这是程序延时的缺点。若在延时过程中需要 CPU 做指定的其他工作,可以采用单片机内部的硬件定时/计数器或片外的定时芯片(如 8253 等)。

## 5.1.4　查表程序设计

任务六中,直接送字形码方法实现虽然易于理解,但程序书写烦琐,且只能控制数码管按照程序中的字形码,依次显示相应的数字,难以实现变化数据的实时动态显示。在单片机控制数码管显示时,一般不采用直接送字形码方法,而是采用查表法。在单片机程序设计中,查表程序是一种常用的程序结构,广泛应用于显示、打印、数据转换等功能,可以简化程序、提高程序的运行速度。

任务六查表法实现如下:将 0~9 的字形码按顺序放入数据表中,通过查表取得相对应的字形码,送到 P2 口,驱动数码管依次显示 0~9。程序流程如图 5-8 所示。

控制源程序:

```
        ORG 0000H
MAIN:   MOV R1,≠00H            ;段码地址表指针清零
        MOV DPTR,≠TAB          ;指向段码地址表起始地址
DSUP:   MOV A,R1
        MOVC A,@A+DPTR
        MOV P2,A               ;将显示字形送 P1 口
        LCALL YSH1S            ;调用延时 1 s 子程序
        INC R1                 ;段码地址表指针加 1
        CJNE R1,≠0AH,DSUP
```

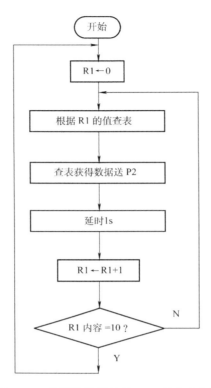

图 5－8　数码管循环显示 0～9 程序流程图

```
        AJMP MAIN            ;如果 0～9 显示完毕,程序重新开始执行
YSH1S: MOV R3,#05H
LOOP0: MOV R4,#0C8H
LOOP1: MOV R5,#0FAH
XHD:   DJNZ R5,XHD
       DJNZ R4,LOOP1
       DJNZ R3,LOOP0
       RET
TAB:   DB 0C0H,0F9H,0A4H,
       0B0H,99H,92H,82H,
       0F8H,80H,90H            ;0～9 的段码表
       END
```

任务六查表法实现虽然简单,但体现了查表程序的共同特点。查表程序一般包括以下两部分。

1. 建表

建表将若干常数存放在程序存储器中,可以通过伪指令 DB 定义。任务六中按

0～9 顺序建立 0～9 字形码表 TAB：DB 0C0H、0F9H、0A4H、0B0H、99H、92H、82H、0F8H、80H、90H。

2. 查表

通过查表指令，将表格中的数据取出来使用，使用 MOVC A，@A＋DPTR 指令，任务六中使用以下 4 条指令取表中数据。

```
MOV DPTR，≠TAB
MOV A，R1
MOVC A，@A＋DPTR
MOV P2，A
```

【例 5－6】　在程序中定义一个 0～9 的平方表，利用查表指令找出累加器 A（假设为 05H）的平方值。

所谓表格是指在程序中定义的一串有序的常数，如平方表、字形码表、键码表等。因为程序一般都是固化在程序存储器（通常是只读存储器 ROM）中，因此可以说表格是预先定义在程序的数据区中，然后和程序一起固化在 ROM 中的一串常数。查表程序的关键是表格的定义和如何实现查表。源程序如下。

```
            ORG    0000H
            MOV   DPTR，≠TABLE      ;表首地址→DPTR(数据指针)
            MOV   A，≠05            ;05→A
            MOVC A，@A＋DPTR        ;查表指令，25→A，A＝19H
HERE：      AJMP   HERE
TABLE：     DB 0，1，4，9，16，25      ;定义 0～9 的平方表
            DB 36，49，64，81
            END
```

从程序存储器中读数据时，只能先读到累加器 A 中，然后再送到所要求的地方。单片机提供了两条专门用于查表操作的查表指令：

```
MOVC   A，@A＋DPTR       ;(A＋DPTR)→A
MOVC   A，@A＋PC         ;PC＋1→PC，(A＋PC)→A
```

# 5.2　任务七——单片机控制的两位数码管倒计时器

【学习目标】　熟悉单片机汇编语言程序分支、循环结构程序设计方法及单片机应用系统设计的流程与软硬件调试技巧，掌握数码管的静态显示控制方法。

【任务描述】　试设计电路并编程，实现 2 位数码管显示秒和 10 秒。系统上电显示 60，然后每秒钟计数减 1，到 00 秒后自动停止计数，并不断闪烁提示。

1. 硬件电路与工作原理

硬件电路如图 5－9 所示。

图5-9采用PROTEUS虚拟仿真软件绘制。P2口通过一个220 Ω排阻连接一个数码管,显示倒计时的秒值,P3口通过一个220 Ω排阻连接一个数码管,显示倒计时的10秒值。

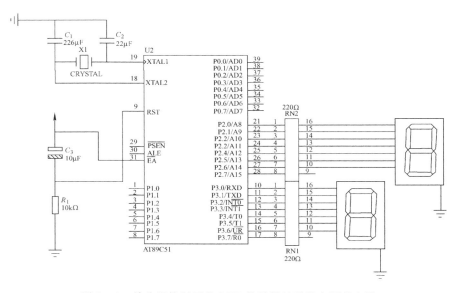

图5-9　单片机控制两位LED数码管显示数字硬件电路

2. 控制源程序

程序流程如图5-10所示。控制源程序如下。

```
            ORG 0000H
            MOV R1,＃00H              ;个位初始值
            MOV R2,＃06H              ;十位初始值
            MOV DPTR,＃TAB            ;字形码表首地址
NEXT:       MOV A,R1
            MOVC A,@A+DPTR           ;将个位显示字形码送 P2 口
            MOV P2,A
            MOV A,R2
            MOVC A,@A+DPTR
            MOV P3,A                 ;将十位显示字形码送 P3 口
            DEC R1                   ;个位数值减 1
            LCALL YSH1S              ;调用延时 1 s 子程序
            CJNE R1,＃0FFH,NEXT      ;个位是否减到-1,若否,则继续
                                       隔 1 s,数值减 1
            MOV R1,＃09H             ;个位减到-1,则个位重赋值 9
```

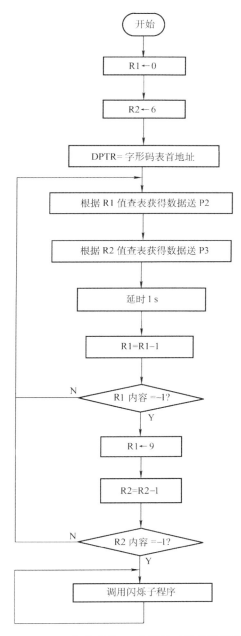

图 5—10　两位数码管 60 秒倒计时程序流程图

```
DEC R2                      ;十位减 1
CJNE R2,≠0FFH,NEXT1         ;十位是否减到一1,若否,继续每
                            隔 1 s 减 1
```

```
    SHANSHO：ACALL FLASH            ;十位减到-1,调用闪烁子程序
                                      FLASH
             SJMP SHANSHUO          ;反复执行闪烁子程序
    YSH1S：   MOV R5,#05H            ;延时 1 s 子程序
    LOOP0：   MOV R6,#0C8H
    LOOP1：   MOV R7,#0FAH
    XHD：     DJNZ R7,XHD
             DJNZ R6,LOOP1
             DJNZ R5,LOOP0
             RET
    FLASH：   MOV P2,#3FH            ;使个位、十位数码管闪烁子程序
             MOV P3,#3FH
             ACALL YSH1S
             MOV P2,#00H
             MOV P3,#00H
             ACALL YSH1S
             RET
    TAB：     DB 3FH,06H,5BH,4FH     ;0~9 的字形码表
             DB 66H,6DH,7DH,07H
             DB 7FH,6FH
             END
```

3. 源程序的编辑、编译与下载

打开仿真软件进行程序的编辑、编译、模拟仿真。打开下载软件,将目标文件下载到 AT89S51 单片机芯片中,观察程序运行结果。

该任务综合运用数码管静态显示的知识、循环结构程序设计、分支程序设计等多项知识点。下面围绕循环、分支结构程序设计,介绍关于单片机汇编语言编程的应用知识。

## 5.2.1　循环结构程序设计

在程序设计时,若同样的程序段要多次重复执行,则需要采用循环结构,以简化程序、节省资源(存储单元)。所谓循环就是在条件成立时,反复执行某种操作,直到条件不成立为止。其中的条件称为循环条件,反复执行的操作称为循环体。在任务七中,如果倒计时数值没有减到 0,则反复执行减 1 操作,直到减为 0,退出循环,继续往下执行,就是一个循环结构程序。典型循环结构包括初始化部分、循环处理部分、循环控制部分和循环结束部分,如图 5-11 所示。

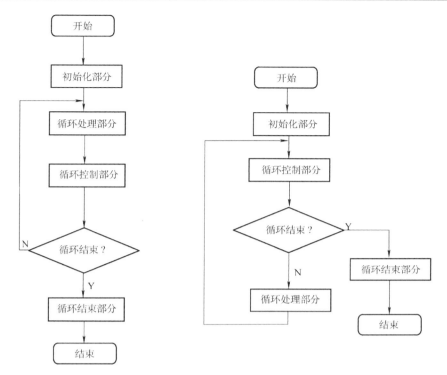

图 5—11 循环程序的两种基本结构

(a)先处理后判断;(b)先判断后处理

1. 初始化部分

此部分规定循环体中控制变量的初始状态,例如给定循环次数、设置数据的起始地址、规定循环体中要用到的内部寄存器的初始值、设置堆栈指针等。任务七中,R1和 R2 寄存器联合使用,设定循环次数初始值为 60。寄存器初始值设为 60,以控制循环次数。

2. 循环处理部分

此部分规定循环程序中需要反复执行的部分。编写这部分程序的时候,要注意指令要具有通用性,程序要便于修改。因为循环体要重复执行很多次,所以出现的每一条指令要适用于每一次的循环。因此,指令中的地址、循环次数等都要以寄存器或地址指针来代替,如任务七中 MOV A,R1 以及 MOVC A,@A+DPTR 就是循环处理。

3. 循环控制部分

循环体每执行一次,都要对数据的地址指针、循环次数等做一次修改,这就是循环修改。它一般由控制变量加 1(或减 1)实现。任务七中 DEC R1 就是循环控制。

4. 循环结束部分

此部分根据循环结束条件,判断循环是否结束。常用作循环控制变量的是循环

次数;常用作循环控制指令的有 DJNZ、CJNE。任务七中 CJNE R1,≠0FFH,NEXT
即是循环结束语句。

由图 5—11 可知,初始化部分和结束部分只执行一次,而循环体通常执行多次,
它对程序效率影响最大。循环控制必须准确设置,否则会使循环体多执行一次或少
执行一次,产生错误结果,甚至出现死循环。循环程序的循环次数有已知和未知两
种。对已知循环次数的程序可根据次数判断循环是否结束(常用 DJNZ 指令),对未
知循环次数的程序由条件转移指令判断循环是否结束。

循环结构有先处理后判断(图 5—11(a))和先判断后处理(图 5—11(b))两种形
式,前者处理程序至少执行一次,后者可能一次也不执行。

按结构分,循环程序有单重循环和多重循环。在多重循环中,只允许外重循环嵌
套内重循环;不允许循环相互交叉,也不允许从循环程序的外部跳入循环程序的内
部。任务七为双重循环结构的程序。

【例 5—7】 将首址为 DATA 的 100 个外部 RAM 单元清零。

[解]

该例为已知循环次数的循环程序,将循环次数存放在 R0 中,程序流程如图 5—
12 所示。

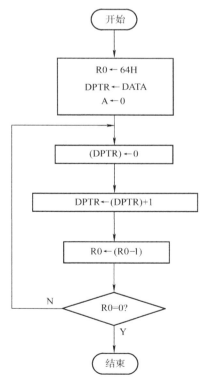

图 5—12　外部 RAM 单元清零程序流程图

源程序如下。

```
        ORG    0000H
        MOV    R0，≠64H          ;设置循环计数器
        MOV    DPTR，≠DATA       ;设置地址指针
        CLR    A
LOOP：  MOVX@DPTR,A              ;清零
        INC    DPTR
        DJNZ   R0，LOOP          ;判 0 结束循环
        RET
```

## 5.2.2　分支结构程序设计

通常,单纯的顺序结构程序只能解决一些简单的算术、逻辑运算或者简单的查表、传送操作等。实际问题一般都是比较复杂的,总是伴随有逻辑判断或条件选择,要求计算机能根据给定的条件进行判断,选择不同的处理路径,从而表现出某种智能。

根据程序要求改变程序执行顺序,即程序的流向有两个或两个以上的出口,或根据指定的条件选择程序流向的程序结构称为分支程序结构。

如任务七控制源程序中的语句"CJNE R2,≠0FFH,NEXT1",当 R2＝FFH 时,程序顺序执行,若不相等,则程序跳转到 NEXT1 行执行。

分支程序常利用条件转移指令实现。即根据条件对程序的执行情况进行判断,满足条件则转移,否则顺序执行。用于判断分支转移的指令除了上面所说的 CJNE之外,还有 JZ、JNZ、JC、JNC、JB、JNB、JMP @A＋DPTR 等。另外,在该类分支程序的设计中,要设置好判断测试对象、程序转移方向及转移的标志地址。

分支程序在单片机系统中应用得较多,在编制程序时有许多技巧,设计要点为：

①先建立可供条件转移的指令测试条件;

②选用合适的条件转移指令;

③在转移的目的地址处设定标号。

下面通过举例对分支结构程序设计的方法予以详细说明。

1. 利用测试转移指令实现程序分支

【例 5－8】　设变量 $X$ 存放在外部 RAM 的 EXTE 单元,与内部 RAM 的 INTA单元的标准数 $Y$ 比较,函数 $F$ 存放在内部 RAM 的 ETU 单元。试编程实现下列函数关系：

$$F=\begin{cases} 1 & (X>Y) \\ 0 & (X=Y) \\ -1 & (X<Y) \end{cases}$$

［解］　程序流程如图 5－13 所示。

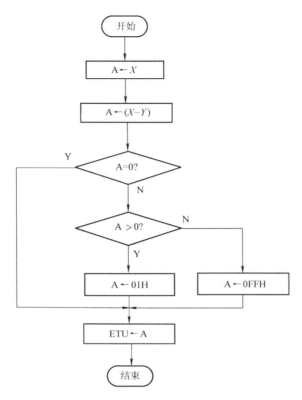

图 5-13　程序流程图

源程序如下。

```
          ORG      0000H
START：MOV       DPTR，♯EXTE
          MOVX     A,@DPTR
          CLR      C
          SUBB     A，INTA
          JZ       GIV
          JC       FUSHU
          MOV      A,♯01H          ;正数置 1
          SJMP     GIV
FUSHU：MOV       A,♯0FFH         ;负数置 0FFH(一1 的补码)
GIV：    MOV      ETU,A           ;置数 A
          RET
```

2. 利用比较不等转移指令实现程序分支

【例 5-9】　用 CJNE 指令完成上例。

**[解]**

程序流程如图 5－14 所示。

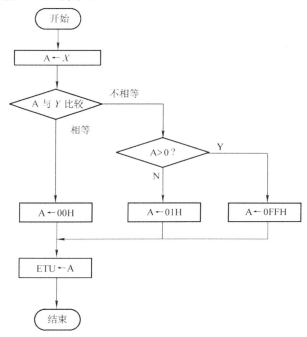

图 5－14  利用 CJNE 指令实现程序流程图

程序如下。

```
        ORG     0000H
START:  MOV     DPTR,♯EXTE
        MOVX    A,@DPTR
        CJNE    A,INTA,CON
        CLR     A
        AJMP    GIV
CON:    JC      FUSHU
        MOV     A,♯01H
        SJMP    GIV
FUSHU:  MOV     A,♯0FFH
GIV:    MOV     ETU,A
        END
```

# 5.3　单片机软硬件设计与调试点滴经验积累(二)

一般来说,单片机开发人员编写的程序不可能一次成功,需要反复运行调试,尤其程序较大时更是如此。作为初学者,应该掌握一些调试技巧和方法。

在编译/汇编源程序时,汇编(或编译)系统只能提示源程序指令的语法和书写方面的错误,而对程序运行的结果是否正确、运行的过程是否符合编程者的设计要求等将无法做出判别。因此,程序设计人员必须灵活运用集成开发环境提供的各种调试功能,快速有效地排查程序存在的各种问题,直至程序完全符合设计要求。

常用调试方法有单步运行调试、跟踪运行调试、全速连续运行调试、设置断点调试、自动单步运行调试和运行到光标处等。

对于简单的例题,如将内部 RAM 的某一片区域的数据单元清零,应该在程序运行之前将内部 RAM 的这些单元手动置为非零的数据,然后采取单步运行或全速运行即可。

总的来说,可以采用如下方法进行程序调试。

1. 检查程序运行的路径是否正确

可采用单步运行的调试方法,边运行边观察程序运行的路径与预先设计的运行路径是否一致。若不一致,可根据运行过程中地址的变化找出故障点,分析故障产生的原因。

2. 检查程序运行到某处的执行结果

如检查程序执行到某处后,可由相关单元(内部或外部 RAM)、工作寄存器、特殊功能寄存器中内容判断程序运行是否正确。为提高调试速度,可将光标停留在预观察点,再用选择"执行到光标处"的功能菜单,快速将程序运行到光标处。通过对运行结果的观察与分析,可判断结果是否正确。若出现错误,应及时分析产生错误的原因并加以修正。

3. 检查子程序调用的运行过程

先用单步运行的方法运行调用子程序指令,然后观察程序能否运行到该调用指令的下一条指令处,若能,则说明子程序调用的运行过程是正确的;再检查子程序的出口内容是否正确,若两者都正确,则调试完毕。若执行了调用指令后,程序不能返回到该调用指令的下一条指令处,及出现系统提示忙或子程序出口结果不正确时,则应重新用跟踪运行的调试方法运行调用指令,以便跟踪运行到子程序的内部,再通过单步或跟踪运行等方法逐条运行,直至找到产生错误的原因并加以修正为止。

4. 检查循环程序的运行过程

若程序中有循环结构,可先将光标或断点预置在循环程序的最后一条指令处,然后用全速运行到光标处或连续运行到断点处的方法运行程序。若提示系统忙,可能出现了死循环等错误,应考虑用单步运行的方法检查程序循环运行的路径变化是否正确。为缩短调试时间,可在调试循环程序前,将循环初始值中的循环次数改小些,通过观察运行路径和指令运行的结果,找出循环程序内部出现的故障并加以修正。

上述调试方法,主要是针对顺序结构、分支结构、循环结构和子程序结构的调试,究竟具体采用什么样的调试方法更适宜,应根据被调试程序的结构特点和程序运行结果的观测点合理选择。

# 本 章 小 结

汇编语言的源程序结构紧凑、灵活,汇编后生成的目标程序效率高、占存储空间少、运行速度快、实时性强。由于存在上述优点,并且汇编语言直接面向底层硬件,初学者从汇编开始学习单片机,更有利于对单片机硬件结构的学习,所以汇编语言是多数初学者的首选。

本章主要通过任务六和任务七(单片机控制 LED 数码管显示数字)学习单片机。在学习过程中,应着重掌握单片机应用系统软件设计的一些基本知识和典型程序,通过大量的编程训练,强化模块化程序设计的方法和技巧。书中列举的各种典型程序都是单片机应用系统设计中常遇到的问题,而延时程序的设计是单片机汇编语言编程最为典型的例子,在实际应用中非常广泛,应引起特别的重视,特别是要加强振荡周期、机器周期和指令周期的理解。

数码管是电子电路设计中常用的显示器件,由于成本低廉、配置灵活、与单片机接口方便,在单片机应用系统中使用频繁。本章给出了单片机控制数码管的最简单和基本的方法,读者应打好基础,以在将本章的静态显示方法与后面章节的动态显示控制方法进行比较。

# 习题与思考题

1. 计算下面子程序执行的时间(晶振频率为 12 MHz)。

```
        MOV    R3,♯15H
DL1：   MOV    R4,♯255
DL2：   MOV    P1,R3
        DJNZ   R4,DL2
        DJNZ   R3,DL1
        RET
```

2. 试编写延时 1 s 和 1 min 的子程序。设 $f_{osc}=6$ MHz。

3. 编写程序,把片外 RAM 从 2000H 开始存放的 10 个数传送到片内 RAM30H 开始的单元中(遇到 0 时停止)。

4. 假定 A=83H,(R0)=17H,(17H)=34H,执行以下指令:

```
ANL    A,♯17H
ORL    17H,A
XPL    A,@R0
CPL    A
```

A 的内容为(      )。

5. 若外部 RAM 的(2000H)=X,(2001H)=Y,编程实现 $Z=3X+2Y$,结果存入内部 RAM 的 20H 单元(设 $Z<255$)。

6. 试编写程序,查找在内部 RAM 的 30H～50H 单元中是否有 0AAH 这一数据。若有,则将 51H 单元置为"01H";若未找到,则将 51H 单元置为"00H"。

7. 试编写程序,查找在内部 RAM 的 20H～40H 单元中出现"00H"这一数据的次数。并将查找到的结果存入 41H 单元。

8. 编程将片内 RAM30H 单元开始的 15 字节的数据传送到片外 RAM3000H 开始的单元中去。

9. 片内 RAM30H 开始的单元中有 10 字节的二进制数,请编程求它们之和(设结果小于 256 )。

10. 用查表法编一子程序,将 R3 中的 BCD 码转换成 ASCII 码。

11. 编写程序,将片外 RAM 20H～25H 单元清零。

12. 编写程序,将 ROM 3000H 单元内容送 R7。

13. 有程序段如下,试说明其功能。

```
ST：  MOV A,30H
      ACALL SQR
      MOV R1,A
      MOV A,31H
      ACALL SQR
      ADD A,R1
      MOV 32H,A
      SJMP $
SQR：MOV DPTR,♯TAB
      MOVC A,@A+DPTR
      RET
TAB :DB 0,1,4,9,16 ,25,36,49,64,81
```

14. 设 A=02H。下面的程序段运行后,则 A= ？ H,并说明该程序的功能是什么?

```
INC A
MOVC A,@A+PC
RET
```

```
TAB1:DB 30H
     DB 31H
     DB 32H
       ⋮
     DB 39H
```

# 第6章 单片机与外界沟通的桥梁——并行接口

本章学习目标

※ 了解单片机并行接口的结构原理和负载能力

※ 掌握并行接口的使用方法

※ 掌握数码管动态显示软硬件的设计方法

※ 熟悉蜂鸣器驱动电路,了解单片机控制蜂鸣器演奏音乐的方法

## 6.1 任务八——按键控制灯

【学习目标】 通过任务八了解单片机并行接口的基本概念和结构,掌握并行接口的使用方法,并能根据任务要求设计硬件电路,编制相应的软件程序。

【任务描述】 利用并行接口外接按键,实现对指示灯的控制,要求指示灯实时显示开关的状态,即开关按下,对应指示灯点亮。

1. 硬件电路与工作原理

硬件电路如图6—1所示。

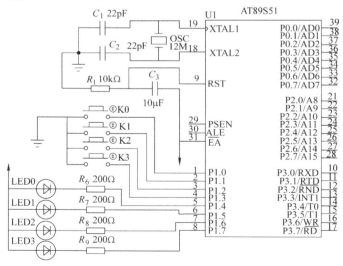

图6—1 按键控制灯电路图

　　在 AT89S51 单片机中,没有专门的输入输出指令,而是将 I/O 接口与存储器一样看待,使用访问存储器的指令实现输入/输出功能。当向 I/O 端口写入数据时,即通过相应引脚向外输出;而当从 I/O 读入数据时,则通过相应引脚将外设状态信号输入到单片机内。在图 6-1 中由开关 K0~K3 控制 LED0~LED3。显然,与按键 K0~K3 连接的 P1.3~P1.0 作为输入口,与灯 LED3~LED0 连接的 P1.7~P1.4 作为输出口。要使灯亮,对应端口的电平必须为低电平。开关闭合,相应引脚相当于接地。因此,只要将 P1.0~P1.3 的状态传递给 P1.4~P1.7,即可实现按键控制灯。

　　单片机的 I/O 口 P0~P3 口作为普通的输出口使用,如同第 3、4、5 章任务中接发光二极管和数码管的例子。在这些场合下,只需使用 MOV 等指令输出数据即可,如 MOV P1,≠00H。但 I/O 口如果作为输入口使用(如本任务中所接按键场合),则需要首先将并行口的锁存器置 1。这是由单片机并行接口的内部结构决定的,详见 6.1.1 节。

　　2. 控制源程序

```
        ORG    0000H
MAIN:   ORL    P1,≠0FH        ;将要输入的低位置1,同时不改变高位状态
        MOV    A,P1
        SWAP   A               ;累加器的高4位与低4位数据交换
        ORL    A,≠0FH         ;获取变化信息,同时低4位置1
        MOV    P1,A            ;P1口输出数据
        LJMP   MAIN
        END
```

　　也可用位操作指令实现该功能,程序如下。

```
        ORG    0000H
MAIN:   ORL    P1,≠0FH
        MOV    C,P1.0
        MOV    P1.4,C
        MOV    C,P1.1
        MOV    P1.5,C
        MOV    C,P1.2
        MOV    P1.6,C
        MOV    C,P1.3
        MOV    P1.7,C
        LJMP   MAIN
        END
```

　　3. 源程序的编辑、编译与下载

　　打开 Keil 和 PROTEUS 虚拟仿真软件进行程序的编辑、编译、模拟仿真。打开下载软件,将目标文件下载到目标板上的 AT89S51 单片机芯片中,观察程序运行

结果。

下面介绍关于单片机并行接口的结构原理和负载能力。

### 6.1.1 并行接口的结构原理

AT 89S51 单片机共有 4 个双向的 8 位并行 I/O 端口(Port),分别记作 P0~P3,共有 32 根口线,端口的每一位均由锁存器、输出驱动器和输入缓冲器所组成。P0~P3 的端口寄存器属于特殊功能寄存器。这 4 个端口除了按字节寻址以外,还可以按位寻址。每个并行 I/O 端口都能作为输入或输出端口使用,P0 和 P2 又能作为地址和数据总线,P1 口作为一般通用 I/O 口,P3 口是双功能口。I/O 口的复用功能见表 6-1。

表 6-1　AT89S51 单片机 I/O 口的复用功能

| I/O 口 | 第二功能 | I/O 口 | 第二功能 |
|---|---|---|---|
| P0 口 | 低 8 位地址/数据总线分时复用 | P3.3 | $\overline{INT1}$:外部中断 1(申请信号输入端) |
| P2 口 | 高 8 位地址输出口 | P3.4 | T0:定时/计数器 T0 外部脉冲输入端 |
| P3.0 | RXD:串行数据接收端 | P3.5 | T1:定时/计数器 T1 外部脉冲输入端 |
| P3.1 | TXD:串行数据发送端 | P3.6 | $\overline{WR}$:片外 RAM 写脉冲信号输出端 |
| P3.2 | $\overline{INT0}$:外部中断 0 申请信号输入端 | P3.7 | $\overline{RD}$:片外 RAM 读脉冲信号输出端 |

#### 1. P0 口的结构和功能

图 6-2 给出了 P0 口一个管脚内部结构,称为 P0 口的位结构。它包含一个输出锁存器、两个三态输入缓冲器和输出驱动电路及控制电路。P0 口内部电路中有一个电子开关 MUX,在 CPU 发出的控制信号作用下,电子开关 MUX 根据不同情况分别接通锁存器输出或者地址/数据线。P0 口既可作为通用 I/O 口使用,又可作为片外扩充系统的地址/数据总线。图中驱动电路由两只场效应管 T1 和 T2 组成,工作状态受控制电路的控制。输出电路包括"与"门、反相器和电子开关。

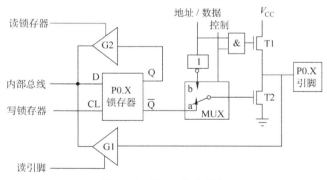

图 6-2　P0 口的位结构

在实际使用中,P0 口绝大多数情况下都是作为单片机系统的地址/数据线使用。当传送地址或数据时,CPU 发出控制信号,打开上面的"与"门,使电子开关 MUX 打向上边,使内部地址/数据线与下面的场效晶体管处于反相接通状态。这时的输出驱动电路由于上下两个场效应管处于反相,形成推拉式电路结构,大大的提高了带负载能力。而当输入数据时,数据信号则直接从引脚通过输入缓冲器进入内部总线。

另外,P0 口也可作为通用的 I/O 口使用。这时,CPU 发来的"控制"信号为低电平,封锁了"与门",并将输出驱动电路的上拉场效管截止,而 MUX 打向下边,与 D 锁存器的 $\overline{Q}$ 端接通。

当 P0 口作为输出口使用时,来自 CPU 的"写入"脉冲加在 D 锁存器的 CL 端,内部总线上的数据写入 D 锁存器,并向端口引脚 P0.X 输出。但要注意,由于输出电路是漏极开路(因为这时上拉场效晶体管截止),必须外接上拉电阻才能有高电平输出。

当 P0 口作为输入口使用时,应区分"读引脚"和"读端口"(或称"读锁存器")两种情况。为此,在口电路中有两个用于读入的三态缓冲器。所谓"读引脚"就是直接读取引脚 P0.X 上的状态。这时,由"读引脚"信号把下方缓冲器打开,引脚上的状态经缓冲器读入内部总线;而"读端口"则是"读锁存器"信号打开上面的缓冲器,把锁存器 Q 端的状态读入内部总线。

2. P1 口的结构和功能

与 P0 口比,P1 口的位结构图中少了地址/数据的传送电路和多路电子开关,一只 MOS 管改为上拉电阻,位结构如图 6-3 所示。

P1 口作为通用 I/O 口的功能与 P0 口相似。应当注意的是,从并行口输入,是为了得到外部设备的状态等信息。之所以此时读引脚而不是读端口,是因为外部设备不能

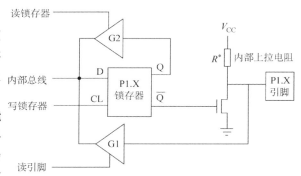

图 6-3　P1 口的位结构

驱动端口的锁存器,外设状态的变化无法反映到端口,故从端口得不到外设的信息。

引脚状态不是任何时候都和外设信号一致的,引脚状态还受到锁存器状态的影响。若在 P1 的一个引脚上通过电阻接 +5 V 电压,外部设备信号应为 1。但此时若 D 锁存器状态为 0,其反向输出端为 1,则 FET 导通,将引脚拉在低电平 0 上。此时从引脚读取的数据并非正确的外设信号,而若此时 D 锁存器状态为 1,则引脚状态与外设状态完全一致,从引脚输入的数据正确反映了外设的信号。所以,为保证准确无误地得到外设信息,每次从并行 I/O 口输入之前,首先将并行口的锁存器置 1。

P0～P3 接口在输入前首先要拉高电平,故称准双向接口。

3. P2 口的结构和功能

P2 口的位结构如图 6-4 所示。P2 口电路比 P1 口又多了一个多路电子开关 MUX。

P2 口能用作 I/O 口或系统扩展时作高 8 位地址线用。如果没有系统扩展,P2 口也可以作为用户 I/O 口线使用。P2 口也是准双向口。

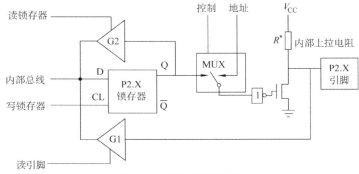

图 6—4　P2 口的位结构

　　当 P2 口作为通用 I/O 口使用时,此时控制信号为低电平,多路电子开关 MUX 接 Q 端,其功能和使用方法与 P1 口相同。

　　当 P2 口作为地址线高 8 位使用时,此时控制端输出高电平,多路开关 MUX 接地址线,P2 口输出地址总线高 8 位,供系统扩展使用。总之,P0 口和 P2 口在对外部存储器进行读/写时要进行地址/数据的切换,故在 P0、P2 口的结构中都设有多路转换器,分别切换到地址/数据或内部地址总线上。多路转换器的切换由内部控制信号完成。

　　4. P3 口的结构和功能

　　P3 口的位结构如图 6—5 所示,其特点是增加了第二功能控制逻辑。

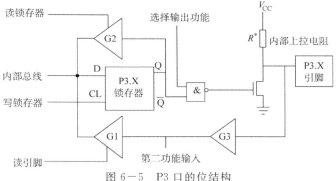

图 6—5　P3 口的位结构

　　P3 口可以作通用 I/O 口使用,另外每一引脚还有第二功能。

　　(1)P3 口作为通用 I/O 口

　　此时"第二功能输出"端为高电平。"与非"门对于输入端来说相当于"非门",位结构与 P2 口完全相同。因此,P3 口用作通用 I/O 口时的功能与 P1 口、P2 口的使用相同。

　　(2)P3 口作为第二功能输出使用

　　P3 口作为第二功能输出使用时,该位的锁存器自动置"1",使"与非"门的输出状态只受"第二功能输出"端的控制。"第二功能输出"端的状态经"与非"门和场效应驱动管输出到该位引脚上。当 P3 口的某一位作为第二功能输入使用时,该位的"第二功能输出"端自动为"1",锁存器也置为"1"。这样一来,该位引脚上的输入信号经缓冲器送入"第二功能输入"端。

### 6.1.2 并行接口的负载能力

P0、P1、P2、P3 接口的输入和输出电平与 CMOS 电平和 TTL 电平均兼容。

P0 接口的每一位接口线可以驱动 8 个 LSTTL 负载。在作为通用 I/O 接口时,由于输出驱动电路是开漏方式,由集电极开路(OC 门)电路或漏极开路驱动时需外接上拉电阻;当作为地址/数据总线使用时,接口线输出不是开漏的,无须外接上拉电阻。

P1、P2、P3 接口的每一位能驱动 4 个 LSTTL 负载。它们的输出驱动电路设有内部上拉电阻,所以可以方便地由集电极开路(OC 门)电路或漏极开路电路所驱动,而无须外接上拉电阻。

由于单片机接口线仅能提供几毫安的电流,当作为输出驱动一般的晶体管的基极时,应在接口与晶体管的基极之间串接限流电阻。

## 6.2 任务九 ——单片机控制 4 位数码管显示数字

【学习目标】 通过任务九的学习,进一步掌握单片机并行接口的应用方法与数码管的动态显示方法。

【任务描述】 利用并行接口控制 LED 显示器,实现 7 段 LED 显示器显示 4 位十六进制数。

1. 硬件电路与工作原理

硬件电路如图 6—6 所示。

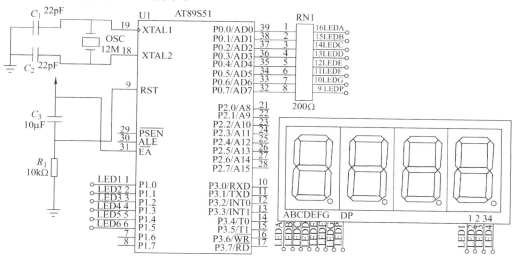

图 6—6 多位共阳极 LED 显示器单片机控制电路

在单片机应用系统中,常常需要将数据显示出来,如果需要显示的内容只是数码和某些字符,常使用显示器 LED,其工作原理已在第 5 章中讲述过。这种显示器价格低廉,配置灵活,与单片机连接方便。

在该电路中,控制 4 位共阳极 7 段 LED 显示器显示 4 位十六进制数。在同一时刻,用静态显示的方法让图示的数码管显示不同的内容是无法实现的。可利用人眼的视觉暂留现象,在较短的时间使 4 位显示器依次亮灭,只要每位显示器显示的时间足够短,就会给人造成多位同时显示的假象,这种显示方法叫动态显示。由于人眼的视觉暂留时间为 20 ms,所以每位显示间隔不能超过 20 ms,否则会有闪烁感。

2. 控制源程序

假设要在数码管上显示 1、2、3、4 四个字符。在该连接图中,用 P0 口控制各位显示的数字,用 P1 口的低 4 位选通哪一位显示。显示的字符与编码表如表 6－2 所示。

表 6－2 　LED 显示的字符与编码表

| 显示字符 | 共阳极字形码 | 显示字符 | 共阳极字形码 | 显示字符 | 共阳极字形码 | 显示字符 | 共阳极字形码 |
|---|---|---|---|---|---|---|---|
| 0 | C0H | 4 | 99H | 8 | 80H | C | C6H |
| 1 | F9H | 5 | 92H | 9 | 90H | D | A1H |
| 2 | A4H | 6 | 82H | A | 88H | E | 86H |
| 3 | B0H | 7 | F8H | B | 83H | F | 8EH |

程序如下。

```
           ORG    0000H
MAIN:  MOV    R0,#01H
           MOV    R6,#4
           MOV    B,#01H
NEXT:  MOV    A,R0                    ;取数
           MOV    DPTR,#TAB
           MOVC   A,@A+DPTR          ;查显示码
           MOV    P0,A                    ;输出显示码
           MOV    A,B                    ;控制某位显示
           MOV    P1,A
           ACALL  DELY                   ;延时
           INC    R0                     ;修改地址指针
           RL     A
           MOV    B,A                    ;修改显示位
           DJNZ   R6,NEXT
           SJMP   MAIN
DELY:  MOV    R3,#02H                 ;2 ms 延时
LOOP:  MOV    R4,#0FAH               ;设 fosc=6 MHz
           DJNZ   R4,$
           DJNZ   R3,LOOP
           RET
TAB:   DB 0C0H,0F9H,0A4H,0B0H,99H,92H,82H,0F8H,80H
           DB 90H,88H,83H,0C6H,0A1H,86H,8EH
           END
```

3. 源程序的编辑、编译与下载

打开 Keil 和 PROTEUS 虚拟仿真软件进行程序的编辑、编译、模拟仿真。打开下载软件，将目标文件下载到目标板上的 AT89S51 单片机芯片中，观察程序运行结果。

LED 显示器有两种显示方式，即静态显示和动态显示。其中静态显示在前面章节已经涉及。由于数码管显示控制是单片机学习中基础且重要的内容，所以下面将再次详细对比介绍这两种显示方式的原理和控制方法，希望读者足够重视。

## 6.2.1　静态显示方式

在静态显示方式下显示某一个字符时，相应的发光二极管恒定地点亮或熄灭，直到显示另一个字符时。例如，7 段 LED 在显示"0"时，显示器的 a、b、c、d、e、f 一直导通发光，而 g 和 dp 一直处于熄灭的状态，直到数据锁存器输出另外的字符代码，显示别的字符。

由于 LED 要恒定地加上电压，要求电压一直保持，所以一般在 LED 和单片机之间加锁存器。这种方式显示的亮度较高，编程较简单，结构清晰，管理也较方便，但占用 I/O 资源较多，经常需要扩展 I/O 口，如图 6—7 所示。如果显示位数较多的话，一般采用下面介绍的动态扫描方式。

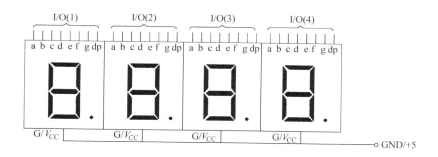

图 6—7　4 位 LED 静态显示示意图

## 6.2.2　动态扫描方式

显示位数较多时，使用静态方式不经济，而且较复杂。为了简化电路，降低成本，将所有的位的段选线（选择显示的字）连接在一起，并将位选线单独与 I/O 的各位相连，用位选线选择显示字符的 LED，实现分时选通，如图 6—8 所示。

它的工作原理是：在 8 位 I/O(1) 上送显示的字符代码，这个代码送到所有的 LED 上，同时 I/O(2)，即 D0～D7，必有一位控制位（位选线）有效。这样，在这一时刻，只有位选线有效的位才会显示字符。照此看来，某一时刻，只能有一个 LED 发

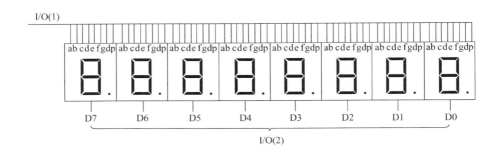

图 6—8   8 位 LED 动态显示示意图

光。例如,如果想显示 12345678,则先使 D7 有效,在字线上送"8"的代码,延时一段时间,再使 D6 有效,在字线送"7"的代码……直到 D0 有效,送"1"的代码,再进行第二次循环……直到显示内容改变。由于人眼有视觉暂留效应,所以看到的影像是连续的。

# 6.3   任务十 ——单片机演奏音乐

【学习目标】   通过任务十的完成,掌握如何利用单片机的并行接口驱动喇叭或蜂鸣器演奏音乐的方法。

【任务描述】   利用单片机的 P1 口控制喇叭或蜂鸣器,实现"音乐盒"功能,当音乐盒被打开时,开始播放儿歌"小星星"。

1. 硬件电路与工作原理

硬件电路如图 6—9 所示。

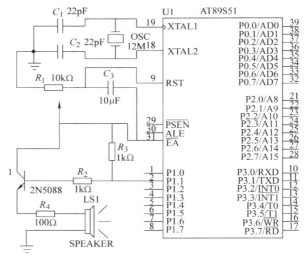

图 6—9   音乐盒硬件接口电路

当音乐盒被打开时,相当于接通电源,在图中可视为开关闭合,此时通过 P1 口播放音乐。

2. 控制源程序

当给喇叭通以持续电流时,喇叭发出电流的噪声。若通以时断时通、周期变化的方波电流信号,则喇叭发出与之频率相同的声调。如果再改变周期性电流的持续时间,又可以控制喇叭发出这种声调的音长,即节拍。据此可由单片机控制喇叭演奏歌曲。因为单片机并行口的驱动能力有限,一般要设计放大电路,提高驱动能力,驱动喇叭发出悦耳的声音。

程序如下。

```
         ORG0000H
MAIN:    MOV     DPTR,#TAB        ;音符表首址
         MOV     R0,#48           ;歌曲长度
NEXT:    CLR     A
         MOVC    A,@A+DPTR        ;取音符对应循环次数
         MOV     R1,A
         MOV     R2,A
         INC     DPTR
         CLR     A
         MOVC    A,@A+DPTR        ;取音长对应循环次数第一因数
         MOV     R3,A
         MOV     R4,A
         INC     DPTR
         CLR     A
         MOVC    A,@A+DPTR        ;取音长对应循环次数第二因数
         MOV     R5,A
         MOV     R6,A
         INC     DPTR
LOOP:    CPL     P1.1             ;输出状态取反
         ACALL   DELAY            ;与音频有关的延时
         MOV     A,R2
         MOV     R1,A
         DJNZ    R5,LOOP
         MOV     A,R6
         MOV     R5,A
         DJNZ    R3,LOOP          ;音长=R1×R3×R5×5 μs=0.8 s
         DJNZ    R0,NEXT          ;下一个音符
```

```
                LJMP MAIN
    DELAY:      NOP
                NOP
                NOP
                DJNZ     R1,DELAY                    ;延时时间为 5 μs×R1
                RET
    TAB:        DB       190,4,210,190,4,210,127,5,252,127,5,252
                DB       114,27,52,114,27,52,127,5,252,127,5,252
                                                     ;对应音符 1155665
                DB       143,5,224,143,5,224,152,13,81,152,13,81
                DB       170,5,188,170,5,188,190,4,210,190,4,210
                                                     ;对应音符 4433221
                DB       127,5,252,127,5,252,143,5,224,143,5,224
                DB       152,13,81,152,13,81,170,5,188,170,5,188
                                                     ;对应音符 5544332
                DB       127,5,252,127,5,252,143,5,224,143,5,224
                DB       152,13,81,152,13,81,170,5,188,170,5,188
                                                     ;对应音符 5544332
                DB       190,4,210,190,4,210,127,5,252,127,5,252
                DB       114,27,52,114,27,52,127,5,252,127,5,252
                                                     ;对应音符 1155665
                DB       143,5,224,143,5,224,152,13,81,152,13,81
                DB       170,5,188,170,5,188,190,4,210,190,4,210
                                                     ;对应音符 4433221
                END
```

3. 源程序的编辑、编译与下载

打开 Keil 和 PROTEUS 虚拟仿真软件进行程序的编辑、编译、模拟仿真。打开下载软件,将目标文件下载到目标板上的 AT89S51 单片机芯片中,观察程序运行结果。

下面介绍该任务中用到的蜂鸣器的相关知识以及单片机音乐程序的编写方法。

## 6.3.1 蜂鸣器及其驱动电路

蜂鸣器是一种一体化结构的电子音响器,采用直流电压供电,广泛应用于计算机、打印机、复印机、报警器、电子玩具、汽车电子设备、电话机、定时器等电子产品中作发声器件。

蜂鸣器有两类 3 大品种,一类是压电式,一类是电磁式。电磁式又有两大品种:铁振膜式和动圈式,二者原理一样,只是结构不同。所有蜂鸣器都有两种类型:纯蜂鸣器和带驱动的蜂鸣器。蜂鸣器都是用音频信号驱动的,是交流驱动,只是带驱动的蜂鸣器已将振荡电路集成安装在蜂鸣器壳体内,通上直流电就可工作。

1. 蜂鸣器的结构原理

(1)压电式蜂鸣器

压电式蜂鸣器主要由多谐振荡器、压电蜂鸣片、阻抗匹配器及共鸣箱、外壳等组成。有的压电式蜂鸣器外壳上还装有发光二极管。多谐振荡器由晶体管或集成电路构成。当接通电源后(1.5~15 V 直流工作电压),多谐振荡器起振,输出 1.5~2.5 kHz 的音频信号,阻抗匹配器推动压电蜂鸣片发声。压电蜂鸣片由锆钛酸铅或铌镁酸铅压电陶瓷材料制成。在陶瓷片的两面镀上银电极,经极化和老化处理后,再与黄铜片或不锈钢片粘在一起。

(2)电磁式蜂鸣器

电磁式蜂鸣器由振荡器、电磁线圈、磁铁、振动膜片及外壳等组成。接通电源后,振荡器产生的音频信号电流通过电磁线圈,使电磁线圈产生磁场。振动膜片在电磁线圈和磁铁的相互作用下,周期性地振动发声。

2. 驱动电路

蜂鸣器的驱动可以采用三极管功率放大电路或音频功率放大集成电路等多种方式。

图 6-10 所示为一个三级管放大电路。信号通过电阻 $R_2$ 加在 PNP 管的基极上,经三极管放大,在蜂鸣器上得到嘹亮的响声。

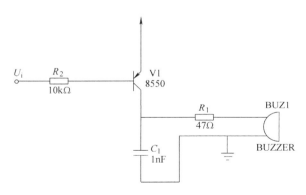

图 6-10　利用三级管放大电路驱动蜂鸣器

图 6-11 是一个利用功率放大集成电路进行信号放大的示意图。功放块 LM386 是美国国家半导体公司系列功率放大集成电路中的一个品种,因功耗低、工作电源电压范围宽、外围元件少和装置调整方便等优点,应用广泛,被称为万能功率放大集成电路。

图 6—11(a)为 LM386 的引脚图。图 6—11(b)是 LM386 的典型应用电路。

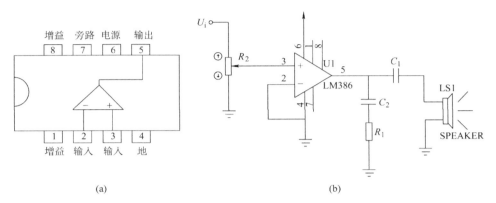

图 6—11　LM386 低压功率集成电路

(a) LM386 引脚分布图；(b) LM386 典型应用电路

LM386 的 1 脚与 8 脚之间未接其他元件，此时的电路增益(约为 20 倍)仅由其内电阻决定。如果在 1 脚与 8 脚间接不同的元件，则可改变放大器的交流负反馈量，从而改变放大器的闭环增益。当在 1 脚与 8 脚间仅接一个几十微法的电容器时，内电阻被交流旁路，放大器增益达最大值(200 倍)。如果要改变放大器的低端频率响应，则可在集成电路的 1 脚与 5 脚之间连接一个 RC 网络。该集成电路既可以用来驱动蜂鸣器，也可以用来驱动扬声器。

### 6.3.2　音乐程序的编写方法

要产生音频脉冲，只要算出某一音频的周期(1/频率)，然后将此周期除以 2，即为半周期的时间，利用单片机延时程序，每当计时到后就将输出脉冲的 I/O 反相，然后重复计此半周期时间，再对 I/O 反相，就可在 I/O 脚上得到此频率的脉冲。

由于音符 1、2、3、4、5、6、7 对应的方波电流的频率分别为 523、587、659、698、784、880、988 Hz，对应的半周期分别为：952、847、758、714、637、568、505 $\mu$s。以 5 $\mu$s 为延时单位，则各音符对应方波需延时的次数分别为 190、170、152、143、126、114、101，数据都小于 256，可以存放在单片机的字节单元里。

一拍对应的音长约为 0.8 s，每个一拍的方波必须循环一定的次数以达到 0.8 s。经计算可知，1、2、3、4、5、6、7 对应循环次数分别为 842、941、1 053、1 119、1 260、1 404、1 584，都大于 1 个字节，故必须用两重循环。将每个音符对应的循环次数拆分成两个字节的数的乘积，作为两重循环的次数，依次为：4×210、5×188、13×81、5×224、5×252、27×52、8×198。

将对应音符的频率延时次数及音长循环次数的两个拆分数据依次存放在表中。在程序中可通过查表获得。表 6—3 为 C 调各音符频率表。

表 6-3　C 调各音符频率对应表

| 音符 | 频率/Hz | 音符 | 频率/Hz | 音符 | 频率/Hz |
|---|---|---|---|---|---|
| 低 1DO | 262 | 中 1DO | 523 | 高 1DO | 1 046 |
| #1DO# | 277 | #1DO# | 554 | #1DO# | 1 109 |
| 低 2RE | 294 | 中 2RE | 587 | 高 2RE | 1 175 |
| #2RE# | 311 | #2RE # | 622 | #2RE # | 1 245 |
| 低 3M | 330 | 中 3M | 659 | 高 3M | 1 318 |
| 低 4FA | 349 | 中 4FA | 698 | 高 4FA | 1 397 |
| #4FA# | 370 | #4FA# | 740 | #4FA# | 1 480 |
| 低 5SO | 392 | 中 5SO | 784 | 高 5SO | 1 568 |
| #5SO # | 415 | #5SO # | 831 | #5SO # | 1 661 |
| 低 6LA | 440 | 中 6LA | 880 | 高 6LA | 1 760 |
| #6 | 466 | #6 | 932 | #6 | 1 865 |
| 低 7SI | 494 | 中 7SI | 988 | 高 7SI | 1 967 |

# 本 章 小 结

　　单片机芯片内部的一项重要资源就是它的并行 I/O 口。AT89S51 单片机共有 4 个 8 位的并行 I/O 口，分别记为 P0、P1、P2、P3。实际上，它们已被归为专用寄存器之列，具有字节寻址和位寻址的功能。各接口均由接口锁存器、输出驱动器和输入缓冲器组成。各接口除可以作为字节输入/输出外，每一条接口线也可以单独地用作输入/输出线。

　　P0 口既可以用作地址/数据总线使用，又可作通用 I/O 口使用。当 P0 口用作地址/数据总线使用时，就不能再把它当通用 I/O 口使用了。P1 口通常作为通用 I/O 口使用，作输出口使用时，无须外接上拉电阻。P2 口作为通用 I/O 口使用时，不需要外接上拉电阻；当系统有外部扩展存储器或 I/O 接口时，P2 口用作地址高 8 位信号线，此时 P2 口只能作为地址线使用，而不能作为通用 I/O 口使用。P3 口用作通用 I/O 口使用时，方法与 P1 口类似。P3 口的第二功能比较丰富，在较复杂的单片机应用系统中，由于使用了中断、定时、串行通信等功能，P3 口一般工作在第二功能状态下。

　　单片机的并行 I/O 口是单片机与外界联系沟通的重要接口，在电路设计上除了按它们的使用特点应用之外，还要注意所用型号单片机的并行接口的负载能力。

# 习题与思考题

1. 简单描述一下 AT89S51 的 4 个双向并行口的功能。

2. 如何保证正确无误地输入 I/O 口的引脚状态?

3. 编写程序,输入 P0 口的状态,取反后由 P1 口输出。

4. 编制一个灯光循环闪烁程序。要求通过 P1 口连接 8 个发光二极管,其中一个发光二极管闪烁点亮 3 次后,转移到下一个发光二极管闪烁 3 次,然后再转至下一个……如此循环不止。

5. 通过 P1 口连接一个共阴极 LED 显示器,并设计一个计数器,使显示器上显示的数字由 0 到 F 循环变化,每秒变化一次。

6. 要求设计一个电路,实现电路动态显示存放在显示缓冲区 78H～7FH 中的日期(例如"2005.12.22")。

7. 要求设计一个防盗报警装置,当小偷闯入时,能发出"哗哗"的报警声。

# 第7章 单片机的关键技术
## ——中断系统与定时/计数器

> **本章学习目标**
> ※理解中断的基本概念与单片机中断响应过程
> ※了解单片机中断系统、定时/计数器的内部结构
> ※能够按要求正确设置与中断、定时/计数器相关的特殊功能寄存器
> ※掌握定时/计数器初值的计算方法
> ※掌握定时/计数器的工作方式1和方式2的特点和编程方法

## 7.1 任务十一 ——基于单片机的交通灯模拟控制系统

【学习目标】 通过一个交通灯模拟控制系统的设计,掌握单片机的中断系统及其相应的控制寄存器,熟悉利用中断系统实现较复杂系统的控制。

【任务描述】 用 AT89S51 单片机设计十字路口交通信号灯模拟控制系统,晶振采用 6 MHz。具体要求如下。

①正常情况时,A、B 道轮流放行,A 道放行 60 s(其中 5 s 用于警告,即绿灯闪 3 s,黄灯保持 2 s),B 道放行 30 s(其中 5 s 用于警告,即绿灯闪 3 s,黄灯保持 2 s)。

②特殊情况:一道有车而另一道无车(用按键 K0、K1 模拟检测结果),控制有车车道先放行 5 s,5 s 后恢复正常。

③紧急情况:有急救车等紧急车辆通过(用按键 K2 模拟),A、B 道均为红灯,先让紧急车辆通过,20 s 后交通灯恢复原来的工作状态。

1. 硬件电路与工作原理

要完成上述要求中的第①条并不复杂,不论是硬件电路还是软件编程,都可以利用以前学过的知识解决,放行时间可以通过调用延时程序实现。对于第②条和第③条要求,当然也可以采用第 6 章讲过的按键检测部分的知识解决。例如,将按键分别接至 P0、P1、P2 或 P3 某个引脚上,将其视为通用的 I/O 口(即便是 P3 也一样),这样可以通过在程序中不断扫描检测按键是否按下来解决一道有车、另一道无车或紧急车辆出现的问题。读者可以自行设计电路、编写程序,采用上述方法完成该任务。但

是,由于按键的检测是通过 CPU 执行扫描程序实现,而 CPU 又要不停地执行延时程序来控制放行时间的长短,所以不可避免地出现按键已按下而 CPU 未能及时处理的情况。为了让 CPU 能够快速地对按键状态进行反应,就必须利用单片机的一个很重要的知识点——中断!

在设计该电路之前,首先要简单了解中断的基础知识。

日常生活中有很多中断的例子,仔细研究一下,对学习中断很有好处。比如你正在家中看书,突然电话铃响了,你放下书本,去接电话,和来电话的人交谈,然后放下电话,回来继续看你的书。这就是生活中的"中断"现象,就是正常的工作过程被外部的事件打断了。

仍以在家中看书为例,当有中断事件产生时,在处理中断之前必须先记住现在看到第几页了,或拿一个书签放在当前页的位置,然后去处理事情(因为处理完了,我们还要来继续看书)。那么,当前页的位置实际上就是"断点"。

计算机在执行正常程序时,如果系统出现某些急需处理的异常情况和特殊请求,CPU 会暂时中止正在执行的指令,转去对随机发生的更紧迫事件进行处理。处理完后,CPU 会自动返回原来的程序继续执行。这就是计算机系统中的中断现象。

下面简单介绍与中断相关的几个概念。

1)中断　　中断是指由于某种随机事件的发生,计算机暂停现行程序的运行,转去执行另一程序,以处理发生的事件,处理完毕后又自动返回原来的程序继续运行。

2)中断源　　将能引起中断的事件称为中断源。

3)主程序　　CPU 现行运行的程序称为主程序。

4)中断服务子程序　　处理随机事件的程序称为中断服务子程序。

5)中断响应　　停止主程序的执行,转而处理中断服务子程序。

前面第 6 章介绍过,P3 口除了作为普通的 I/O 口之外,还具有第二功能,其中 P3.2 是 INT0(外中断 0)输入端口,P3.3 是 INT1(外中断 1)输入端口。AT89S51 单片机中有 5 个中断源,其中外部中断源有两个,一个是外部中断 0(INT0),一个是外部中断 1(INT1)。5 个中断源在程序存储器中各有中断服务程序入口地址,这个地址也称为矢量地址。当 CPU 响应中断时,硬件自动形成各自的入口地址,由此进入中断服务程序,从而实现了正确的转移。其中外部中断源的符号、名称、产生条件和中断服务入口地址如表 7-1 所示。

表 7-1　AT89S51 单片机外部中断源

| 中断源符号 | 名称 | 中断引起原因 | 中断矢量地址 |
|---|---|---|---|
| INT0 | 外部中断 0 | 由 P3.2 低电平或下降沿信号 | 0003H |
| INT1 | 外部中断 1 | 由 P3.3 低电平或下降沿信号 | 0013H |

在单片机内部数据存储器高 128 字节中有多个特殊功能寄存器(SFR),其中有 4 个 SFR 与中断有关,分别为中断源寄存器 TCON 和 SCON 以及中断允许控制寄

存器 IE 和中断优先级控制寄存器 IP，如图 7-1 所示。

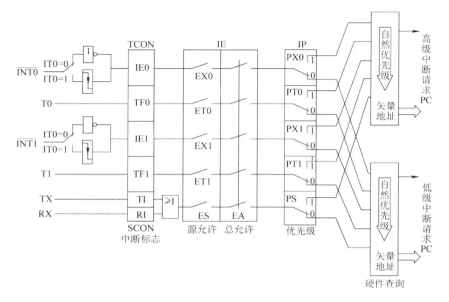

图 7-1　AT89S51 单片机中断系统结构框图

　　中断寄存器 TCON 可对外部中断的触发方式进行设置，并显示中断标志。寄存器 IE 使能中断允许。5 个中断源的响应顺序由中断优先级控制寄存器 IP 和顺序查询逻辑电路共同决定。AT89S51 单片机中断有两种优先级，一种是低优先级，一种是高优先级，默认的是低优先级。高优先级的中断可以中断低优先级的中断，即中断嵌套。

　　本任务中采用 6 只发光二极管模拟交通信号灯，以单片机的 P1 口控制这 6 只发光二极管。在 P1 口与发光二极管之间采用 74LS07 作驱动电路，P1 口输出高电平则"信号灯"熄灭，输出低电平则"信号灯"点亮。各口线控制功能及相应控制码（P1 端口数据）如表 7-2 所示。

表 7-2　交通灯控制码表

| P1.7 | P1.6 | P1.5 | P1.4 | P1.3 | P1.2 | P1.1 | P1.0 | P1 口控制码 | 状态说明 |
|---|---|---|---|---|---|---|---|---|---|
| 空 | 空 | B 线绿灯 | B 线黄灯 | B 线红灯 | A 线绿灯 | A 线黄灯 | A 线红灯 | | |
| 1 | 1 | 1 | 1 | 0 | 0 | 1 | 1 | F3H | A 线放行，B 线禁止 |
| | | 1 | 1 | 0 | 1 | 0 | 1 | F5H | A 线警告，B 线禁止 |
| | | 0 | 1 | 1 | 1 | 1 | 0 | DEH | A 线禁止，B 线放行 |
| | | 1 | 0 | 1 | 1 | 1 | 0 | EEH | A 线禁止，B 线警告 |

　　本例中，特殊情况和紧急情况分别作为一个中断事件，故采用两个外部中断。

　　将按键分别模拟 A、B 道的车辆检测信号。按键一端接到单片机的 P3.0 口和

P3.1 口,并上拉到 $V_{CC}$(+5 V),另外一端接到 GND(电源地)。通常情况下,按键没有按下,P3.0 口和 P3.1 口为高电平,表示有车;当有键按下时,P3.0、P3.1 为低电平,表示无车。若 P3.0、P3.1 口状态相同时,属正常情况;若 P3.0、P3.1 状态不同时,则属特殊情况,应引起 INT1 中断。因此,引起 INT1 中断的条件应是:$\overline{INT1}$ = $\overline{K1 \oplus K2}$。在硬件电路图中可以看到,P3.0、P3.1 口接到"或"门 74LS86 的输入端,"或"门的输出接了一个非门 74LS04,非门的输出接到 INT1 输入端(P3.3 口)。

用按键 K2 的状态模拟紧急车辆检测信号,按键 K2 一端接到 INT0 输入端(P3.2 口),并上拉到 $V_{CC}$,另外一端接地。当 P3.2 口为低电平时,属紧急情况;当 P3.2 口为高电平时,属非紧急情况。

除了单片机最小系统包含的晶振和复位电路外,根据上面的介绍,设计出硬件电路如图 7-2 所示。

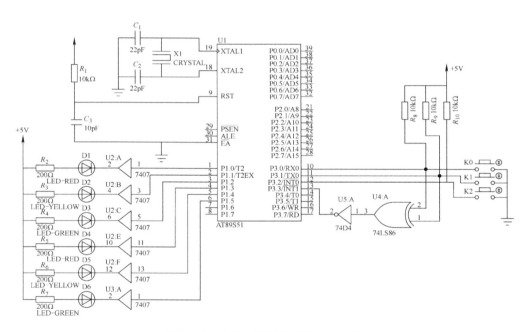

图 7-2 交通灯模拟控制系统电路图

2. 控制源程序

下面开始编写程序,首先要掌握单片机中断系统的初始化过程,其次要了解中断的响应过程,最后要学会如何编写中断服务程序。

中断的初始化就是主程序开始,对中断进行参数设置,比如说设置中断触发方式、中断的优先级、允许中断等。中断的触发方式通过 TCON 寄存器进行设置,可设置成低电平触发或者下降沿触发两种方式。本例中采用低电平触发方式。当 P3.2 或者 P3.3 端口为低电平时,触发中断。中断优先级通过 IP 寄存器进行设置。特殊情况下是 INT1,紧急情况下是 INT0。根据要求,将 INT0 设置为高优先级中断,而

INT1 采用默认的低优先级。在正常情况下,如果出现紧急情况或者特殊情况,都可以产生中断。在特殊情况下,如果出现紧急情况,则中断 INT1 服务程序的执行,先去执行 INT0 服务程序。另外,还要允许中断,即使能中断 INT0、INT1 和总中断 EA。

中断过程包括中断请求、中断响应、中断服务、中断返回四个阶段。中断请求是中断源将相应请求中断的标志位置"1",表示发出请求,并由 CPU 查询。中断响应是在中断允许条件下响应中断。中断服务是根据入口地址转中断服务程序,包含保护现场、执行中断主体、恢复现场。中断返回是执行中断返回 RETI 指令,断点出栈,开放中断允许,返回原程序。

该任务中,使用两个外部中断。编写程序时,在主程序开始,需要设置外中断触发方式、优先级和开启中断。主程序采用反复调用延时子程序的方式以实现更长时间的定时,由 R7 寄存器确定调用 0.5 s 延时子程序的次数,从而获取交通灯的各种时间。0.5 s 延时子程序可采用以前学过的软件延时编写方法,即用 DJNZ 反复执行指令,达到 CPU 延时的目的,也可以应用本章将要学习的单片机内部定时器实现。

出现特殊情况时,进入 INT1 中断服务程序。首先要保护现场,将该中断关闭,在软件中查询 P3.0 和 P3.1 端口的状态,判断哪一道有车,控制相应的交通灯点亮,并保持 5 s 的延时。5 s 后恢复现场,重新开启中断,并返回主程序。在正常情况和特殊情况下,当有紧急车辆出现时,关闭总中断,保护现场,并点亮两条路的红灯,禁止其他所有车辆的通行,延时 20 s,恢复现场,开启总中断,并返回主程序。

交通信号灯模拟控制系统主程序及中断服务程序的流程图如图 7-3 所示。

控制源程序 1 如下。

```
         ORG     0000H
         LJMP    START          ;上电进入主程序
         ORG     0003H
         LJMP    DUAN0          ;紧急情况中断服务程序入口
         ORG     0013H
         LJMP    DUAN1          ;特殊情况中断服务程序入口
         ORG     0030H
START:   MOV     SP,#60H
         SETB    PX0            ;外部中断 0 为高优先级
         MOV     TCON,#00H      ;外部中断为电平触发方式
         MOV     IE,#85H        ;开 CPU 中断,开外中断 0、1
DISP:    MOV     P1,#0F3H       ;A 绿灯放行,B 红灯禁止
         MOV     R2,#6EH        ;置 0.5 s 循环次数
DISP1:   ACALL   DELAY          ;调用 0.5 s 延时子程序
         DJNZ    R2,DISP1       ;55 s 不到继续循环
```

|  |  |  |  |
|---|---|---|---|
|  | MOV | R2,♯06 | ;置 A 绿灯闪烁循环次数 |
| WARN1: | CPL | P1.2 | ;A 绿灯闪烁 |
|  | ACALL | DELAY |  |
|  | DJNZ | R2,WARN1 | ;闪烁次数未到继续循环 |
|  | MOV | P1,♯0F5H | ;A 黄灯警告,B 红灯禁止 |
|  | MOV | R2,♯04H |  |
| YEL1: | ACALL | DELAY |  |
|  | DJNZ | R2,YEL1 | ;2 s 未到继续循环 |
|  | MOV | P1,♯0DEH | ;A 红灯,B 绿灯 |
|  | MOV | R2,♯32H |  |
| DISP2: | ACALL | DELAY |  |
|  | DJNZ | R2,DISP2 | ;25 s 未到继续循环 |
|  | MOV | R2,♯06H |  |
| WARN2: | CPL | P1.5 | ;B 绿灯闪烁 |
|  | ACALL | DELAY |  |
|  | DJNZ | R2,WARN2 |  |
|  | MOV | P1,♯0EEH | ;A 红灯,B 黄灯 |
|  | MOV | R2,♯04H |  |
| YEL2: | ACALL | DELAY |  |
|  | DJNZ | R2,YEL2 |  |
|  | AJMP | DISP | ;循环执行主程序 |
| DUAN0: | CLR | EA | ;关总中断 |
|  | PUSH | 00H | ;寄存器 R0 入栈保护 |
|  | PUSH | 01H | ;寄存器 R1 入栈保护 |
|  | PUSH | 90H | ;寄存器 P0 入栈保护 |
|  | PUSH | 06H | ;寄存器 R6 入栈保护 |
|  | PUSH | ACC | ;累加器 ACC 入栈保护 |
|  | MOV | A,P1 |  |
|  | MOV | P1,♯0F6H | ;A、B 道均为红灯 |
|  | MOV | R4,♯40 |  |
| PPP: | ACALL | DELAY | ;延时 20 s |
|  | DJNZ | R4,PPP |  |
|  | MOV | P1,A |  |
|  | SETB | EA | ;开中断 |
|  | POP | ACC | ;累加器 ACC 出栈 |
|  | POP | 06H | ;寄存器 R6 出栈 |

```
                POP       90H               ;寄存器 P0 出栈
                POP       01H               ;寄存器 R1 出栈
                POP       00H               ;寄存器 R0 出栈
                RETI                        ;返回主程序
    DUAN1：     CLR       EX1               ;关外中断 1
                MOV       A,P1
                PUSH      00H               ;压栈保护现场
                PUSH      01H
                JNB       P3.0,BP           ;A 道无车转向
                MOV       P1,≠0F3H          ;A 绿灯,B 红灯
                SJMP      DELAY1            ;转向 5 s 延时
    BP：        JNB       P3.1,EXIT         ;B 道无车退出中断
                MOV       P1,≠0DEH          ;A 红灯,B 绿灯
    DELAY1：    MOV       R6,≠0AH           ;置 0.5 s 循环初值
    NEXT：      ACALL     DELAY
                DJNZ      R6,NEXT           ;5 s 未到继续循环
    EXIT：      POP       01H               ;出栈恢复
                POP       00H
                MOV       P1,A
                SETB      EX1               ;开外中断 1
                RETI
    DELAY：     MOV       R0,≠250           ;0.5 s 延时,6 MHz 晶振
    DEL1：      MOV       R1,≠250
    DEL2：      NOP
                NOP
                DJNZ      R1,DEL2
                DJNZ      R0,DEL1
                RET
                END
```

**3. 源程序的编辑、编译与下载**

打开 Keil 和 PROTEUS 虚拟仿真软件进行程序的编辑、编译、模拟仿真。打开下载软件,将目标文件下载到目标板上的 AT89S51 单片机芯片中,观察程序运行结果。

在上面的实例中,运用中断传送方式实现了交通灯三种运行状态的控制。可以说,中断系统在单片机应用中非常广泛。下面深入学习单片机的中断系统控制方法。

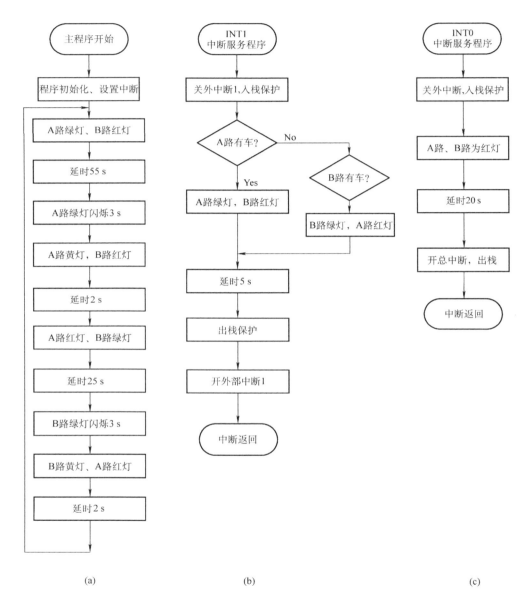

图 7-3　交通灯控制程序流程图

(a)正常情况;(b)特殊情况;(c)紧急情况

## 7.1.1　CPU 与外部设备的数据传送方式

　　单片机工作时,需要通过输入/输出(I/O)设备与外界进行信息交换,程序、数据或从现场采集到的各种信号要通过输入设备送到 CPU 中去处理。CPU 处理后的结果或各种控制信号要送到输出装置或执行机构,以便实现打印、显示或其他各种控制动作。通常 CPU 与 I/O 设备间进行信息交换的方式主要有以下几种。

1. 无条件传送方式

无条件传送方式是指 CPU 总认为外设处于准备好的状态,直接向外设输出数据或从外设读入数据。这是一种最简单、最直接的传送方式,所需硬件少,编程简单,一般用于外围设备始终处于待命状态的场合。前面所学过的 LED 显示器数据传送就是无条件传送方式。

2. 程序查询传送方式

程序查询传送方式是指 CPU 在与外围设备进行数据传送前,先对外围设备的状态进行查询。若确定外围设备已经准备就绪,CPU 执行输入输出指令,进行数据传送,否则,CPU 继续进行查询,直到外围设备准备就绪为止。这种先查询后传送的方式又称为条件传送方式,其流程如图 7—4 所示。

3. 中断传送方式

用程序查询方式传送数据时,CPU 要不断地查询外围设备的状态。若外围设备尚未准备就绪,CPU 只能反复查询等待。由于外围设备的工作速度一般远低于CPU 的工作速度,因此,CPU 用于等待的时间远远超过数据传送时间。因此,在程序查询方式下,CPU 的工作效率很低。为了充分发挥 CPU 的工作效率,通常采用中断传送方式。

在中断传送方式时,CPU 接到外围设备的处理请求后,暂停执行原来的程序,转去执行对外设请求的处理,与外围设备进行数据交换,数据交换完后,返回到原来的程序处继续执行。图 7—5 是中断方式的示意图。

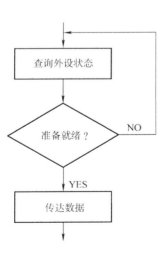

图 7—4　查询方式流程图

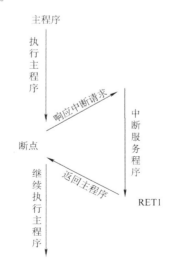

图 7—5　中断方式示意图

显然,采用中断方式传送,避免了程序查询等待时间,CPU 可以不管外围设备而做其他很多事情(执行主程序),仅当外围设备请求中断时,才转去为其服务(传送数据),因此大大提高了 CPU 的工作效率。

在上面的任务要求中提到,当一道有车而另一道无车或有紧急车辆通过时,应暂时停止当前正常的交通灯显示,转而处理这些特殊情况。这其实就是中断方式的一个典型应用。中断控制是现代计算机系统中广泛应用的实时控制技术,能对突发事件进行及时处理,从而大大提高系统的实时性能。下面继续以 AT89S51 单片机为例介绍有关中断的知识。

### 7.1.2　单片机中断源与内部结构

1. 中断源

AT89S51 单片机的中断源共有 5 个,分为外部中断源、片内溢出中断源、串行口中断源。外部中断源可以分为由 P3.2 引脚输入的$\overline{\text{INT0}}$中断以及由 P3.3 引脚输入的$\overline{\text{INT1}}$中断。片内溢出中断源分为定时器 T0 中断和定时器 T1 中断。串行口中断源只有一个,片内串行数据的接收或发送中断。这 5 个中断源在程序存储器中各有中断服务程序入口地址,这个地址也称为矢量地址。当 CPU 响应中断时,硬件自动形成各自的入口地址,由此进入中断服务程序,从而实现了正确的转移。这些中断源的符号、名称、产生条件和中断服务入口地址如表 7—3 所示。

表 7—3　AT89S51 单片机中断源

| 中断源符号 | 名称 | 中断引起原因 | 中断矢量地址 |
|---|---|---|---|
| $\overline{\text{INT0}}$ | 外部中断 0 | 由 P3.2 低电平或下降沿信号 | 0003H |
| $\overline{\text{INT1}}$ | 外部中断 1 | 由 P3.3 低电平或下降沿信号 | 0013H |
| T0 | 定时器 0 中断 | 定时/计数器 0 回零溢出 | 000BH |
| T1 | 定时器 1 中断 | 定时/计数器 1 回零溢出 | 001BH |
| TI/RI | 串行中断 | 串行口接收或发送完一帧数据引起中断 | 0023H |

2. 中断系统内部结构

由图 7—1 可知,与中断有关的寄存器有 4 个,分别为中断源寄存器 TCON 和 SCON、中断允许控制寄存器 IE 和中断优先级控制寄存器 IP;5 个中断源的排列顺序由中断优先级控制寄存器 IP 和顺序查询逻辑电路共同决定,5 个中断源分别对应 5 个固定的中断入口地址。

### 7.1.3　中断控制

如上所述,MCS—51 单片机中断系统中共有 4 个控制寄存器,即定时器控制中断寄存器 TCON、中断允许控制寄存器 IE、中断优先级控制寄存器 IP 及串行口控制寄存器 SCON。CPU 与用户对中断系统的控制都是通过这些控制寄存器实现的。

1. 定时器/计数器控制寄存器 TCON

TCON 的作用是控制定时器的启动、停止,标志定时器的溢出和中断情况。定时器控制字 TCON 的格式如表 7—4 所示。

表 7—4　TCON 格式表

| 8FH | 8EH | 8DH | 8CH | 8BH | 8AH | 89H | 88H |
|---|---|---|---|---|---|---|---|
| $TF_1$ | $TR_1$ | $TF_0$ | $TR_0$ | $IE_1$ | $IT_1$ | $IE_0$ | $IT_0$ |
| $T_1$ | | | $T_0$ | | | | |

各位含义如下。

1）TCON.7（$TF_1$）　定时器 1 溢出标志位。当定时器 1 计数满产生溢出时，由硬件自动置 $TF_1$＝1。在中断允许时，向 CPU 发出定时器 1 的中断请求，进入中断服务程序后，由硬件自动清 0。在中断屏蔽时，TF 可作查询测试用，此时只能由软件清 0。

2）TCON.6（$TR_1$）　定时器 1 运行控制位。由软件置 1 或清 0 来启动或关闭定时器 1。当 GATE＝1（参见后续章节中定时/计数器方式寄存器 TMOD 的用法）且 $\overline{INT1}$ 为高电平时，$TR_1$ 置 1 启动定时器 1；当 GATE＝0 时，$TR_1$ 置 1 即可启动定时器 1。

3）TCON.5（$TF_0$）　定时器 0 溢出标志位。其功能及操作情况同 $TF_1$。

4）TCON.4（$TR_0$）　定时器 0 运行控制位。其功能及操作情况同 $TR_1$。

5）TCON.3（$IE_1$）　外部中断 1（$\overline{INT1}$）请求标志位。$IE_1$＝1 时，表示 $\overline{INT1}$ 向 CPU 请求中断。

6）TCON.2（$IT_1$）　外部中断 1 触发方式选择位。$IT_1$＝0，外部中断 1 被设为电平触发方式；$IT_1$＝1，外部中断 1 被设为边沿触发方式。当 IT1 位设置为电平触发方式时，CPU 将在每一个机器周期的 S5P2 时刻采样 $\overline{INT1}$（P3.3）的输入电平，当采样到低电平时，将标志位 $IE_1$ 置"1"，然后向 CPU 发出中断申请。采用电平触发方式时，外部中断源 1 必须保持低电平有效，直到该中断被 CPU 响应。同时在该中断服务程序执行完之前，外部中断源 1 的申请必须被撤除（由软件完成），否则将产生另一次中断。

当 $IT_1$ 位设置为边沿触发方式时，CPU 将在每一个机器周期的 S5P2 时刻采样 $\overline{INT1}$（P3.3）的输入电平。如果相继的两次采样，第一个机器周期中采样到 $\overline{INT1}$ 为高电平，接着的下个周期中采样到 $\overline{INT1}$ 为低电平时，则将标志位 $IE_1$ 置"1"。然后向 CPU 发出中断申请。因为每个机器周期采样一次外部输入电平，故采用边沿触发方式时，外部中断源输入的高、低电平时间都必须保持 12 个振荡周期以上，这样才能保证 CPU 可靠地检测到 $\overline{INT1}$ 上电平由高到低的跳变。

7）TCON.1（$IE_0$）　外部中断 0（$\overline{INT0}$）请求标志位，其功能及操作情况同 $IE_1$。

8）TCON.0（$IT_0$）　外部中断 0 触发方式选择位，其功能及操作情况同 $IT_1$。

TCON 中的低 4 位用于控制外部中断，与定时器/计数器无关。当系统复位时，

TCON 的所有位均清 0。

TCON 的字节地址为内部 RAM88H，可以位寻址，清溢出标志位或启动定时器都可以用位操作指令。如"SETB TR1"、"JBC TF1，LP"。

2. 串行控制寄存器 SCON

SCON 的详细内容将在第 8 章学习。

3. 中断允许控制寄存器 IE

对中断源的开放或屏蔽是由中断允许寄存器 IE 控制的，地址为 0A8H，既可以按字节寻址，也可以按位寻址。当单片机复位时，IE 被清 0。

通过对 IE 的各位的置 1 或清 0 操作，可以实现开放或屏蔽某个中断。其格式如表 7－5 所示。

表 7－5　中断允许控制寄存器 IE 的格式

| 位地址 | 0AFH | …… | 0ACH | 0ABH | 0AAH | 0A9H | 0A8H |
|---|---|---|---|---|---|---|---|
| 位名称 | EA | …… | ES | $ET_1$ | $EX_1$ | $ET_0$ | $EX_0$ |

中断允许寄存器 IE 对中断的开放和关闭实行两级控制。所谓两级控制，就是有一个总的中断控制位 EA。当 EA＝0 时，屏蔽所有的中断申请，即任何中断申请都不接受；当 EA＝1 时，CPU 开放中断，但 5 个中断源还要由 IE 低 5 位的各对应控制位的状态进行中断允许控制。IE 的各位的含义如下。

1）IE.7(EA)　总中断允许控制位。当 EA 位为 0 时，屏蔽所有的中断；当 EA 位为 1 时，开放所有的中断。

2）IE.4(ES)　串行口中断允许控制位。当 ES 位为 0 时，屏蔽串行口中断；当 ES 位为 1 且 EA 位也为 1 时，开放串行口中断。

3）IE.3($ET_1$)　定时器/计数器 $T_1$ 的中断允许控制位。当 $ET_1$ 位为 0 时，屏蔽 $T_1$ 的溢出中断；当 $ET_1$ 位为 1 且 EA 位也为 1 时，开放 $T_1$ 的溢出中断。

4）IE.2($EX_1$)　外部中断 1 允许控制位。当 $EX_1$ 位为 0 时，屏蔽；当 $EX_1$ 位为 1 且 EA 位也为 1 时，开放。

5）IE.1($ET_0$)　定时器/计数器 $T_0$ 的中断允许控制位。功能与 $ET_1$ 相同。

6）IE.0($EX_0$)　外部中断 0 允许控制位。功能与 $EX_1$ 相同。

对 IE 中各位的状态，可利用指令分别进行置 1 或清 0，以实现对所有中断源的中断开放控制和对各中断源的独立中断开放控制。当 CPU 在复位状态时，IE 中的各位都被清 0。

【例 7－1】　假设允许开放外部中断 1 及定时器 $T_0$、$T_1$，禁止其他中断。试设置 IE。

［解］

根据条件 IE 应为 10001110B。

①用字节操作指令：

  MOV IE,≠8EH     ;8EH=10001110B

或 MOV 0A8H,≠8EH   ;0A8H 为 IE 寄存器的首地址

②用位操作指令：

  SETB EA       ;开总中断

  SETB $ET_1$       ;开定时器中断 1

  SETB $EX_1$       ;开外部中断 1

  SETB $ET_0$       ;开定时器中断 0

4. 中断优先级控制寄存器 IP

AT89S51 单片机有两个中断优先级,每一个中断请求源均可编程为高优先级中断或低优先级中断,从而实现二级中断嵌套。为了实现对中断优先权的管理,在单片机内部提供了一个中断优先级寄存器 IP,其字节地址为 0B8H,既可以按字节形式访问,又可以按位的形式访问。其格式如表 7-6 所示。

表 7-6 优先级控制寄存器 IP 的格式

| 位地址 | 0BCH | 0BBH | 0BAH | 0B9H | 0B8H |
|--------|------|------|------|------|------|
| 位名称 | PS | $PT_1$ | $PX_1$ | $PT_0$ | $PX_0$ |

各位的功能描述如下。

1)IP.4(PS) 串行口中断优先控制位。PS = 1,设定串行口为高优先级中断;PS = 0,设定串行口为低优先级中断。

2)IP.3($PT_1$) 定时器 $T_1$ 中断优先控制位。$PT_1$=1,设定定时器 $T_1$ 中断为高优先级中断;$PT_1$=0,设定定时器 $T_1$ 中断为低优先级中断。

3)IP.2($PX_1$) 外部中断 1 中断优先控制位。$PX_1$=1,设定外部中断 1 为高优先级中断;$PX_1$ = 0,设定外部中断 1 为低优先级中断。

4)IP.1($PT_0$) 定时器 $T_0$ 中断优先控制位。$PT_0$ = 1,设定定时器 $T_0$ 中断为高优先级中断;$PT_0$ = 0,设定定时器 $T_0$ 中断为低优先级中断。

5)IP.0($PX_0$) 外部中断 0 中断优先控制位。$PX_0$ = 1,设定外部中断 0 为高优先级中断;$PX_0$ = 0,设定外部中断 0 为低优先级中断。

当系统复位后,IP 低 5 位全部清 0,所有中断源均设定为低优先级中断。当同时发生多个中断申请时,按照以下原则处理：

①不同优先级的中断同时申请——先高后低;

②相同优先级的中断同时申请——按序执行;

③正处理低优先级中断又接到高级别中断——高打断低;

④正处理高优先级中断又接到低级别中断——高不理低。

如果几个同一优先级的中断源同时向 CPU 申请中断,CPU 通过内部硬件查询

逻辑,按自然优先级顺序确定先响应哪个中断请求。自然优先级由硬件形成,排列如表 7-7 所示。

表 7-7　单片机中断优先级顺序

| 中断源 | 中断标志 | 默认优先级 |
|---|---|---|
| 外中断$\overline{INT0}$ | $IE_0$ | 最高 |
| 定时器 $T_0$ | $TF_0$ | |
| 外中断$\overline{INT1}$ | $IE_1$ | |
| 定时器 $T_1$ | $TF_1$ | |
| 串行口中断 | TI,RI | 最低 |

【例 7-2】　要将 $T_1$ 定义为最高优先级,其他中断定义为低优先级,如何设置 IP?

[解]

只要置 $PT_1=1$,即将 00001000(08H)送入 IP。

①用字节操作指令:

MOV IP,♯08H

②用位操作指令:

SETB $PT_1$

【例 7-3】　若 IP=13H,则各中断源的优先顺序如何?

[解]

IP=00010011B,串行口、外部中断 0 和 T0 为高优先级中断,其余为低优先级,即

外部中断 0→T0→串行口→外部中断 1→T1

单片机复位后,特殊功能寄存器 IE 和 IP 的内容均为 0,由用户在初始化程序中对 IE 和 IP 进行初始化,开放或屏蔽某些中断并设置它们的优先权。

## 7.1.4　中断响应

CPU 响应中断申请时,首先使优先级有效位置位,以阻止同级或低级的中断申请;然后把程序计数器 PC 的内容压入堆栈,再把与中断源对应的中断服务程序入口地址送到程序计数器 PC;同时清除某些中断标志。以上过程均由中断系统自动完成。

1. 中断响应的条件

CPU 并非任何时刻都响应中断请求,而是在中断响应条件满足之后才会响应。CPU 响应中断的条件有:

①有中断源发出中断请求;

②中断总允许位 EA=1;

③申请中断的中断源允许。

满足以上基本条件,CPU 一般会响应中断,但若有下列任何一种情况存在,则中断响应会受到阻断:

①CPU 正在响应同级或高优先级的中断;

②当前指令未执行完;

③正在执行 RETI 中断返回指令或访问专用寄存器 IE 和 IP 的指令。

若存在上述任何一种情况,中断查询结果即被取消,CPU 不响应中断请求而在下一机器周期继续查询。否则,CPU 在下一机器周期响应中断。

2. 中断响应的过程

中断过程包括中断请求、中断响应、中断服务和中断返回 4 个阶段。

1)中断请求　中断源将相应请求中断的标志位置"1",表示发出请求,并由 CPU 查询。

2)中断响应　在中断允许条件下响应中断。断点入栈→撤除中断标志→关闭低同级中断允许→中断入口地址送 PC。这些工作都是由硬件自动完成的。

3)中断服务　根据入口地址转中断服务程序,包含保护现场、执行中断主体、恢复现场。

4)中断返回　执行中断返回 RETI 指令→断点出栈→开放中断允许→返回原程序。

当 CPU 响应某一中断时,若有优先权高的中断源发出中断请求,则 CPU 能中断正在进行的中断服务程序,并保留这个程序的断点,响应高级中断。高级中断处理结束以后,再继续进行被中断的服务程序,这个过程称为中断嵌套。其流程如图7-6所示。如果发出新的中断请求的中断源的优先权级别与正在处理的中断源同级或更低时,CPU 不会响应这个中断请求,直至正在处理的中断服务程序执行完以后才能去处理新的中断请求。

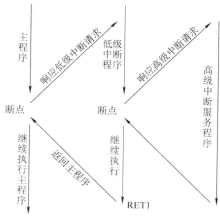

图 7-6　中断嵌套流程图

中断响应的主要内容就是由硬件自动生成一条长调用指令(LCALL addr16)，CPU 执行这条长调用指令便响应中断,转入相应的中断服务程序。这里的 addr16 就是程序存储器中相应的中断服务程序的入口地址,单片机 5 个中断源的中断服务程序入口地址是固定的,如表 7-8 所示。

表 7-8　各中断及其入口地址

| 中断源 | 入口地址 |
| --- | --- |
| 外中断$\overline{INT0}$ | 0003H |
| 定时器 $T_0$ | 000BH |
| 外中断$\overline{INT1}$ | 0013H |
| 定时器 $T_1$ | 001BH |
| 串行口中断 | 0023H |

5 个中断源的中断服务入口地址之间相差 8 个单元。这 8 个存储单元用来存储中断服务程序一般来说是不够的。用户常在中断服务程序地址入口处放一条三字节的长转移指令。一般地,主程序从 0030H 单元以后开始存放。例如:

```
        ORG     0000H
        LJMP    MAIN            ;转入主程序,MAIN 为主程序地址标号
        ORG     0003H
        LJMP    D_INT0          ;转外部中断 INT0 服务程序
        ORG     000BH
        LJMP    D_T0            ;转定时器 T0 中断服务程序
        ……
        ORG     0030H
MAIN:   ……                    ;主程序开始
```

3. 中断请求的撤除

CPU 响应中断请求后即进入中断服务程序,在中断返回前,应撤除该中断请求,否则,会重复引起中断而导致错误。各中断源中断请求撤消的方法各不相同,分别为如下。

(1)定时器中断请求的撤除

对于定时器 0 或 1 溢出中断,CPU 在响应中断后即由硬件自动清除其中断标志位 $TF_0$ 或 $TF_1$,无需采取其他措施。

(2)串行口中断请求的撤除

对于串行口中断,CPU 在响应中断后,硬件不能自动清除中断请求标志位 TI、RI,必须在中断服务程序中用软件将其清除。

(3)外部中断请求的撤除

外部中断可分为边沿触发型和电平触发型。

对于边沿触发的外部中断 0 或 1,CPU 在响应中断后由硬件自动清除其中断标

志位 $IE_0$ 或 $IE_1$,无需采取其他措施。

　　对于电平触发的外部中断,其中断请求撤除方法较复杂。因为对于电平触发外中断,CPU 在响应中断后,硬件不会自动清除其中断请求标志位 $IE_0$ 或 $IE_1$,同时也不能用软件将其清除。所以,在 CPU 响应中断后,应立即撤除 $\overline{INT0}$ 或 $\overline{INT1}$ 引脚上的低电平。否则,就会引起重复中断而导致错误。CPU 又不能控制 $\overline{INT0}$ 或 $\overline{INT1}$ 引脚的信号,只有通过硬件再配合相应软件才能解决这个问题。图 7－7 是可行方案之一。

　　由图可知,外部中断请求信号不直接加在 $\overline{INT0}$ 或 $\overline{INT1}$ 引脚上,而是加在 D 触发器的 CLK 端。由于 D 端接地,当外部中断请求的正脉冲信号出现在 CLK 端时,Q 端输出为 0,$\overline{INT0}$ 或 $\overline{INT1}$ 为低,外部中断向单片机发出中断请求。利用 P1 口的 P1.0 作为应答线,当 CPU 响应中断后,可在中断服务程序中采用两条指令撤除外部中断请求:

$$ANL \quad P1,\#0FEH$$
$$ORL \quad P1,\#01H$$

第一条指令使 P1.0 为 0,因 P1.0 与 D 触发器的异步置 1 端 SD 相连,Q 端输出为 1,从而撤除中断请求。第二条指令使 P1.0 变为 1,$\overline{Q}=1$,Q 继续受 CLK 控制,即新的外部中断请求信号又能向单片机申请中断。第二条指令是必不可少的,否则,将无法再次形成新的外部中断。

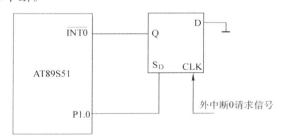

图 7－7　撤除外部中断请求的电路示意图

　4. 中断初始化

中断初始化要完成以下操作。

　　①设置中断允许寄存器 IE,由于单片机上电复位时,IE＝00H,因此,禁止中断的位不必清 0。

　　②设置中断优先级寄存器 IP,上电复位时 IP＝00H,因此用户只要用 SETB 指令将需要设定为高优先级的中断源控制位置 1 即可。

　　③若用外中断源 $\overline{INT0}$ 或 $\overline{INT1}$,应规定是低电平还是负跳沿触发。为此,应对 TCON 的两个控制位 IT0 和 IT1 设定。单片机复位 TCON＝00H,IT0、IT1 自动选择低电平触发中断。

　　④上电复位 SP＝07H。中断处理需要保护断点和现场,用户应在片内 RAM 区选择一个合适栈区容量和位置,原则是栈区不要和其他 RAM 数据区发生重叠和冲突,以免发生信息混乱、丢失,一般需要对 SP 重新设定,例如,设定 SP＝50H。

⑤采用中断工作方式时,软件部分有初始化主程序和中断服务程序两部分。这就需要对内存单元容量、地址空间合理分配,需要解决中断源、中断矢量和对应中断程序实际入口地址的确定和软件连接问题。

# 7.2　任务十二——基于单片机的方波发生器设计

**【学习目标】**设计一个方波发生器,熟悉和掌握单片机的定时/计数器及其相应的控制寄存器,并能利用定时/计数器和中断系统编制程序实现较复杂系统的控制。

**【任务描述】**用 AT89S51 单片机设计一方波发生器,晶振采用 12 MHz。实现周期为 100 ms 的方波的输出。

1. 硬件电路与工作原理

该任务的硬件电路比较简单,实现方波输出就是利用单片机的某个 I/O 口交替输出高低电平,且高电平和低电平的延时时间是一样的。具体电路如图 7-8 所示。在单片机最小应用系统的基础上,由 P3.0 和 P3.1 两个端口产生相位相反的方波,可用示波器来观测它的波形。高低电平的时间通过单片机内部定时器 T0 的定时控制,并结合中断,实现方波发生器的功能。

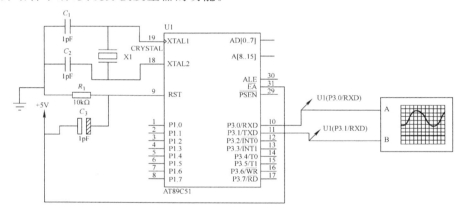

图 7-8　方波发生器电路原理图

单片机应用系统中实现定时的方法一般有以下三种。

1)软件定时　让 CPU 执行一段程序进行延时。这个程序段本身没有安排其他执行目的,只是利用该程序段的执行花费一个固定时间。通过适当的选择指令和安排循环次数,可调节这段程序执行所需时间的长短。其特点是定时时间精确,不需外加硬件电路,但占用 CPU 时间。因此软件定时的时间不宜过长。

2)硬件定时　利用硬件电路实现定时。例如采用 555 电路,外接必要的元器件(电阻和电容),即可构成硬件定时电路。但在硬件连接好以后,定时值与定时范围不能由软件进行控制和修改,即不可编程。其特点是不占用 CPU 时间,通过改变电路元器件参数来调节定时,使用不够灵活方便。

3)可编程定时器　通过专用的定时器/计数器芯片实现。其特点是通过对系统时钟脉冲进行计数实现定时,定时时间可通过程序设定的方法改变,使用灵活方便。也可实现对外部脉冲的计数功能。

该任务中的延时可以利用单片机内部的可编程定时器实现。AT89S51 单片机内部有两个 16 位可编程的定时器/计数器,简称为 T0 和 T1,均可用作定时器,也可以作为计数器。它们均是二进制加法计数器。当计数器计满回零时能自动产生溢出中断请求,表示定时时间已到或计数已终止。它适用于定时控制、延时、外部计数和检测等。

所谓定时,就是指对系统晶振振荡脉冲的 12 分频输出进行计数。所谓计数,指的是对引脚 T0(P3.4)和 T1(P3.5)输入的外部脉冲信号计数。当输入脉冲信号从 1 到 0 的负跳变时,计数器就自动加 1。

单片机内部有两个 16 位的可编程定时/计数器,可编程选择其作为定时器用或作为计数器用。此外,工作方式、定时时间、计数值、启动、中断请求等都可以由程序设定。其逻辑结构如图 7—9 所示。

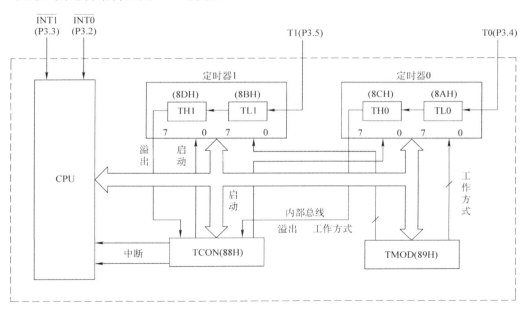

图 7—9　定时器/计数器逻辑结构图

由图可知,定时/计数器由定时器 0、定时器 1、定时器方式寄存器 TMOD 和定时器控制寄存器 TCON 组成。

定时器 0 和定时器 1 是 16 位加法计数器,分别由两个 8 位专用寄存器组成。定时器 0 由 TH0 和 TL0 组成,定时器 1 由 TH1 和 TL1 组成。TL0、TL1、TH0、TH1

的访问地址依次为 8AH~8DH,每个寄存器均可单独访问。定时器 0 或定时器 1 用作计数器时,对芯片引脚 T0(P3.4)或 T1(P3.5)上输入的脉冲计数,每输入一个脉冲,加法计数器加 1。用作定时器时,对内部机器周期脉冲计数。由于机器周期是定值,故计数值确定时,时间也随之确定。TMOD、TCON 与定时器 0、定时器 1 间通过内部总线及逻辑电路连接,TMOD 用于设置定时器的工作方式,TCON 用于控制定时器的启动与停止。

当定时/计数器设置为定时工作方式时,计数器对内部机器周期计数,每过一个机器周期,计数器增 1,直至计满溢出。定时器的定时时间与系统的振荡频率紧密相关。AT89S51 单片机的一个机器周期由 12 个振荡脉冲组成,计数频率为晶体振荡频率的 1/12。如果单片机系统采用 12 MHz 晶振,则计数周期为 1μs(12 个振荡周期,1 个机器周期),这是最短的定时周期,适当选择定时器的初值可获取各种定时时间。

当定时/计数器设置为计数工作方式时,计数器对来自输入引脚 T0(P3.4)和 T1(P3.5)的外部信号计数,外部脉冲的下降沿将触发计数。最高检测频率为振荡频率的 1/24。计数器对外部输入信号的占空比没有特别的限制,但必须保证输入信号的高电平与低电平的持续时间在一个机器周期以上。

当设置定时器的工作方式并启动定时器工作后,定时器就按被设定的工作方式独立工作,不再占用 CPU 的操作时间,只有在计数器计满溢出时才可能中断 CPU 当前的操作。

2. 控制源程序

本任务的硬件电路设计简单,主要工作量是软件设计部分,需要对定时/计数器进行初始化编程以及中断服务程序编写。初始化过程包括设置定时器工作模式、设置定时初值、开定时器中断和启动定时器等。定时器的工作方式通过寄存器 TMOD 设置,控制及中断通过 TCON 设定。其中,定时器的有四种工作方式。工作方式不同,设定的初值也不同。

方波发生器的初始化如下。

①工作方式:周期为 100 ms,半周期为 50 ms,采用定时器方式 1。

②确定定时时间初值:周期为 100 ms,占空比为 0.5,高、低电平的时间为 50 ms。因采用 12 MHz 晶振,故机器周期为 1 μs。定时的初值为:

$$X = 2^{16} - \frac{T_{设定}}{T_{机器周期}} = 65536 - \frac{50\ ms}{1\ \mu s} = 15536 = 3CB0H$$

故 TH0＝3CH,TL0＝0B0H。

源程序设计如下。

```
ORG      0000H
SJMP     START
```

```
            ORG     000BH
            SJMP    D_T0                ;定时器 T0 中断入口地址
            ORG     0030H
START：     MOV     TMOD,≠01H           ;定时器 T0 采用方式 0
            MOV     P3,≠0FEH            ;初始状态 P3.0＝0,P3.1＝1
            MOV     TH0,≠3cH            ;T0 初值
            MOV     TL0,≠0B0H
            MOV     IE,≠0FFH            ;开中断
            SETB    TR0                 ;启动定时器 T0
            SJMP    $
D_T0：      CLR     TR0                 ;关闭定时器 T0
            CLR     EA                  ;关中断
            CPL     P3.0                ;输出取反
            CPL     P3.1
            MOV     TH0,≠3CH            ;定时器 T0 赋初值
            MOV     TL0,≠0B0H
            SETB    TR0                 ;启动定时器 T0
            SETB    EA                  ;开中断
            RETI                        ;中断返回
            END
```

程序运行监控画面图 7－10 所示。

电路中两个电压探针的电压值分别是 $V=0.0199005$(U1(P3.0/RXD))、$V=4.99502$(U2(P3.1/TXD)),说明 P3.0 和 P3.1 的电平每隔半个周期 50 ms 翻转,相位正好反相。在虚拟示波器上同时可以观测到波形,示波器的参数设置为:电压幅值:2 V/格;分辨率:50 ms/格;双通道:直流。P3.0、P3.1 输出的波形的周期为 100 ms,高、低电平各为 50 ms,幅值为 5 V。

3. 源程序的编辑、编译与下载

打开 Keil 和 PROTEUS 虚拟仿真软件进行程序的编辑、编译、模拟仿真。打开下载软件,将目标文件下载到目标板上的 AT89S51 单片机芯片中,观察程序运行结果。

下面主要介绍定时/计数器的控制方法和各种工作方式。

## 7.2.1　定时/计数器的控制

在启动定时/计数器工作之前,CPU 必须将一些命令(称为控制字)写入定时/计数器中,这个过程称为定时/计数器的初始化。定时/计数器的初始化通过定时/计数

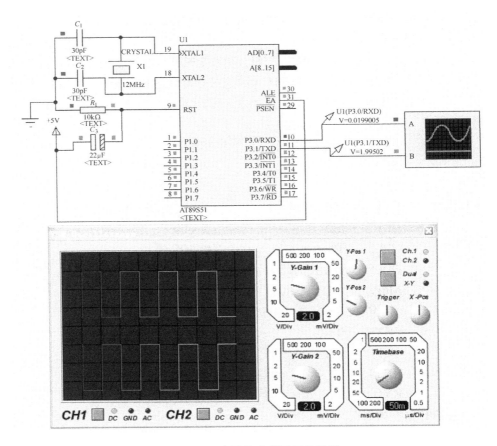

图 7—10　方波发生器运行示意图

器的方式寄存器 TMOD 和控制寄存器 TCON 完成。

1. 定时/计数器方式寄存器 TMOD

TMOD 格式如表 7—9 所示。

表 7—9　TMOD 格式表

| D7 | D6 | D5 | D4 | D3 | D2 | D1 | D0 |
|---|---|---|---|---|---|---|---|
| GATE | C/$\overline{\text{T}}$ | M1 | M0 | GATE | C/$\overline{\text{T}}$ | M1 | M0 |
| 定时器1 | | | | 定时器0 | | | |

TMOD 的低 4 位为定时器 0 的方式字段,高 4 位为定时器 1 的方式字段,它们的含义完全相同。

(1)M1 和 M0

M1 和 M0 为方式选择位,定义如表 7－10 所示。

表 7－10　定时器的 4 种工作方式控制方法

| M1 | M0 | 工作方式 | 功能说明 |
|----|----|----|----|
| 0 | 0 | 方式 0 | 13 位计数器 |
| 0 | 1 | 方式 1 | 16 位计数器 |
| 1 | 0 | 方式 2 | 自动再装入 8 位计数器 |
| 1 | 1 | 方式 3 | 定时器 0:分成两个 8 位计数器<br>定时器 1:停止计数 |

(2)C/$\overline{T}$

C/$\overline{T}$为定时方式/计数方式选择位,如图 7－11 所示。

C/$\overline{T}$＝1:选择计数器工作方式,对 T0/T1 引脚输入的外部事件的负脉冲计数;

C/$\overline{T}$＝0:选择定时器工作方式,对机器周期脉冲计数定时。

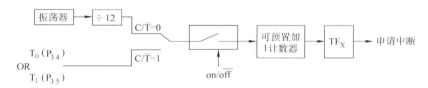

图 7－11　定时/计数器工作方式选择示意图

(3)GATE

GATE 为门控位。当 GATE＝0 时,软件控制位 TR$_0$ 或 TR$_1$ 置 1 即可启动定时器;当 GATE＝1 时,软件控制位 TR$_0$ 或 TR$_1$ 须置 1,同时还须 P3.2 或 P3.3 为高电平方可启动定时器,即允许外中断、启动定时器。详细使用原理与方法可参见图7－12。

TMOD 不能位寻址,只能用字节指令设置高 4 位定义定时器 1,低 4 位定义定时器 0 定时器工作方式。复位时,TMOD 所有位均置 0。

例如,设置定时器 1 工作于方式 1,定时工作方式与外部中断无关,则 M1＝0,M0＝1,GATE＝0,因此,高 4 位应为 0001;定时器 0 未用,低 4 位可随意置数,但低两位不可为 11(因方式 3 时,定时器 1 停止计数),一般将其设为 0000。因此,指令形式为:MOV TMOD,≠10H。

2. 定时器/计数器控制寄存器 TCON

TCON 的作用是控制定时器的启动、停止,标志定时器的溢出和中断情况。7.1.3 节中已做介绍,此处不再重复。

3. 定时器/计数器的初始化

由于定时器/计数器的功能是由软件编程确定的,所以,一般在使用定时器/计数器前都要进行初始化。初始化步骤如下。

(1)确定工作方式——对 TMOD 赋值

例如:MOV TMOD,＃10H,表明定时器 1 工作在方式 1,且工作在定时器方式。

(2)预置定时或计数的初值——直接将初值写入 TH0、TL0 或 TH1、TL1

定时器/计数器的初值因工作方式的不同而不同。设最大计数值为 M,则各种工作方式下的 M 值如下。

方式 0:M＝$2^{13}$＝8192

方式 1:M＝$2^{16}$＝65536

方式 2:M＝$2^8$＝256

方式 3:定时器 0 分成 2 个 8 位计数器,所以 2 个定时器的 M 值均为 256。

因定时器/计数器工作的实质是做"加 1"计数,所以,当最大计数值 M 值已知时,计数初值 X 可计算如下:X ＝ M－计数值。

如要求采用定时器 1 实现 50 ms 的定时,假设采用 12 MHz 晶振,则计数周期 $T$ ＝1 $\mu$s。

计数值＝(50×1 000)/1＝50 000,所以计数初值应为:X ＝ 65 536－50 000 ＝15 536＝3CB0H。

将 3CH、B0H 分别预置给寄存器 TH1、TL1。

(3)IE 赋值

根据需要开启定时器/计数器中断——直接对 IE 寄存器赋值。

(4)启动定时器/计数器工作——将 $TR_0$ 或 $TR_1$ 置"1"

GATE ＝ 0 时,直接由软件置位启动;GATE ＝ 1 时,除软件置位外,还必须在外中断引脚处加上相应的电平值才能启动。其指令为"SETB TR1"。

4. 定时器/计数器中断服务程序

进入中断服务程序后,为了定时精确,首先需要把定时器关掉,即通过指令 CLR TR0/CLR TR1。需要的话,还要把定时器中断和总中断关掉(CLR ET0/CLR EA)。其次,重新给定时器设置初值。再次,编写具体中断服务程序。最后,开启定时器中断和启动定时器,并中断返回。

## 7.2.2　定时/计数器 T0、T1 的工作方式

由前述内容可知,通过对 TMOD 寄存器中 M0、M1 位进行设置,可选择 4 种工作方式,下面逐一进行论述。

1. 方式 0

方式 0 构成一个 13 位定时器/计数器。方式 0 目前已很少使用,读者可不必掌握。

2. 方式 1

定时器工作于方式 1 时,其逻辑结构图如图 7—12 所示。

由图 7—12 可知:方式 1 中 16 位加法计数器(TH0 和 TL0)用了 16 位(TH0 和

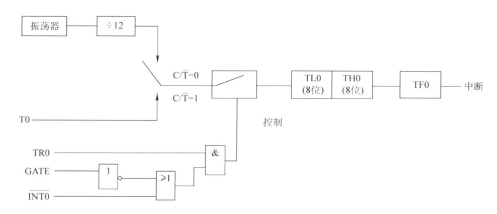

图 7-12　T0 方式 1 时的逻辑结构图

TL0 各用 8 位）。当 TL0 低 8 位溢出时自动向 TH0 进位，而 TH0 溢出时向中断位 TF₀ 进位（硬件自动置位），并申请中断。

当 $C/\overline{T} = 0$ 时，多路开关连接 12 分频器输出，T0 对机器周期计数。此时，T0 为定时器，定时时间为：

$$(M - T0\ \text{初值}) \times (\text{时钟周期}) \times 12 = (65536 - T0\ \text{初值}) \times \text{时钟周期} \times 12$$

$$X_{\text{初值}} = 2^{16} - \frac{T_{\text{设定时间}}}{T_{\text{机器周期}}}$$

当 $C/\overline{T} = 1$ 时，多路开关与 T0(P3.4) 相连，外部计数脉冲由 T0 脚输入；当外部信号电平发生由 0 到 1 的负跳变时，计数器加 1，此时，T0 为计数器。

当 GATE = 0 时，"或"门被封锁，$\overline{INT0}$ 信号无效。"或"门输出常 1，打开"与"门，TR0 直接控制定时器 0 的启动和关闭。TR0 = 1，接通控制开关，定时器 0 从初值开始计数直至溢出。溢出时，16 位加法计数器为 0，TF₀ 置位，并申请中断。如要循环计数，则定时器 T0 需重置初值，且需用软件将 TF₀ 复位。TR0 = 0，则"与"门被封锁，控制开关被关断，停止计数。

当 GATE = 1 时，"与"门的输出由 $\overline{INT0}$ 的输入电平和 TR0 位的状态确定。若 TR0 = 1 则"与"门打开，外部信号电平通过 $\overline{INT0}$ 引脚直接开启或关断定时器 T0。当 $\overline{INT0}$ 为高电平时，允许计数，否则停止计数。若 TR0 = 0，则与门被封锁，控制开关被关断，停止计数。

【例 7-4】　设 $f_{\text{osc}} = 12$ MHz，利用单片机内定时/计数器在 P1.7 端口输出 1 000 个脉冲，脉冲周期为 2 ms，试编程。

［解］

$T = 12 \times 1/f_{\text{osc}} = 1\ \mu s$，选取 T0 定时，T1 计数。

设 T0 采用中断方式，产生周期为

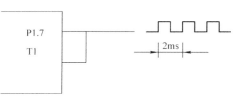

图 7-13　例 7-4 电路示意图

2 ms 方波，T1 对该方波计数，当输出至第 1 000 个脉冲时，使 TF₁ 置 1。

在主程序中用查询方法,检测到 $TF_1$ 变 1 时,关掉 T0,停止输出方波。

T0、T1 参数的确定如下。

(1)T0 方式 1、定时

脉宽为脉冲周期的一半。所以,$X=2^{16}-1$ ms /1 $\mu s$ = 64 536 = 0FC18H

(2)T1 方式 1、计数

此时,$N = 1000$ 则 $X=65\,536-1\,000=64\,536=$ 0FC18H。

源程序如下。

```
                ORG     0000H
                LJMP    MAIN
                ORG     000BH
                LJMP    INTT0
                ORG     0030H
MAIN:           MOV     TMOD,≠51H       ;设定 T0 定时,方式 1;T1 计数
                MOV     TL0,≠18H
                MOV     TH0,≠0FCH       ;定时器 T0 赋初值
                MOV     TL1,≠18H
                MOV     TH1,≠0FCH       ;定时器 T1 赋初值
                SETB    TR1             ;启动定时/计数器 1
                SETB    TR0             ;启动定时/计数器 T0
                SETB    ET0             ;允许定时器 T0 中断
                SETB    EA              ;开总中断
WAIT:           JNB     TF1,WAIT        ;查询 1000 个脉冲是否完成? 没有则
                                        等待
                CLR     EA
                CLR     ET0
                ANL     TCON,≠0FH       ;停 T0、T1
                SJMP    $
INTT0:          MOV     TL0,≠0CH
                MOV     TH0,≠0F0H
                CPL     P1.7
                RETI
                END
```

3. 方式 2

定时器/计数器工作于方式 2 时,逻辑结构图如图 7—14 所示。

由图 7—14 可知,方式 2 中 16 位加法计数器的 TH0 和 TL0 具有不同功能,其中,TL0 是 8 位计数器,TH0 是重置初值的 8 位缓冲器。

方式 1 循环计数 M 在每次计满溢出后,计数器都复 0,要进行新一轮计数还须重置

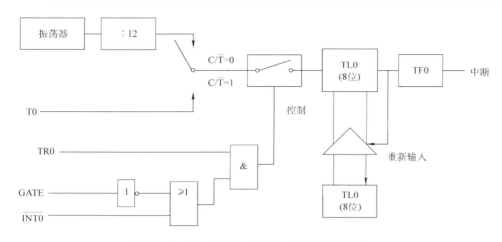

图 7—14　T0(或 T1)方式 2 时的逻辑结构图

计数初值。这不仅导致编程麻烦,而且影响定时时间精度。方式 2 具有初值自动装入功能,避免了上述缺陷,适合用作较精确的定时脉冲信号发生器。其定时时间为:

$$(M-T0\ 初值)\times 时钟周期\times 12=(256-T0\ 初值)\times 时钟周期\times 12$$

方式 2 中 16 位加法计数器被分割为两个,TL0 用作 8 位计数器,TH0 用以保持初值。在程序初始化时,TL0 和 TH0 由软件赋予相同的初值。一旦 TL0 计数溢出,$TF_0$ 将被置位。同时,TH0 中的初值装入 TL0,从而进入新一轮计数,如此重复循环不止。

【例 7—5】　试用定时器 1 方式 2 实现 1 s 的延时。

[解]　方式 2 是 8 位计数器,最大定时时间为:$256\times 1\ \mu s = 256\ \mu s$。为实现 1 s 延时,可选择定时时间为 250 $\mu s$,再循环 4 000 次。定时时间选定后,可确定计数值为 250,则定时器 1 的初值为:$X = M -$计数值$=256-250=6$。采用定时器 1 方式 2 工作,因此,TMOD=20H。

可编得 1 s 延时子程序如下。

```
DELAY:    MOV    R5,#28H        ;置 25 ms 计数循环初值
          MOV    R6,#64H        ;置 250 μs 计数循环初值
          MOV    TMOD,#20H      ;置定时器 1 为方式 2
          MOV    TH1,#06H       ;置定时器初值
          MOV    TL1,#06H
          SETB   TR1            ;启动定时器
LP1:      JBC    TF1,LP2        ;查询计数溢出
          SJMP   LP1            ;无溢出则继续计数
LP2:      DJNZ   R6,LP1         ;未到 25 ms 继续循环
          MOV    R6,#64H
          DJNZ   R5,LP1         ;未到 1 s 继续循环
          RET
```

**4. 方式 3**

定时器/计数器工作于方式 3 时,逻辑结构图如图 7－15 所示。

由图可知,方式 3 时,定时器 T0 被分解成两个独立的 8 位计数器 TL0 和 TH0。其中,TL0 占用原 T0 的控制位、引脚和中断源,即 GATE、TR0、TF0 和 T0(P3.4)引脚、(P3.2)引脚。除计数位数不同于方式 1 外,其功能、操作与方式 1 完全相同,可定时亦可计数。而 TH0 占用原定时器 T1 的控制位 TF1 和 TR1,同时还占用 T1 的中断源,启动和关闭仅受 TR1 置 1 或清 0 控制。TH0 只能对机器周期进行计数。因此,TH0 只能用做简单的内部定时,不能用做对外部脉冲进行计数,是定时器 T0 附加的一个 8 位定时器。二者的定时时间分别为

TL0:($M$－TL0 初值)×时钟周期×12＝(256－TL0 初值)×时钟周期×12

TH0:($M$－TH0 初值)×时钟周期×12＝(256－TH0 初值)×时钟周期×12

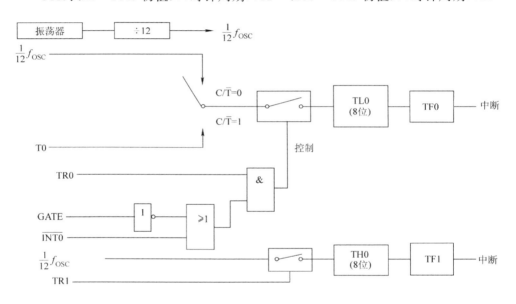

图 7－15　T0 方式 3 时的逻辑结构

方式 3 时,定时器 1 仍可设置为方式 0、方式 1 或方式 2。但由于 $TR_1$、$TF_1$ 及 T1 的中断源已被定时器 T0 占用,此时,定时器 T1 仅由控制位 C/$\overline{T}$ 切换其定时或计数功能。当计数器计满溢出时,只能将输出送往串行口。在这种情况下,定时器 1 一般用作串行口波特率发生器或不需要中断的场合。因定时器 T1 的 TR1 被占用,因此启动和关闭较为特殊。当设置好工作方式时,定时器 1 即自动开始运行。若要停止操作,只需送入一个设置定时器 1 为方式 3 的方式字即可。

在这个任务中学习并掌握了定时器的用法。在任务十一交通等模拟控制系统中,采用延时的方法进行定时。学写了本任务后,可以使用定时器完成其中的定时。硬件电路不变,参考程序如下。

控制源程序 2 如下。

```
          ORG      0000H
          AJMP     START          ;上电进入主程序
          ORG      0003H
          AJMP     DUAN0          ;紧急车辆中断服务程序入口
          ORG      0013H
          AJMP     DUAN1          ;一道有车另一道无车中断服务程序
                                   入口
          ORG      0030H
START:    SETB     PX0            ;外部中断 0 为高优先级
          MOV      TCON,#00H      ;外部中断为电平触发方式
          MOV      TMOD,#10H      ;定时器 1,工作方式 1
          MOV      IE,#85H        ;开 CPU 中断,开外中断 0、1 中断
DISP:     MOV      P1,#0F3H       ;A 绿灯放行,B 红灯禁止
          MOV      R2,#6EH        ;置 0.5 s 循环次数
DISP1:    ACALL    DELAY          ;调用 0.5 s 延时子程序
          DJNZ     R2,DISP1       ;55 s 不到继续循环
          MOV      R2,#06         ;置 A 绿灯闪烁循环次数
WARN1:    CPL      P1.2           ;A 绿灯闪烁
          ACALL    DELAY
          DJNZ     R2,WARN1       ;闪烁次数未到继续循环
          MOV      P1,#0F5H       ;A 黄灯警告,B 红灯禁止
          MOV      R2,#04H
YEL1:     ACALL    DELAY
          DJNZ     R2,YEL1        ;2 s 未到继续循环
          MOV      P1,#0DEH       ;A 红灯,B 绿灯
          MOV      R2,#32H
DISP2:    ACALL DELAY
          DJNZ     R2,DISP2       ;25 s 未到继续循环
          MOV      R2,#06H
WARN2:    CPL      P1.5           ;B 绿灯闪烁
          ACALL    DELAY
          DJNZ     R2,WARN2
          MOV      P1,#0EEH       ;A 红灯,B 黄灯
          MOV      R2,#04H
YEL2:     ACALL    DELAY
```

|           | DJNZ   | R2,YEL2      |                |
|-----------|--------|--------------|----------------|
|           | AJMP   | DISP         | ;循环执行主程序 |
| DUAN0：    | CLR    | EA           |                |
|           | MOV    | A,P1         |                |
|           | PUSH   | TH1          | ;TH1 压栈保护   |
|           | PUSH   | TL1          | ;TL1 压栈保护   |
|           | MOV    | P1,♯0F6H     | ;A、B 道均为红灯 |
|           | MOV    | R5,♯28H      | ;置 0.5 s 循环初值 |
| DELAY0：   | ACALL  | DELAY        |                |
|           | DJNZ   | R5,DELAY0    | ;20 s 未到继续循环 |
|           | POP    | TL1          | ;弹栈恢复现场    |
|           | POP    | TH1          |                |
|           | MOV    | P1,A         |                |
|           | SETB   | EA           |                |
|           | RETI   |              | ;返回主程序      |
| DUAN1：    | CLR    | EA           | ;关中断         |
|           | MOV    | A,P1         |                |
|           | PUSH   | TH1          |                |
|           | PUSH   | TL1          |                |
|           | JNB    | P3.0,BP      | ;A 道无车转向    |
|           | MOV    | P1,♯0F3H     | ;A 绿灯,B 红灯   |
|           | SJMP   | DELAY1       | ;转向 5 s 延时   |
| BP：       | JNB    | P3.1,EXIT    | ;B 道无车退出中断 |
|           | MOV    | P1,♯0DEH     | ;A 红灯,B 绿灯   |
| DELAY1：   | MOV    | R6,♯0AH      | ;置 0.5 s 循环初值 |
| NEXT：     | ACALL  | DELAY        |                |
|           | DJNZ   | R6,NEXT      | ;5 s 未到继续循环 |
| EXIT：     | POP    | TL1          | ;弹栈恢复现场    |
|           | POP    | TH1          |                |
|           | MOV    | P1,A         |                |
|           | SETB   | EA           |                |
|           | RETI   |              |                |
| DELAY：    | MOV    | R3,♯05H      |                |
|           | MOV    | TH1,♯3CH     |                |
|           | MOV    | TL1,♯0B0H    |                |
|           | SETB   | TR1          |                |

```
LP1：      JBC        TF1,LP2
           SJMP       LP1
LP2：      MOV        TH1,≠3CH
           MOV        TL1,≠0B0H
           DJNZ       R3,LP1
           RET
           END
```

# 7.3　任务十三——基于单片机的频率计设计

【学习目标】　掌握 ATT89S51 单片机的定时/计数器的使用。

【任务描述】　设计一个频率计,能够对外部脉冲进行计数,并用数码管显示。采用定时/计数器 T1 作定时器用,定时 1 s;定时/计数器 T0 作计数器用。被计数的外部输入脉冲从单片机的 P3.4(T0)接入,单片机将在 1 s 内对脉冲计数并送入四位数码管进行实时显示。

1. 硬件电路与工作原理

在上个任务中已学习了定时器的使用方法。其实,T0 和 T1 不仅可以作为定时器来使用,还可以用作计数器。本质上都是计数器,只不过计数的对象不同。定时器是对内部机器周期进行计数,而计数器则是对外部脉冲进行计数。在本任务中将通过频率计讲述计数器的使用方法。

硬件电路绘制采用 PROTUES 软件,在该设计中用到的元器件有:单片机(AT89S51)、电阻(10 kΩ)、七段 BCD 数码管(7SEG－BCD－GRN)、电容(30 pF)、电解电容(22 µF)、晶振(12 MHz)、VSM 虚拟计数/定时器(COUNTER TIMER)、数字时钟 DCLOCK(设定频率大小)。

频率计的工作原理图如图 7－16 所示。VSM 虚拟计数/定时器(COUNTER TIMER)的编辑对话框中,操作模式设置为频率计工作方式。将数字时钟 DCLOCK 的数字信号类型设置为 CLOCK,频率可自行设定。该信号同时接至“COUNTER TIMER”的 CLK 输入端和 P3.4(T0)输入端。采用 4 个数码管显示,分别接 P2、P1 口,4 个端口为一组,分别接一个数码管。该数码管为带段译码的数码管,从左到右引脚的权码为 8、4、2、1。

2. 控制源程序

频率计计数的流程图如图 7－17 所示。

图中分别设置 T1 和 T0 的工作方式。T1 用作定时器,T0 用作计数器。T1 定时时间为 1 s,T0 在此 1 s 内进行计数。计数完成后,进行显示。

源程序如下。

```
           ORG        0000H
```

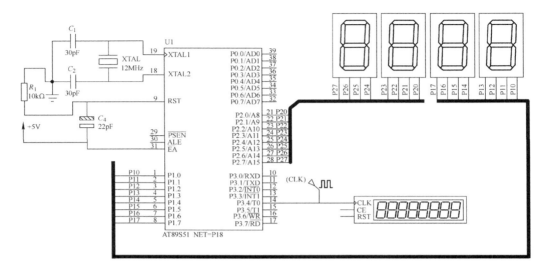

图 7-16　频率计工作原理图

|  |  |  |  |
|---|---|---|---|
| | SJMP | MAIN | |
| | ORG | 001BH | ;T1 中断入口地址 |
| | SJMP | D_T1 | ;T1 中断服务程序 |
| | ORG | 0030H | ;主程序地址 |
| MAIN: | MOV | TMOD,♯15H | ;定时器工作方式:T1 定时,T0 计数 |
| | MOV | R5,♯20 | ;中断 20 次为 1 s |
| | MOV | TH0,♯0 | ;设置计数初值 |
| | MOV | TL0,♯0 | |
| | MOV | TH1,♯3CH | ;设置定时器初值,50 ms |
| | MOV | TL1,♯0B0H | |
| | MOV | IE,♯88H | ;开总中断和定时器 T1 中断 |
| | MOV | P2,♯00h | ;将 P2 和 P1 口清零 |
| | MOV | P1,♯00H | |
| | SETB | TR0 | ;启动定时器 T0 和 T1 |
| | SETB | TR1 | |
| | SJMP | $ | |
| D_T1: | CLR | EA | ;关总中断 |
| | MOV | TH1,♯3CH | ;赋初值 |
| | MOV | TL1,♯0B0H | |
| | DJNZ | R5,LP0 | ;判断 1 s 是否到? |
| | CLR | TR0 | ;关闭定时器和计数器 |

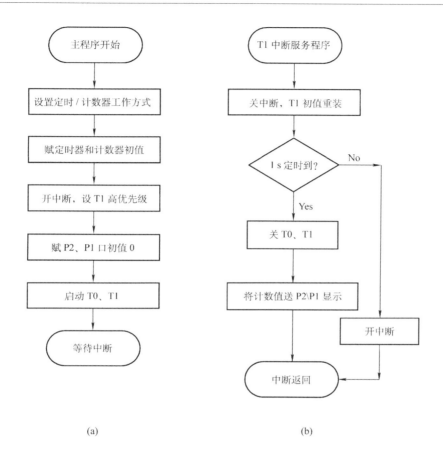

图 7-17　频率计软件流程图

(a)频率计主程序流程图;(b)频率计中断程序流程图

```
        CLR     TR1
        MOV     P2,TH0          ;写入值,显示计数值
        MOV     P1,TL0
        SJMP    LP1             ;直接返回
LP0:    SETB    EA              ;开启中断,返回
LP1:    RETI
        END
```

将数字时钟 DCLOCK 的输出频率设置为 30 kHz。该信号加在了 P3.4 的输入端,1 s 内计数器记录的脉冲个数为 7 535 H 个,即为 30 000 的十六进制数(百分误差,小于 1/1 000)。如图 7-18 所示计数值为:(TH0)=75H、(TL0)=35H。

3. 源程序的编辑、编译与下载

打开 Keil 和 PROTEUS 虚拟仿真软件进行程序的编辑、编译、模拟仿真。打开

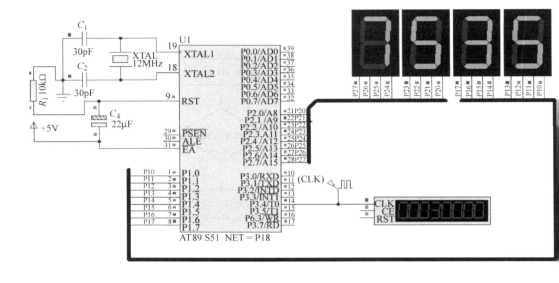

图 7-18　频率计运行画面

下载软件,目标文件下载到目标板上的 AT89S51 单片机芯片中,观察程序运行结果。

下面主要进一步展开介绍定时/计数器的其他应用场合。

## 7.3.1　定时/计数器其他应用再举例

【例 7-6】　测量如下图 7-19 所示在 P3.2 端出现的正脉冲宽度。

[解]

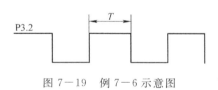

图 7-19　例 7-6 示意图

方法:利用门控制位 GATE 实现对定时器/计数器的启/停控制,并测量脉冲宽度。

当 GATE 为 1、TR0(TR1)为 1 时,只有 $\overline{INT0}$($\overline{INT1}$)引脚输入高电平时,T0(T1)才允许计数;当 GATE 为 0,只要 TR0(TR1)为 1 时,T0(T1)就允许计数。

利用 GATE=1 时的功能可测试 $\overline{INT1}$(P3.3)和 $\overline{INT0}$(P3.2)上正脉冲的宽度。

源程序如下。

```
        ORG     0000H
        SJMP    MAIN
        ORG     0030H
MAIN: MOV      TMOD,#09H        ;定时器 T0 方式 1 定时
        MOV      TH0,#00H        ;设定初值
        MOV      TL0,#00H
        JB       P3.2,$          ;等待 INT0 变低
```

| | | |
|---|---|---|
| SETB | TR0 | ;启动 T0 |
| JNB | P3.2,$ | ;等待 INT0 变高 |
| JB | P3.2,$ | ;开始计数,等待变低 |
| CLR | TR0 | ;停止计数 |
| MOV | 30H,TH0 | ;取出 T0 中的高八位 |
| MOV | 31H,TL0 | ;取出 T0 中的低八位 |
| SJMP | $ | |
| END | | |

【例 7－7】　如图 7－20,用定时器查询方式实现 LED 灯的闪烁功能,闪烁时间自定。

[解]

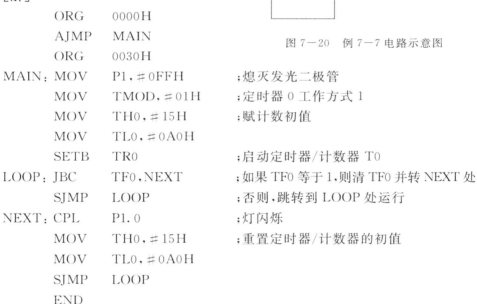

图 7－20　例 7－7 电路示意图

| | | | |
|---|---|---|---|
| | ORG | 0000H | |
| | AJMP | MAIN | |
| | ORG | 0030H | |
| MAIN: | MOV | P1,♯0FFH | ;熄灭发光二极管 |
| | MOV | TMOD,♯01H | ;定时器 0 工作方式 1 |
| | MOV | TH0,♯15H | ;赋计数初值 |
| | MOV | TL0,♯0A0H | |
| | SETB | TR0 | ;启动定时器/计数器 T0 |
| LOOP: | JBC | TF0,NEXT | ;如果 TF0 等于 1,则清 TF0 并转 NEXT 处 |
| | SJMP | LOOP | ;否则,跳转到 LOOP 处运行 |
| NEXT: | CPL | P1.0 | ;灯闪烁 |
| | MOV | TH0,♯15H | ;重置定时器/计数器的初值 |
| | MOV | TL0,♯0A0H | |
| | SJMP | LOOP | |
| | END | | |

TF0 是定时器/计数器 0 的溢出标记位,当定时器产生溢出后,该位由 0 变 1,所以查询该位就可知已定时间是否已到。该位为 1 后,不会自动清 0,必须用软件将其清 0。否则,在下一次查询时,即便时间未到,这一位仍是 1,会出现错误的执行结果。

以上程序可以使 LED 闪烁。但这样的方法并不完美,因为主程序不能做其他事情。这与我们使用定时器的初衷不符。可以用中断的方法编程,从而真正解放 CPU,主程序可以在计数器计数的同时去干其他的工作。

【例 7－8】　如图 7－20,用定时器中断方式实现灯的闪烁功能。

[解]

定时器的查询方式实现了 LED 灯的闪烁功能。但是在那种方法主程序不能从事其他的工作。下面给出用定时器的中断实现灯闪烁的程序。

```
        ORG     0000H
        AJMP    MAIN
        ORG     000BH                   ;定时器 0 的中断向量地址
        AJMP    INTT0                   ;跳转至定时器 T0 中断服务程序处
        ORG     0030H
MAIN：  MOV     P1,#0FFH                ;熄灭发光二极管
        MOV     TMOD,#00000001B         ;定时器 0 工作方式 1
        MOV     TH0,#15H
        MOV     TL0,#0A0H               ;赋初值
        SETB    EA                      ;开总中断允许
        SETB    ET0                     ;开定时器/计数器 0 允许
        SETB    TR0                     ;启动定时器/计数器 T0
        SJMP    $                       ;等待中断
INTT0： CPL     P1.0                    ;定时器 0 的中断处理程序
        MOV     TH0,#15H                ;重置定时常数
        MOV     TL0,#0A0H
        RETI                            ;中断返回
        END
```

【例 7-9】　在单片机的 P1.0 口输出一个周期为 2 ms,占空比为 1：1 的方波信号。

[解]

周期为 2 ms,占空比为 1：1 的方波信号,只需要利用 T0 产生定时,每隔 1 ms 将 P1.0 取反即可。假设单片机振荡频率为 12 MHz。

TMOD 设置:由于 GATE=0,M1M0=01,$C/\overline{T}$=0,则(TMOD)=01 H。

所需要的机器周期数:

$$n=(1\ 000\ \mu s/1\ \mu s)=1\ 000$$

计数器的初始值:

$$X=65\ 536-1\ 000=64\ 536$$

所以(TH0)=0FCH,(TL0)=18H。

本程序流程图如图 7-21 所示。

源程序如下。

```
        ORG     0000H
        LJMP    MAIN
        ORG     000BH                   ;T0 中断入口地址
        LJMP    INTT0                   ;中断服务程序
MAIN：  MOV     SP,#50H                 ;开辟堆栈
```

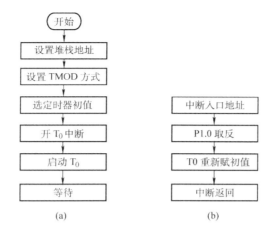

图 7-21    主程序和中断程序流程图

(a)主程序;(b)中断服务程序

|  |  |  |
|---|---|---|
| MOV | TMOD,≠01H | ;工作方式设置 |
| MOV | TH0,≠0FCH | ;初始值设置 |
| MOV | TL0,≠18H | |
| SETB | EA | ;开中断 |
| SETB | ET0 | ;开 T0 中断 |
| SETB | TR0 | ;运行 T0 |
| SJMP | $ | ;等待中断 |
| INTT0: CPL | P1.0 | ;定时到,输出取反 |
| MOV | TH0,≠0FCH | ;重新加载初始值 |
| MOV | TL0,≠18H | |
| RETI | | ;中断返回 |
| END | | |

## 7.3.2    定时/计数器用于扩展外部中断源

AT89S51 单片机仅提供了两个外部中断申请输入端$\overline{INT0}$和$\overline{INT1}$,在实际应用中往往出现两个以上的外部中断请求源,此时必须对外部中断源进行扩展。可以利用单片机内部的定时/计数器扩展外部中断源。具体方法如下。

单片机有两个定时器,具有两个内中断标志和外计数引脚,如在某些应用中不被使用,它们的中断可作为外部中断请求使用。此时,可将定时器设置成计数方式,计数初值可设为满量程,则它们的计数输入端 T0(P3.4)或 T1(P3.5)引脚上发生负跳变时,计数器加 1 便产生溢出中断。利用此特性,可把 T0 脚或 T1 脚作为外部中断请求输入线,而计数器的溢出中断作为外部中断请求标志。

【例 7－10】　将定时/计数器 T0 扩展为外部中断源。

[解]

将定时器 T0 设定为方式 2（自动恢复计数初值），TH0 和 TL0 的初值均设置为 0FFH，允许 T0 中断，CPU 开放中断。源程序如下。

```
     ……
     MOV      TMOD,#06H
     MOV      TH0,#0FFH
     MOV      TL0,#0FFH
     SETB     TR0
     SETB     ET0
     SETB     EA
     ……
```

当连接在 T0(P3.4)引脚的外部中断请求输入线发生负跳变时，TL0 加 1 溢出，TF0 置 1，向 CPU 发出中断申请，同时，TH0 的内容自动送至 TL0 使 TL0 恢复初值。这样，T0 引脚每输入一个负跳变，TF0 都会置 1，向 CPU 请求中断。此时，T0 脚相当于边沿触发的外部中断源输入线。同样，也可将定时器 T1 扩展为外部中断源。

由于单片机内部的定时/计数器数量有限，上述方法可供扩展的外部中断源数目也很有限；而且定时/计数器有专门的用途，一般不宜挪作他用。因此，当需要外部中断源较多时，常采用中断和查询相结合的方式来扩展。其具体方法就是把待扩展的外部中断源通过逻辑电路接到外部中断源输入引脚$\overline{INT0}$或$\overline{INT1}$上，同时另接一路通到单片机的某一个 I/O 接口上，并按照各个外部中断源所要求执行任务的轻重缓急对中断优先级别进行排队。这时，只要有一个外部中断源发出中断请求，其信号即通过$\overline{INT0}$或$\overline{INT1}$引脚输入，向 CPU 请求中断。CPU 响应中断后，再通过程序查询确定是哪个中断源发出的中断请求，然后转去执行相应的中断服务子程序。若几个外部中断源的中断请求同时出现时，CPU 按照软件设定的优先级顺序查询中断请求信号的来源。

【例 7－11】　图 7－22 所示为一比赛抢答器的电路图。P1.0～P1.3 分别接按钮 K0～K3，4 个按钮通过"与"门连接到$\overline{INT0}$引脚，按钮没有按下时，对应的输入线为高电平，按下时为低电平。当某一按钮按下，相应

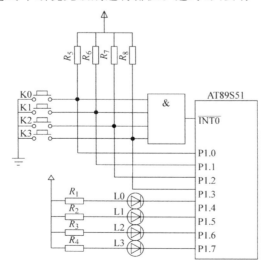

图 7－22　比赛抢答器电路示意图

的小彩灯就被点亮,即按下 K0 点亮 L0,按下 K1 点亮 L1,按下 K2 点亮 L2,按下 K3 点亮 L3。若几个按钮同时按下,则 CPU 按照 P1.0～P1.3 的查询次序决定 K0～K3 的中断优先级。试编制程序。

[解]

本题中按钮 K0～K3 为外部中断源,通过"与"门连接到$\overline{\text{INT0}}$引脚,这样原来一个外部中断源就扩展为 4 个外部中断源,再在中断服务程序中采用查询方式对中断信号进行判断,CPU 在响应中断后即能执行相应的中断服务程序。题中设定的中断源中断优先级别从高到低依次为 K0、K1、K2、K3。实际应用中可根据具体要求排定。图 7-23 为实现这一功能的程序流程图。因本例中各个中断服务子程序比较简单,不需要保护现场,故流程图中没有安排保护现场与恢复现场这两个环节。

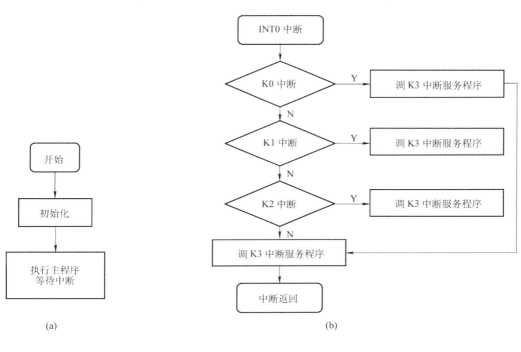

(a)　　　　　　　　　　　　　　　　(b)

图 7-23　抢答器程序流程图

(a)主程序流程;(b)中断服务程序流程

源程序如下。

```
        ORG     0000H
        LJMP    MAIN
        ORG     0003H
        LJMP    INSE
        ORG     0100H
MAIN: SETB     EX0              ;允许外部中断
```

```
        SETB    IT0             ;设为边沿触发方式
        SETB    EA              ;CPU 开中断
        SJMP    $               ;虚拟主程序,等待中断
        ORG     0200H
INSE：  JNB     P1.0,L0         ;P1.0＝0,转 L0 中断服务子程序
        JNB     P1.1,L1         ;P1.1＝0,转 L1 中断服务子程序
        JNB     P1.2,L2         ;P1.2＝0,转 L2 中断服务子程序
        CLR     P1.7            ;P1.3＝0,对 P1.7 清 0,点亮彩灯 L3
BACK：  RETI
L0：    CLR     P1.4            ;P1.0＝0,对 P1.4 清 0,点亮彩灯 L0
        SJMP    BACK            ;转中断返回
L1：    CLR     P1.5            ;P1.1＝0,对 P1.5 清 0,点亮彩灯 L1
        SJMP    BACK            ;转中断返回
L2：    CLR     P1.6            ;P1.2＝0,对 P1.6 清 0,点亮彩灯 L2
        SJMP    BACK            ;转中断返回
```

# 本 章 小 结

中断是单片机应用中的一个重要技术手段。利用中断技术能够更好地发挥单片机系统的数据处理能力,有效地解决低速外部设备与高速 CPU 之间的矛盾,从而提高 CPU 的工作效率,增强实时处理能力。

AT89S51 单片机中断系统提供了 5 个中断源,即外部中断 0 和外部中断 1,定时/计数器 T0 和 T1 的溢出中断,串行接口的接收和发送中断。中断请求的优先级由用户编程和内部优先级共同确定,中断编程包括中断入口地址设置、中断源优先级设置、中断开放或关闭、中断服务子程序等。

单片机内部有两个可编程定时器/计数器 T0 和 T1,每个定时器/计数器有 4 种工作方式。方式 0 是 13 位的定时器/计数器(目前很少应用),方式 1 是 16 位的定时器/计数器,方式 2 是初值重载的 8 位定时器/计数器,方式 3 只适用于 T0,将 T0 分为两个独立的定时器/计数器,同时 T1 可以作为串行接口波特率发生器。

灵活应用单片机内部的定时/计数器可提高编程效率,减轻 CPU 的工作负担,简化外围电路设计。定时/计数器既可用作定时亦可用作计数,应用方式非常灵活。在学习过程中要着重理解软件延时和定时器定时的联系和区别。软件定时是对循环体内指令的机器周期数进行计数,定时器定时是采用加法计数器直接对机器周期进行计数。二者工作机理不同,置初值方式也不同。软件定时在工作期间一直占用 CPU,而定时器定时如采用查询工作方式,一样会占用 CPU,若采用中断工作方式,则在其定时期间 CPU 可处理其他指令,从而可以充分发挥定时/计数器的功能,大

大提高 CPU 的工作效率。

# 习题与思考题

1. 什么是中断？什么叫中断源？什么叫中断优先级？

2. 各中断源对应的中断服务程序的入口地址是否能任意设定？如果想将中断服务程序放置在程序存储区的任意区域,在程序中应该做何种设置？请举例加以说明。

3. 51 单片机有哪几个中断源？各自对应的中断入口地址是什么？中断入口地址与中断服务子程序入口地址有区别吗？

4. 试编写一段对中断系统初始化的程序,使之允许 $\overline{INT0}$、$\overline{INT1}$、T0、串行口中断,且使 T0 中断为高优先级中断。

5. 简述 AT89S51 单片机的中断与子程序调用的异同点。

6. 下列有关 MCS-51 中断优先级控制的叙述中,错误的是_____。

(A)低优先级不能中断高优先级,但高优先级能中断低优先级。

(B) 同级中断不能嵌套

(C)同级中断请求按时间的先后顺序响应

(D)同时同级的多中断请求,将形成阻塞,系统无法响应

7. 外中断初始化的内容不包括_____。

(A)设置中断响应方式　　　　　　　(B)设置外中断允许

(C)设置中断总允许　　　　　　　　(D)设置中断方式

8. 在 MCS-51 中,需要外加电路实现中断撤除的是_____。

(A)定时中断　　　　　　　　　　　(B)脉冲方式中断的外部中断

(C)串行中断　　　　　　　　　　　(D)电平方式的外部中断

9. 中断查询,查询的是_____。

(A)中断请求信号　　　　　　　　　(B)中断标志位

(C)外中断方式控制位　　　　　　　(D)中断允许控制位

10. 下列说法错误的是_____。

(A)各中断发出的中断请求信号,都会标记在 MCS-51 系统的 IE 寄存器中

(B)各中断发出的中断请求信号,都会标记在 MCS-51 系统的 TMOD 寄存器中

(C)各中断发出的中断请求信号,都会标记在 MCS-51 系统的 IP 寄存器中

(D)各中断发出的中断请求信号,都会标记在 MCS-51 系统 TCON 与 SCON 寄存器中

11. 某系统有 3 个外部中断源 1、2、3,分别与 P1.0、P1.1、P1.2 引脚连接。当某一中断源变为低电平时,便要求 CPU 进行处理。它们的优先处理次序由高到低依

次为 3、2、1，中断处理程序的入口地址分别为 1000H、1100H、1200H。试编写主程序及中断服务程序(转至相应的中断处理程序的入口即可)。

12. 定时/计数器用作定时器时，其计数脉冲由谁提供？定时时间与哪些因素有关？

13. 定时/计数器用作定时器时，对外界计数频率有何限制？

14. 一个定时器的定时时间有限，如何实现两个定时器的串行定时，来实现较长时间的定时？

15. 在下列寄存器中，与定时／计数控制无关的是_____。

(A) TCON (定时控制寄存器)　　　(B) TMOD (工作方式控制寄存器)

(C) SCON (串行控制寄存器)　　　(D) IE (中断允许控制寄存器)

16. 如果以查询方式进行定时应用，则应用程序中的初始化内容应包括_____。

(A)系统复位、设置工作方式、设置计数初值

(B)设置计数初值、设置中断方式、启动定时

(C) 设置工作方式、设置计数初值、打开中断

(D)设置计数初值、设置计数初值、禁止中断

17. 采用 6 MHz 的晶振，定时 1 ms，用定时器方式 0 时的初值应为多少？(请给出计算过程)

18. 已知晶振频率为 12 MHz，请用 T0 的工作模式 1 定时及溢出中断方式编程，实现从 P1.0 引脚输出周期为 20 ms，占空比 50% 的方波。

19. 测量 $\overline{\text{INT1}}$ 引脚(P3.3)输入的正脉冲宽度，假设正脉冲宽度不超过定时器的值。

20. 有 5 台外围设备，分别为 EX1～EX5，均需要中断。现要求 EX1 与 EX2 的优先级为高，其他的优先级为低，请用 51 单片机实现，要求画出电路图并编制程序 (假设中断信号为低电平)，要执行相应的中断服务子程序 WORK1～WORK5。

# 第 8 章　有空常联络——串行口与通信

**本章学习目标**

※ 理解波特率的概念,学会波特率的计算方法

※ 熟悉单片机串行通信的格式

※ 了解单片机串行接口的内部结构,理解串行口的数据接收和发送过程

※ 能够按要求正确设置与串行口相关的各特殊功能寄存器

※ 理解单片机串行通信的程序设计思想

※ 熟悉串行通信方式 0 和方式 3 的应用

## 8.1　任务十四 ——串行口控制多只彩灯

【学习目标】　通过任务十四的完成,理解单片机串行通信的基本概念,了解单片机串行接口的内部结构和工作原理,掌握单片机串行接口工作方式 0 的应用设计方法。

【任务描述】　利用 74LS164 串入并出功能,控制 8 只发光二极管依次点亮、反复循环,实现流水灯效果。

1. 硬件电路与工作原理

硬件电路如图 8-1 所示。该显示控制电路中,单片机串行口工作方式为 0,是 8 位移位寄存器工作方式,TXD 为同步信号输出端,RXD 为串行数据输出端,选用 8 位串行输入/并行输出的移位寄存器 74LS164 驱动发光二极管。由于 74LS164 无并行输出控制端,在串行输入过程中,输出端的状态会不断变化,故在 74LS164 与输出发光二极管之间加上可控的缓冲级 74LS244,以使串行输入过程结束后再输出数据,控制信号由单片机的 P1.0 输出。

2. 源程序设计

当串行口将 8 位数据串行输出完后,TI 将被置 1,程序中可把 TI 当做发送完毕标识位,进行查询。

源程序如下。

```
ORG     0000H
MOV     SCON,≠00H        ;串行口方式 0
```

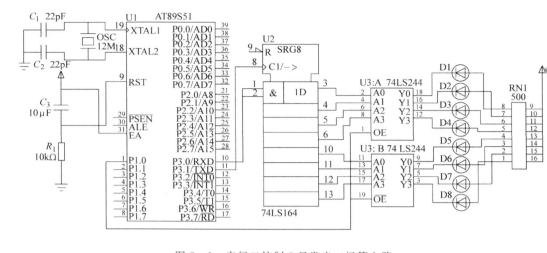

图 8-1　串行口控制 8 只发光二极管电路

```
          CLR     ES              ;关中断
          MOV     A,♯7FH          ;发光管从第一个亮起
NEXT:     SETB    P1.0            ;关闭并行输出
          MOV     SBUF,A          ;数据送入 SBUF 中,立即串行输出
LOOP:     JNB     TI,LOOP         ;状态查询
          CLR     P1.0            ;开启并行输出
          LCALL   DELAY           ;调用延时子程序
          CLR     TI              ;清除发送标志
          RR      A               ;发光管下移
          SJMP    NEXT            ;循环
DELAY:    MOV     R0,♯3           ;延时子程序
LP1:      MOV     R1,♯250
LP2:      MOV     R2,♯250
          DJNZ    R2,$
          DJNZ    R1,LP2
          DJNZ    R0,LP1
          RET
          END
```

3. 源程序的编辑、编译与下载

　　打开 Keil 和 PROTEUS 虚拟仿真软件进行程序的编辑、编译、模拟仿真。打开下载软件,目标文件下载到目标板上的 AT89S51 单片机芯片中,观察程序运行结果。

　　下面介绍串口通信的基础知识,串入/并出移位寄存器 74LS164 的功能及使用方法,串行口通信方式 0 的相关知识和其应用设计方法。

## 8.1.1　串行通信的基础知识

串行通信是指利用一条传输线将数据一位位地顺序传送的通信方式。由于只占用一根数据线,因此,这根传输线既要传输数据信息,又要传输联络控制信息。串行通信传输线少,可使串行通信借助电话线进行远距离传送,实现远程通信。

串行通信中的 I/O 接口称为串行接口。串行接口同外围设备之间的数据传送是串行的,而 CPU 与串行接口之间的数据传送还是并行的。因此,串行接口在发送时要实行并—串转换,接收时要实行串—并转换。因此串行通信的接口技术较复杂,数据传输速度较慢。

串行通信分为异步通信与同步通信两种方式。

1. 异步通信及其协议

异步通信以一个字符为传输单位,通信中两个字符间的时间间隔是不固定的,然而在同一个字符中的两个相邻位代码间的时间间隔是固定的。串行通信方式在传输信息时做了一些特殊约定(通信规程),即对字符格式的约定和对传输速度的约定。

(1)字符格式

通信规程约定传送一个字符的信息格式由起始位、数据位、奇偶校验位、停止位等组成,如图 8-2 所示,其中各位的意义如下:

①起始位先发出一个逻辑"0"信号,表示传输字符的开始;

②数据位紧接着起始位之后,数据位的个数在 5～8 之间,通常采用 ASCII 码,从最低位开始传送,靠时钟定位;

③数据位加上奇偶校验位后,使得"1"的位数应为偶数(偶校验)或奇数(奇校验),以此来校验数据传送的正确性;

④停止位是一个字符数据的结束标志,可以是 1 位、1.5 位、2 位的高电平;

⑤空闲位处于逻辑"1"状态,表示当前线路上没有数据传送。

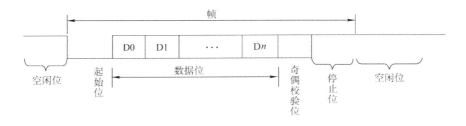

图 8-2　异步通信数据格式

(2)传输速度

波特率是衡量数据传输速度的指标,表示每秒钟传输多少个二进制位数,以位/秒为单位。

例如：数据传输速率为 120 字符/秒，而每一个字符为 10 位，则传送的波特率为 $10 \times 120 = 1200$ 字符/秒 $= 1200$ 波特。

2. 同步串行通信

同步串行通信以一个帧为传输单位，每个帧中包含多个字符。在通信过程中，每个字符间的时间间隔是相等的，而且每个字符中各相邻位代码间的时间间隔也是固定的。同步串行通信的数据格式如图 8-3 所示。

图 8-3　同步串行通信数据格式

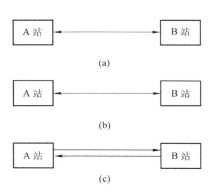

图 8-4　串行数据传输方式
(a)单工传送方式；(b)半双工传送方式；
(c)全双工传送方式

3. 数据传送方式

根据数据传送方向不同，串行数据传输方式可分为单工传送方式、半双工传送方式、全双工传送方式 3 种，如图 8-4 所示。

(1)单工传送方式

单工方式只允许数据按照一个固定的方向传送，即一方只能作为发送站，另一方只能作为接收站。

(2)半双工传送方式

数据能从 A 站传送到 B 站，也能从 B 站传送到 A 站，但是不能同时在两个方向上传送，每次只能有一个站发送，另一个站接收。通信双方可以轮流地进行发送和接收。

(3)全双工传送方式

此种方式允许通信双方同时进行发送和接收。这时，A 站在发送的同时也可以接收，B 站在接收的同时也可以发送。全双工方式相当于把两个方向相反的单工传送方式组合在一起，因此它需要两条传输线。

## 8.1.2　单片机串行接口的结构

AT89S51 单片机内部有一个全双工异步串行 I/O 口，既可以实现串行异步通信，也可以作为同步移位寄存器使用。串行口结构如图 8-5 所示，可分为频率发生器和串行口两大部分。

频率发生器主要由定时器/计数器 T1 及内部的一些控制开关和分频器组成。它提供串行口的发送时钟 TXCLK 和接收时钟信号 RXCLK。

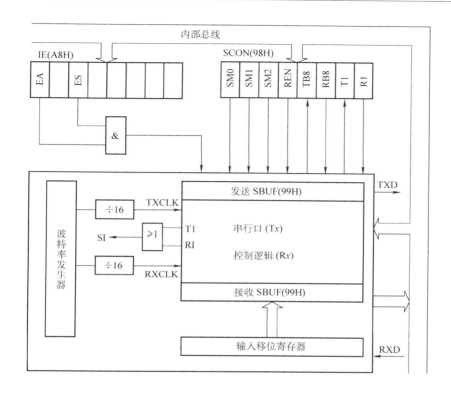

图 8—5 串行接口结构

串行口内部包括:串行口缓冲寄存器 SBUF、串行口控制逻辑(用来控制移位寄存器,实现数据输入/输出串并之间的转换)、串行口控制寄存器 SCON、串行数据输入/输出引脚。

1. 串行口缓冲寄存器 SBUF

串行口中有两个缓冲寄存器 SBUF,一个是发送寄存器,一个是接收寄存器,它们在物理结构上是完全独立的。它们都是字节寻址寄存器,字节地址均为 99H。这个重叠地址靠读/写指令区分。

串行接收时,CPU 从 SBUF 读出数据,此时 99H 表示接收 SBUF,串行数据通过引脚 RXD/P3.0 进入;串行发送时,CPU 向 SBUF 写入数据,此时 99H 表示发送 SBUF,串行数据通过引脚 TXD/P3.1 送出。

2. 串行通信控制寄存器

与串行通信有关的控制寄存器有 4 个,分别是串行控制寄存器 SCON、电源控制寄存器 PCON、中断允许控制寄存器 IE 和中断优先级控制器 IP。

(1)串行控制寄存器 SCON

AT89S51 串行口有 4 种不同的工作方式。它们是由串行口控制器 SCON 中的方式选择定义的。在 SCON 寄存器中还包含了发送及接收的状态控制位,例如发送和接收中断标志、传送的数据帧中的第 9 数据位等。控制寄存器 SCON 的格式如图 8—6 所示。

图 8—6　串行口控制寄存器 SCON

SM0 和 SM1：串行口工作方式选择位，其定义如表 8—1 所示。

表 8—1　串行口工作方式

| SM0 | SM1 | 工作方式 | 功能说明 | 波特率 |
|---|---|---|---|---|
| 0 | 0 | 方式 0 | 8 位移位寄存方式 | $f_{osc}/12$ |
| 0 | 1 | 方式 1 | 10 位异步收发 | 可变 |
| 1 | 0 | 方式 2 | 11 位异步收发 | $f_{osc}/32$ 或 $f_{osc}/64$ |
| 1 | 1 | 方式 3 | 11 位异步收发 | 可变 |

1）SM2　多机通信控制位。在方式 2 或 3 处于接收时，如果 SM2 置 1，接收到的第 9 位数据（RB8）为 0 时不激活 RI（即 RI 不置 1）。在方式 1 接收时，如果 SM2＝1，只有接收到有效的停止位时，才会激活 RI（即 RI 置 1）。在方式 0 时 SM2 应置为 0。

2）REN　允许串行接收位，由软件置 1 允许接收，由软件清 0 禁止接收。

3）TB8　在方式 2 和方式 3 中发送的第 9 位数据，根据发送的数据是需要由软件置位或复位，可作为奇偶检验位，也可在多机通信中作为区别地址帧或数据帧。在方式 0 中该位未用。

4）RB8　在方式 2 和方式 3 中，是被接收到的第 9 位数据（来自发送方的 TB8 位）；在方式 1 中，RB8 收到的是停止位，在方式 0 中不使用 RB8。

5）TI　发送中断标志。在方式 0 中，串行发送到第 8 位结束时，由硬件置位 TI；在其他 3 种方式下，串行发送停止位开始时，由硬件对 TI 置位。该状态可请求中断，也可供状态查询。TI 必须由软件清 0。

6）RI　接收中断标志位。在方式 0 中，串行接收到第 8 位数据后由内部硬件置 1；在其他方式中，串行口接收到停止位的中间时刻由内部置 1。该位必须由软件清 0。

发送中断和接收中断使用的是同一个中断向量，所以全双工通信时，必须由软件查询是发送中断 TI 还是接收中断 RI。

（2）电源控制寄存器 PCON

串行口借用了 PCON 中的 D7 作为波特率系数选择位。当 SMOD＝1 时，波特率加倍。系统复位时，SMOD＝0。其格式如图 8—7 所示。

| D7 | D6 | D5 | D4 | D3 | D2 | D1 | D0 |
|---|---|---|---|---|---|---|---|
| SMOD | — | — | — | GF1 | GF0 | FD | IDL |

图 8－7　PCON 的格式

其他各位含义如下。

IDL 为节电方式位,若 IDL＝1,进入节电方式。

PD 为掉电方式位,若 PD＝1,进入掉电方式。

GF1 和 GF0 为通用标志位,由用户置位或复位。

(3)中断允许控制寄存器 IE

详见第 7 章。

(4)中断优先级控制器 IP

详见第 7 章。

## 8.1.3　74LS164 功能说明

图 8－1 中的 74LS164 是 8 位并行输出/串行输入寄存器。这种寄存器的特点是有门控串行输入端(A 和 B)和异步清除端(CLR)。74LS164 功能如表 8－2 所示。门控串行输入端 A 和 B 可完全控制到来的数据。当两个输入端的任何一个或两个均为低电平时,则禁止新数据输入,并在下一个时钟脉冲到来时将第一级复位到低电平;当一个输入端是高电平时,允许另一个输入端输入,并由它决定第一级触发器的状态。在时钟脉冲为高电平或低电平期间,串行输入数据可以变化。时钟脉冲在从低到高电平跳变时起作用,信号被置入寄存器。

表 8－2　74LS164 功能表

| 输入端 | | | | 输出端 | | | |
|---|---|---|---|---|---|---|---|
| 清除 | 时钟 | A | B | QA | QB | ⋯ | QH |
| L | X | X | X | L | L | ⋯ | L |
| H | L | X | X | QA0 | QB0 | ⋯ | QH0 |
| H | ↑ | H | H | H | $QA_n$ | ⋯ | $QG_n$ |
| H | ↑ | L | X | L | $QA_n$ | ⋯ | $QB_n$ |
| H | ↑ | X | L | L | $QA_n$ | ⋯ | $QB_n$ |

表中 H 是高电平(稳态);L 是低电平(稳态);X 是任意状态(任一输入,包括跳变);QA0、QB0、⋯QH0 分别指明稳态输入条件建立之前 QA、QB、⋯QH 的电平;$QA_n$、⋯$QG_n$ 分别为时钟最近跳变之前 QA、QB、⋯QG 的电平,指明移 1 位。

串行口与 74LS164 配合及发送时序如图 8－8 所示。

## 8.1.4　串行口工作方式 0

串行口工作方式 0 是把串行接口作为同步移位寄存器使用。其波特率是固定的,为 $f_{osc}/12$,即一个机器周期移位一次,数据由 RXD 端输入或输出,同时由 TXD

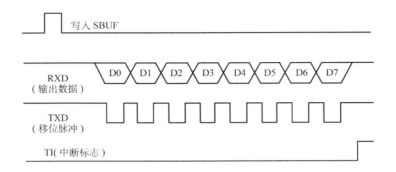

图 8—8　串行口与 74LS164 配合及发送时序

端输出同步移位脉冲信号。移位数据的发送和接收以一个字符的 8 位为一组,低位在前,高位在后。其格式为:

| ... | $D_0$ | $D_1$ | $D_2$ | $D_3$ | $D_4$ | $D_5$ | $D_6$ | $D_7$ | ... |
| --- | --- | --- | --- | --- | --- | --- | --- | --- | --- |

　　在方式 0 下工作时,实际上是将串行口变为并行口使用。该方式下串行口必须与移位寄存器一起使用。

　　1. 方式 0 发送

　　串行口必须与"串入并出"的串—并移位寄存器(如 74LS164,CD4094 等)配合使用才能将串行输出转化为并行输出,任务八就是方式 0 并行输出的典型实例,使用的是 74LS164。

　　AT89S51 与 CD4094 接口逻辑图如图 8—9 所示。

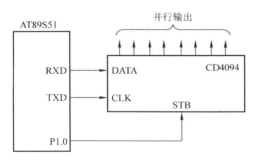

图 8—9　串口方式 0 的发送电路示意图

　　图中,单片机串行输出端 RXD 与 CD4094 的数据端 DATA 连接,TXD 端输出 $f_{osc}/12$ 时的时钟脉冲到 CD4094 的时钟端 CLK。当 CPU 将数据存入数据缓冲寄存器 SBUF 后,在移位时钟的控制下,SBUF 内数据逐位由 RXD 端输出到 CD4094 的 DATA 端。同时,移位寄存器 CD4094 的 CLK 接收由 TXD 端的同步时钟信号,将 DATA 端输入的信号依次移位,完成 8 位的数据传输并锁存在移位寄存器中。数据传输结束,SCON 寄存器的 TI 位自动置 1,CPU 就可以以中断方式或查询方式,由 P1.0 或其他输出端(如 P1.1 等)设置 STB 状态,将 CD4094 中锁存的移位寄存器的内容并行输出。

　　2. 方式 0 接收

　　在方式 0 接收方式下,串行口须与"并入串出的并—串移位寄存器(如 74LS165、CD4014 等)配合使用。电路连接示意图如图 8—10 所示,并行输入的字节数据锁存在 CD4014 移位寄存器中。字节 8 位数据串行接收受到串行控制寄存器 SCON 的

REN 位控制。REN＝0,禁止接收;REN＝1,允许接收。当软件置位 REN 时,TXD
端向 CD4014 时钟端 CLK 输出 $f_{osc}/12$ 的时钟信号,触发 CD4014 移位寄存器,由
$Q_7$ 端依次由低位到高位输出到 RXD 端,存入单片机的接收缓冲器 SBUF 中。数据
传输结束,RI 自动置位,产生串行中断申请信号。

【例 8－1】　单片机外接并入串出移位寄存器 74LS165 芯片,扩展并行输入口,
以查询方式不间断输入 20 个字节的数据,存入片内 RAM20H 开始的单元。

[解]

扩展并行输入口的硬件连接示意图如图 8－11 所示,74LS165 的工作过程是,在
移位时钟(由 CLK 引脚进入)作用下,数据由 D7～D0 引脚并行输入,在 QH 端得到
串行输出的数据。

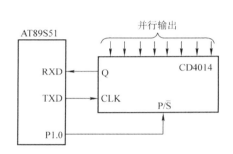

图 8－10　串行口方式 0 的接收电路示意

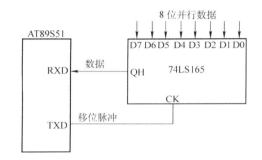

图 8－11　串行口外接 74LS165 扩展并行输入口

源程序如下:

```
          ORG      0000H
          LJMP     MAIN              ;跳到主程序
          ORG      0030H
MAIN: MOV     SCON,≠00H         ;设置串行口方式 0
          MOV      R0,≠20H           ;设置数据块起始地址
          MOV      R7,≠14H           ;查询方式传送 20 个数据
          SETB     REN               ;启动接收
LOOP: JBC      RI,NEXT           ;查询是否接受完毕
          SJMP     LOOP              ;接收未完,继续查询
NEXT: MOV     @R0,SBUF          ;接收数据
          INC      R0                ;指向下一个单元
          DJNZ     R7,LOOP           ;20 个数据未接收完,继续
          CLR      REN               ;20 个数据接收完,屏蔽允许接收位
          SJMP     $                 ;循环等待
          END
```

# 8.2 任务十五 ——单片机和单片机间的数据传递

【学习目标】 通过任务十五,熟悉单片机串行通信工作方式3的应用设计方法,掌握两单片机间的串行通信的硬件连接方法,熟悉软件编程的思路和技巧。

【任务描述】 将甲机的片外 RAM 一数据块内容传送到乙机片内 RAM 区。

1. 硬件电路与工作原理

双机通信接口电路如图 8−12 所示,只需将两单片机的发送端和接收端互相连接,即发送端连接收端,接收端连发送端。

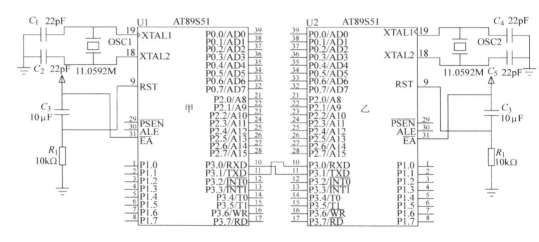

图 8−12 双机通信接口电路

假设甲、乙两机时钟频率均为 11.059 2 MHz,波特率设定为 9 600 bps,甲机数据块存于片外 RAM0030H～0060H 区,通过串行口传送到乙机的片内 RAM30H～60H 单元中,差错检验采用的是奇偶校验法。

甲机发送前奇偶校验位放在 TB8 中。一帧发送完毕后,如收到乙机回送"数据发送不正确(FFH)"的应答信号,则重新发送原来的数据,直至发送正确为止。

乙机接收甲机发送的数据,并逐一写入片内 RAM30H～60H。每接收一帧信息后进行奇偶校验,并与接收到的第 9 位数据 RB8 对比。对比正确则向甲机回复"数据正确(00H)"的应答信号,否则回复"数据不正确(FFH)"的应答信号,直至接收完所有数据。

2. 源程序设计

要实现单片机与单片机间的数据传递,首先应对单片机进行初始化。

定时器/计数器 T1 的初始化,即对和定时器 T1 相关的特殊功能寄存器 TH1、TL1、TMOD、TCON 进行设定。对 TH1、TL1 的设定即为对计数初值的确定。假定 SMOD=1,则由公式方式 1/方式 3 的波特率$=2^{\mathrm{SMOD}}\times\dfrac{f_{\mathrm{osc}}}{32\times12\times(256-\mathrm{COUNT})}$

可得：COUNT$=250=0$FAH。

　　串行口的初始化，即对和串行口相关的寄存器 SCON、PCON 进行设定。串行数据的发送内容包括数据位和奇偶校验位两部分。若将串行口工作方式设定为方式 3，允许接收，则 SCON$=0$D0H，PCON$=80$H。

　　甲机发送程序如下：

```
        ORG     0000H
        MOV     TMOD,≠20H           ;定时器 T1 工作在方式 2
        MOV     TH1,≠0FAH           ;定时器 T1 自动重装载值
        MOV     TL1,≠0FAH           ;定时器 T1 计数初值
        MOV     PCON,≠80H           ;SMOD=1
        MOV     SCON,≠0D0H          ;串口设定为方式 3,允许接收
        SETB    TR1                 ;启动定时器 T1
        MOV     DPTR,≠30H           ;设数据块地址指针
        MOV     R2,≠31H             ;设数据块长度
NEXT:   MOVX    A,@DPTR             ;取数据
        MOV     C,P                 ;取奇偶标志位 P
        MOV     TB8,C               ;奇偶校验位送入 TB8
        MOV     SBUF,A              ;启动发送
        JNB     TI,$                ;等待发送完一帧数据
        CLR     TI                  ;一帧发送完毕,软件清零 TI
        JNB     RI,$                ;等待接收
        CLR     RI                  ;一帧接收完毕,软件清零 RI
        MOV     A,SBUF              ;将接收到的数据送入 A 中
        JNZ     NEXT                ;不为"00H",重发数据
        INC     DPTR                ;修改地址指针
        DJNZ    R2,NEXT             ;继续发送下一个数据
HERE:   AJMP    HERE
        END
```

　　乙机接收程序如下：

```
        ORG     0000H
        MOV     TMOD,≠20H           ;定时器 T1 工作在方式 2
        MOV     TH1,≠0FAH           ;定时器 T1 自动重装载值
        MOV     TL1,≠0FAH           ;定时器 T1 计数初值
        MOV     PCON,≠80H           ;SMOD=1
```

| | MOV | SCON,#0D0H | ;串口设定为方式3,允许接收 |
|---|---|---|---|
| | SETB | TR1 | ;启动定时器T1 |
| | MOV | R1,#30H | ;设数据块地址指针 |
| | MOV | R2,#31H | ;设数据块长度 |
| WAIT: | JBC | RI,RECV | ;等待接收 |
| | AJMP | WAIT | |
| RECV: | MOV | A,SBUF | ;读入接收数据 |
| | JB | PSW.0,LP1 | ;奇偶位为1,则跳转 |
| | JB | RB8,ERR | ;PSW.0=0,RB8=1,出错 |
| | AJMP | RIGHT | ;数据正确,则存放数据 |
| LP1: | JNB | RB8,ERR | ;PSW.0=1,RB8=0,出错 |
| RIGHT: | MOV | @R1,A | ;存放数据 |
| | MOV | SBUF,#00H | ;发送数据正确标志 |
| | JNB | TI,$ | ;等待发送 |
| | CLR | TI | ;发送完毕,清 TI |
| | INC | R1 | |
| | DJNZ | R2,WAIT | ;继续接收 |
| ERR: | MOV | A,#0FFH | |
| | MOV | SBUF,A | ;发送错误标志 FFH |
| | JNB | TI,$ | ;等待发送 |
| | CLR | TI | ;发送完毕,清 TI |
| | AJMP | WAIT | ;返回 |
| | END | | |

3. 源程序的编辑、编译与下载

打开 Keil 和 PROTEUS 虚拟仿真软件进行程序的编辑、编译、模拟仿真。打开下载软件,目标文件下载到目标板上的 AT89S51 单片机芯片中,观察程序运行结果。

下面介绍该任务用到的串行口工作方式 3。

## 8.2.1 串行口工作方式 3

在串行接口的 4 种工作方式中,方式 0 常用于接口的扩展,波特率是固定的;方式 1 常用于一般的数据传送,波特率可调;方式 2 和方式 3 常用于双机通信或多机通信,这两种方式除了波特率设置不同之外,其余功能完全相同。由于篇幅限制,本书只重点介绍方式 0(任务十四)和方式 3(任务十五)的应用。

1. 方式 3 下串口的工作过程

(1)数据的发送过程

数据由 TXD 端输出,发送的帧信息为 11 位。首先根据要传送的 8 位数据的特征(如奇偶、地址/数据特征)决定第 9 个信息位的状态,并利用 SETB TB8 或 CLR TB8 指令将其设置在 SCON 寄存器的 TB8 上。然后将要传送的 8 位数据 D0～D7 通过 MOV 指令写入串行口的发送数据缓冲器 SBUF,启动串口自动发送。UART 自动地按起始位、数据位 D0～D7、校验位、停止位的顺序将该帧信息以规定的波特率逐一从 TXD 引脚移出。待发送完毕后自动将 SCON 中的中断标志 TI 位置 1,表示发送过程结束,程序可通过查询或中断的方式开始新的信息帧的发送。

　　(2)数据的接收过程

　　数据从 RXD 端输入。首先由指令设置 SCON 中的 REN 标志,使 REN 为 1,以自动启动串行口在方式 3 下的接收过程。UART 自动按规定的波特率从引脚 RXD 上逐位接收信息,移入串口中的接收移位寄存器。接收完毕后,将接收移位寄存器中的数据位 D0～D7 锁入 SBUF。同时将校验位送入 SCON 中的 RB8 位,并自动将 SCON 中的 RI 置 1,表示接收过程结束。程序可通过查询和中断方式进行处理和决定是否进行下一帧信息的接收。

　　2. 串行口波特率的确定

　　方式 3 下串行口波特率由定时/计数器 1 的溢出率和 PCON 中的 SMOD 决定,可以通过设置定时/计数器 1 的初值和 SMOD 位的方法来调整串口的通信波特率,使其达到实际通信的要求。其公式为:

$$波特率 = \frac{2^{\text{SMOD}}}{32} \times T1\ 溢出率$$

　　定时器 T1 作为波特率发生器使用时,选用定时器方式 2(即自动重装初值模式),可避免通过反复加载初值所引起的定时误差,使波特率更加稳定。

　　假定定时计数初值为 N,那么 T1 计数溢出周期为:

$$T1\ 计数溢出周期 = \frac{12}{f_{\text{osc}}} \times (256 - N)$$

　　T1 溢出率为溢出周期的倒数,则波特率计算公式为:

$$波特率 = \frac{2^{\text{SMOD}}}{32} \times \frac{f_{\text{osc}}}{12(256 - N)}$$

　　实际使用时,是先确定波特率,再计算定时器 T1 的计数初值,来进行定时器的初始化。根据上述波特率计算公式,可得出定时器 T1 方式 2 的初始值为:

$$计数初值\ N = 256 - \frac{f_{\text{osc}} \times 2^{\text{SMOD}}}{384 \times 波特率}$$

　　方式 3 中的波特率与晶振频率和定时器初值密切相关。当波特率要求按规范采用 1 200、2 400、4 800、9 600 等值时,若采用 12 MHz 或 6 MHz 晶振频率,则按上述公式算出的定时器 T1 的计数初值不是一个整数值,取整后使 T1 产生的波特率有一定的误差,从而影响串行通信的同步性能。解决的办法只有调整单片机的晶振频率。为此,实际应用中经常采用频率为 11.059 2 MHz 的晶振,可使计算出的 T1 初值为整数。

表 8－3 列出了串行口常用波特率及其初值的关系表,以便查用。

表 8－3　常用波特率和定时器 T1 初值关系表

| 波特率/bps | $f_{osc}=6$ MHz | | | $f_{osc}=12$ MHz | | | $f_{osc}=11.0592$ MHz | | |
|---|---|---|---|---|---|---|---|---|---|
| | SMOD | T1 方式 | 初值 | SMOD | TI 方式 | 初值 | SMOD | T1 方式 | 初值 |
| 62.5k | | | | 1 | 2 | FEH | 1 | 2 | FEH |
| 19.2k | 1 | 2 | FEH | 1 | 2 | FDH | 1 | 2 | FDH |
| 9.6k | 1 | 2 | FDH | 1 | 2 | FAH | 1 | 2 | FAH |
| 4.8k | 0 | 2 | FDH | 1 | 2 | F3H | 1 | 2 | F3H |
| 2.4k | 0 | 2 | FAH | 0 | 2 | F3H | 0 | 2 | F4H |
| 1.2k | 0 | 2 | F4H | 0 | 2 | E8H | 0 | 2 | E8H |
| 600 | 0 | 2 | E8H | 0 | 2 | CCH | 0 | 2 | D0H |
| 300 | 0 | 2 | CCH | 0 | 2 | 98H | 0 | 2 | A0H |
| 110 | 0 | 2 | 72H | 0 | 1 | FEEBH | 0 | 1 | FEFFH |

【例 8－2】　设某单片机时钟振荡频率为 11.059 2 MHz,选用定时器 T1(工作方式为 2)作为波特率发生器,波特率为 2 400 bps,求定时器初值。

[解]

设置波特率控制位 SMOD＝0

$$计数初值=256-\frac{11.059\ 2\times10^{6}\times2^{0}}{384\times2\ 400}=244=F4H$$

所以(TH1)＝(TL1)＝F4H

系统振荡频率选为 11.059 2 MHz 是为了使初始值为整数,从而产生精确的波特率。

## 8.2.2　方式 3 下串口通信的应用举例

【例 8－3】　用中断法编写串行口在方式 3 下的收发程序。要求使用偶校验,波特率为 1 200 bps,晶振频率为 11.059 2 MHz。

[解]

定时器 1 采用工作方式 2。由表 8－3 可知,定时器 T1 的初始值为 0E8H。设发送数据区的首地址为内部 RAM20H,接收数据后的首地址为内部 RAM50H。

主程序如下:

```
ORG     0000H
AJMP    MAIN
ORG     0023H        ;串行口中断入口地址
AJMP    INTS
ORG     0030H
```

```
MAIN: MOV    TMOD,＃20H      ;T1 工作于方式 2
      MOV    TH1,＃0E8H      ;定时器 T1 自动重装载值
      MOV    TL1,＃0E8H      ;计数初值
      SETB   TR1             ;启动 T1 工作
      MOV    SCON,＃0E0H     ;串行口工作于方式 3
      MOV    R0,＃20H        ;发送数据区起始址送 R0
      MOV    R1,＃50H        ;接收数据区起始址送 R1
      SETB   EA              ;开中断
      SETB   ES
      ACALL  SEND            ;调用发送子程序
      SJMP   $               ;循环等待
INTS: JNB    RI,LP1          ;中断服务程序,判断是接收 or 发送中断?
      ACALL  RECV            ;调用接收子程序
      AJMP   NEXT            ;下一个数据
LP1:  ACALL  SEND            ;调用接收子程序
NEXT: RETI                   ;中断返回
SEND: MOV    A,@R0           ;发送子程序
      MOV    C,P
      MOV    TB8,C
      INC    R0
      MOV    SBUF,A
      CLR    TI
      RET
RECV: MOV    A,SBUF          ;接收子程序
      MOV    C,RB8
      MOV    @R1,A
      INC    R1
      CLR    RI
      RET
      END
```

# 8.3　任务十六 ——单片机与 PC 机间的通信

【学习目标】　通过任务十六了解单片机与 PC 机通信的电路设计与程序编写方法。

【任务描述】　PC 机先发送从键盘输入的数据,单片机接收后回发给 PC 机,双

方收发数据是相同的。单片机将收到的 30H～39H 间的数据转换成 0～9 显示,其他数据直接显示为字符的 ASCII 码。

1. 硬件电路与工作原理

硬件电路设计示意图如图 8－13 所示。

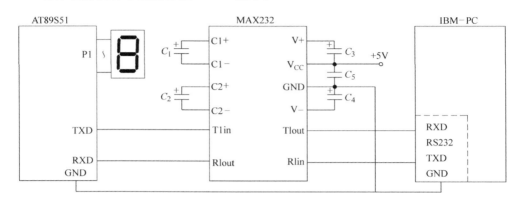

图 8－13　单片机与 PC 间串口通信电路连接示意图

2. 源程序设计

源程序如下:

```
            ORG      0000H
MAIN: MOV      TMOD,♯20H        ;T1 工作于方式 2
            MOV      TH1,♯0E8H        ;定时器 T1 自动重装载值
            MOV      TL1,♯0E8H        ;计数初值
            MOV      PCON,♯80H        ;SMOD＝1
            SETB     TR1              ;启动 T1 工作
            CLR      ES               ;关串行口中断
LOOP: MOV      SCON,♯0E0H       ;串行口工作于方式 3
            JNB      RI, $            ;等待接收完毕
            CLR      RI               ;清除接收中断标志
            MOV      A,SBUF
            PUSH     ACC
            CJNE     A,♯30H,LP1       ;以下数据判断处理程序
LP1:  JC       LP3
            CJNE     A,♯3AH,LP2
LP2:  JNC      LP3
            CLR      C
            SUBB     A,♯30H
```

```
LP3：    MOV     P1，A              ;经 P1 口显示
         POP     ACC
LP4：    NOP
         NOP
         NOP
         MOV     SBUF，A           ;数据回发给 PC 机
         JNB     TI，$             ;等待发送完毕
         AJMP    LOOP             ;循环,下一次数据收发
         END
```

PC 机端的控制程序一般采用高级语言编写,由于篇幅限制不做叙述,请读者自行查阅相关书籍。在此介绍一款串口调试助手软件——串口调试助手 V2.2,操作界面如图 8-14 所示。它能够帮助调试单片机端的串口通信电路以及控制程序,省去了编写 PC 机控制程序的麻烦,在实际技术应用中非常广泛。

图 8-14　串口调试助手操作界面

串口调试助手 V2.2 是 http://www.gjwtech.com 提供的一款软件,使用平台为 WIN9X/NT/2000/XP。该软件为绿色软件,无需安装,是一个很好而小巧的串口调试助手,支持常用的 400~38 400 bps 波特率,能以 ASCII 码或十六进制接收或发送任何数据或字符(包括中文),可以任意设定自动发送周期。

该软件所有功能均置于界面上,一目了然。使用方法如下。按要求设置好串行通信口、波特率、数据位、校验位、停止位的个数,选中(CHECK)十六进制发送,在发送框中填写待发送的数据,即可实现向单片机端发送数据。

**注意**:发送框中所填字符每两个字符之间应有一个空隔,如 01 23 00 34 45。

3. 源程序的编辑、编译与下载

打开 Keil 和 PROTEUS 虚拟仿真软件进行程序的编辑、编译、模拟仿真。打开下载软件,目标文件下载到目标板上的 AT89S51 单片机芯片中,观察程序的运行结果。

下面介绍关于 RS－232C 串行口的基础知识及其应用。

## 8.3.1　RS－232C 总线标准

串行接口标准指的是计算机或终端(数据终端设备 DTE)的串行接口电路与调制解调器 MODEM 等(数据通信设备 DCE)之间的连接标准。RS－232C 是一种标准接口,D 型插座,采用 25 芯引脚或 9 芯引脚的连接器,如图 8－15 所示。

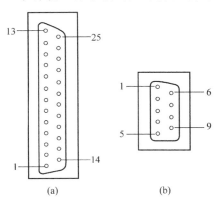

图 8－15　RS－232D 型插座连接器
(a)25 芯引脚;(b)9 芯引脚

1. 信号线

RS－232C 标准规定接口有 25 根连线。只有 9 个信号经常使用。引脚和功能分别如下。

TXD(第 2 脚):发送数据线,输出。发送数据到 MODEM。

RXD(第 3 脚):接收数据线,输入。接收数据到计算机或终端。

RTS(第 4 脚):请求发送,输出。计算机通过此引脚通知 MODEM,要求发送数据。

CTS(第 5 脚):允许发送,输入。发出作为对的回答,计算机才可以进行发送数据。

DSR(第 6 脚):数据装置就绪(即 MODEM 准备好),输入。表示调制解调器可以使用,该信号有时直接接到电源上,这样当设备连通时即有效。

GND(第 7 脚):信号地。

CD(第 8 脚):载波检测(接收线信号测定器),输入。表示 MODEM 已与电话线路连接好。

如果通信线路是交换电话的一部分,则至少还需如下两个信号。

RI(第 22 脚):振铃指示,输入。MODEM 若接到交换台送来的振铃呼叫信号,就发出该信号来通知计算机或终端。

DTR(第 20 脚):数据终端就绪,输出。计算机收到 RI 信号以后,就发出信号到 MODEM 作为回答,以控制它的转换设备,建立通信链路。

9 芯引脚连接器的引脚信号及功能如表 8－4 所示。RS－232C 所能直接连接的最长距离不大于 15 m,最高通信速率为 20 kbps。

2. 逻辑电平

RS—232C 标准采用 EIA 电平,规定 TXD 和 RXD 上的数据信号"1"的逻辑电平在—3 V～—15 V 之间,"0"的逻辑电平在+3 V～+15 V 之间;对于 DTR、DSR、RTS、CTS、CD 等控制信号,—3 V～—25 V 表示信号无效,即断开;+3 V～+25 V 表示信号有效,即接通。

表 8—4　DB—9 引脚信号及功能

| 引脚 | 信号 | 方向 | 功能 | 引脚 | 信号 | 方向 | 功能 |
|---|---|---|---|---|---|---|---|
| 1 | CD | 入 | 载波检测 | 6 | DSR | 入 | 数据设备就绪 |
| 2 | RXD | 入 | 接收数据 | 7 | RTS | 出 | 请求传送 |
| 3 | TXD | 出 | 发送数据 | 8 | CTS | 入 | 允许传送 |
| 4 | DTR | 出 | 数据终端就绪 | 9 | RI | 入 | 振铃指示 |
| 5 | GND | | 信号地 | | | | |

## 8.3.2　RS—232C 接口电路

当 PC 机与单片机通过 RS—232C 标准总线通信时,由于 RS—232C 信号电平与单片机电平不一致,因此必须要用到信号电平转换。实现这种电平转换的电路称为 RS—232C 接口电路,常用的方法有两种,一种是采用运算放大器、晶体管、光电隔离器等器件组成的电路实现,另一种是采用专门集成芯片(如 MC1488、MC1489、MAX232)来实现。下面以常用的 MAX232 专门集成芯片为例来介绍接口电路的实现方法。

1. MAX232 接口电路

MAX232 芯片是 MAXIM 公司生产的具有两路接收器和驱动器 IC 芯片,内部有一个电源电压变换器,可以将输入+5 V 的电压变换成 RS—232C 输出电平所需的±12 V 电压。在其内部同时也完成 TTL 信号电平和 RS—232C 信号电平的转换。所以,采用此芯片实现接口电路只需单一的+5 V 电源就可以了。

MAX232 芯片的引脚结构如图 8—16 所示。其中管脚 1～6 用于电源电压的转换,需要在外部接入相应的电解电容;管脚 7～10 和管脚 11～14 构成两组 TTL 信号电平与 RS—232C 信号电平的转换电路,对应管脚可直接与单片机串行口的 TTL 电平引脚和 PC 机的 RS—232C 电平引脚相连。

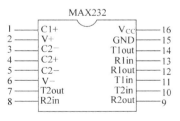

图 8—16　MAX232 引脚结构图

2. PC 机与多个单片机间的串行通信

图 8—17 表示一台 PC 机与多个单片机间的串行通信电路。这种通信系统一般为主从结构,PC 机为主机,单片机为从机。主从间的信号电平转换由 MAX232 芯片实现。

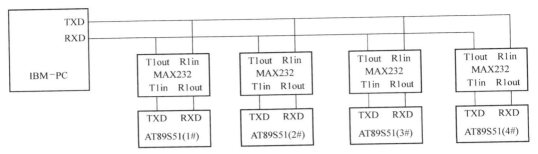

图8-17　一台PC机与多个单片机通信接口电路

　　这种小型分布式控制系统充分发挥了单片机体积小、功能强、抗干扰性好、面向被控对象等优点,将单片机采集到的数据信息传送给PC机。同时还利用了PC机数据处理能力强,可将多个控制对象的信息加以综合分析、处理,然后向各单片机发出控制信息,以实现集中管理和最优控制,并能将各种数据信息显示和打印出来。

# 8.4　单片机软硬件设计与调试点滴经验积累(三)

　　在进行单片机应用产品开发的过程中,经常会碰到这样的情况:在实验室环境下运行单片机系统很正常,但小批量生产并安装在工业现场后,系统则会产生预料之外的误动作或误显示,严重时导致系统失灵。这是因为工业生产的工作环境往往比较恶劣,干扰严重,这些干扰有时会严重损坏系统中的器件或导致系统不能正常运行。

　　引起单片机控制系统干扰的主要原因有供电系统干扰、过程通道干扰、空间电磁波干扰等。

　　干扰的抑制方法一般分为硬件抗干扰和软件抗干扰。硬件抗干扰技术是系统设计首选的抗干扰措施,它能有效地抑制干扰源,阻断干扰的传输信道。常用的措施有滤波技术、去耦技术、屏蔽技术和接地技术。

　　下面简单介绍几种方法。

　　①单片机工作电路的电源要采取独立的供电回路,其电源变压器同其他大功率电路的电源变压器分开使用。单片机电源电路的地线不要与其他大功率电路的地线连接。在两电路的电气连接处,可使用光电耦合器、光可控硅等器件隔离。尽量提高接口器件的电源电压,提高接口的抗干扰能力。交流进线端加低通滤波器可滤掉高频干扰。

　　②单片机的输入、输出口线,特别是参与控制大功率电路的口线,在其与外电路的电气连接处都要通过光电耦合器隔离。

　　③单片机控制回路与其他大功率回路能够分开放置的,尽量不要放置在同一空间中。如果二者必须在同一空间中的,要尽量加大二者的电气距离,尽可能减小空间的电磁感应耦合和辐射干扰,或者将单片机控制电路放在由金属网或金属盒构成的屏蔽体内。

# 本 章 小 结

在计算机系统中,CPU 和外部通信有两种方式:并行通信和串行通信。并行通信,即数据的各位同时传送,如主机与存储器、主机与键盘、显示器之间的数据传递;串行通信,即数据一位一位顺序传送。串行通信能够节省传输线路,特别是数据位数很多和远距离数据传送时,这一优点更为突出。串行通信方式的主要缺点是传送速度比并行通信要慢。

AT89S51 内部除有 4 个并行 I/O 接口外,还有一个全双工的异步串行通信 I/O口。它既可以用于网络通信,也能实现串行异步通信,还可作为同步移位寄存器使用,非常灵活。该串行口的波特率和帧格式可以编程设定。串行口共有 0、1、2、3 四种工作方式。帧格式有 10 位、11 位。方式 0 和方式 2 的传送波特率是固定的,方式1 和方式 3 的波特率是可变的,由定时器的溢出率决定。串行口内部有两个独立的接收、发送缓冲器 SBUF。SBUF 属于特殊功能寄存器。发送缓冲器只能写入不能读出,接收缓冲器只能读出不能写入,二者共用一个字节地址(99H)。

当需要单片机与 PC 机通信时,通常采用 RS－232 接口进行电平转换。RS－232C 是使用最早、应用最多的一种异步串行通信总线标准。RS－232C 串行接口总线适用于设备之间的通信距离不大于 15 m,传输速率最大为 20 KB/s。

在多点现场工业控制系统的设计应用中,单片机与 PC 机组合构成分布式控制系统是单片机应用的一个重要的领域和方向。

# 习题与思考题

1. 什么是串行通信,其特点是什么?

2. 设异步通信一帧字符有 7 个数据位,一个起始位,一个奇偶校验位,一个停止位。如果波特率为 9 600 bps,则每秒能传输多少字符?

3. 串行接口主要由哪些部分组成?

4. 简述串行口方式 3 发送和接收的工作过程。

5. 编制串行口接收程序。其功能为从串行口上以方式 3 输入 16 个字符,写入内部 RAM 中以 50H 开始的存储单元之中。设 $f = 11.059\ 2$ MHz,波特率为2 400 bps,定义 PSW.5(FO)为奇偶校验出错标志位,"1"出错,"0"正确。

6. 请设计一个电路,利用两片 74LS165 实现扩展两个 8 位并行输入口。

7. 试用串行口、串入并出移位寄存器 74LS164 与 8 个共阳极 7 段显示管接口,显示片内 RAM58H～5FH 8 个单元中的非压缩 BCD 码。

8. 串行口工作方式 2 和工作方式 3 的工作状态完全一样,只是波特率为$\frac{2^{SMOD}}{64} \times f_{osc}$,试利用方式 2 编写一个主从式多机通信,实现主机向 02 号从机发送50H～5FH 单元内的数据,从机(02 号)响应主机呼叫的联络程序。

# 第9章 单片机技术的进一步应用
## ——系统扩展与接口技术

**本章学习目标**

※掌握独立式、矩阵式键盘的扩展接口技术

※了解串行扩展技术 I²C 总线的原理与 AT24 系列串行 EEPROM 的应用设计方法

※理解点阵式显示器的设计原理,熟悉 16×16 点阵显示器的应用设计方法

※了解单片机测控领域处理的信号类型

※掌握模/数转换芯片与单片机的连接方法及 ADC0809 的典型应用

※掌握用查询方式、中断方式完成模/数转换程序的编写方法

※理解步进电机的工作原理、控制方法,能用其实现简单控制

## 9.1 任务十七——基于单片机的电子密码锁设计(键盘处理部分)

【学习目标】 设计一个电子密码锁,完成键盘部分的设计,熟悉和掌握 AT89S51 单片机的键盘系统及键盘识别方法。

【任务描述】 在现实生活中,经常会遇到电子密码锁,比如行李箱、防盗门、手机等。为了安全和防止误操作,需要为其设置密码。在使用时,输入密码进行解锁。本章将分两个任务介绍基于单片机的电子密码锁设计。任务十七介绍电子密码锁课题中键盘部分的设计处理方法,任务十八介绍与之相关的 I²C 存储器的知识。

用 AT89S51 单片机设计电子密码锁的具体要求如下。

\*设置密码:初始默认密码为 00,可重新设置密码,设置方法为先输入 F,然后输入密码(2 位数字,0~9 中的数字),最后输入 E 确认。

\*删除密码:如果想删除设置的密码,直接输入 C。删除密码后,密码恢复为初

始默认密码00。

*识别密码:解锁方式,先输入 B,再输入已设置的密码,最后输入 E,进行确认。

*用户提示:系统有 3 个指示灯,1 个是设置密码灯,表示正在设置密码;1 个是正确指示灯,表示输入密码正确;1 个是错误指示灯,表示输入密码错误。

1. 硬件电路与工作原理

在上面的任务要求中,电子密码锁具有设置密码、删除密码和识别密码等功能,主要是涉及键盘的使用和数据的存取,用户通过键盘完成不同功能的操作。所以,解决这个任务之前,先一起学习键盘的一些基本概念、分类和设计方法。

在单片机应用系统中,为了控制运行状态,需要向系统输入一些命令或数据,因此应用系统中设有各种按键,包括数字键、功能键和组合控制键等。所有按键组合在一起就构成了单片机系统的功能键盘。按键实物如图 9—1 所示。

按键是一种常开型按钮开关。平时(常态时),按键的两个触点处于断开状态,按下键时才闭合(短路)。键盘中每个按键都是一个常开开关电路,如图 9—2 所示。

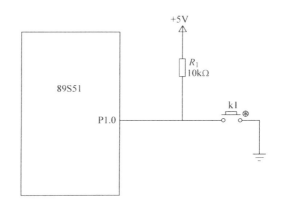

图 9—1 按键实物                          图 9—2 按键电路

按键的操作利用机械触点的合、断作用。由于机械触点的弹性作用,在闭合及断开瞬间均有抖动过程,会出现一系列负脉冲,电压抖动波形如图 9—3 所示。抖动时间的长短与开关的机械特性有关,一般为 5～10 ms。这是一个很重要的时间常数,

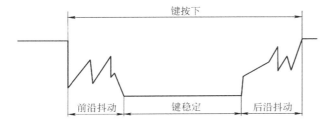

图 9—3 键闭合及断开时的电压抖动波形

在很多场合都要用到。按键稳定闭合时间的长短则是由操作人员的按键动作决定的，一般为零点几秒至数秒。在触点抖动期间检测按键的通与断状态，可能导致判断出错。即按键一次按下或释放被错误地认为是多次操作，这种情况是不允许出现的。为了克服按键触点机械抖动所致的检测误判，必须采取去抖动措施，可从硬件、软件两方面予以考虑。

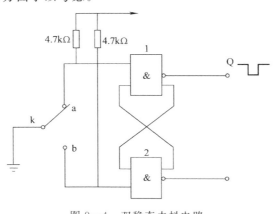

图 9－4　双稳态去抖电路

通常，在键数较少时可用硬件方法消除键抖动。可采用在键输出端加 R－S 触发器（双稳态触发器）或单稳态触发器构成去抖动电路。图 9－4 是一种由 R－S 触发器构成的去抖动电路，当触发器一旦翻转，触点抖动不会对其产生任何影响。

电路工作过程如下。

按键未按下时，a＝0，b＝1，输出 Q＝1。按键按下时，因按键机械弹性作用的影响，使按键产生抖动，当开关没有稳定到达 b 端时，因"与非"门 2 输出 0 反馈到"与非"门 1 的输入端，封锁了"与非"门 1，双稳态电路的状态不会改变，输出保持为 1，输出 Q 不会产生抖动的波形。当开关稳定到达 b 端时，因 a＝1，b＝0，使 Q＝0，双稳态电路状态发生翻转。当释放按键时，在开关未稳定到达 a 端时，因 Q＝0，封锁了"与非"门 2，双稳态电路的状态不变，输出 Q 保持不变，消除了后沿的抖动波形。当开关稳定到达 b 端时，因 a＝0，b＝0，使 Q＝1，双稳态电路状态发生翻转，输出 Q 重新返回原状态。由此可见，经双稳态电路之后，输出已变为规范的矩形方波。

如果按键较多，常用软件方法去抖，既节省硬件开销，又很实用有效。采用软件去除抖动影响的办法是：检测按键闭合后，执行一个延时程序，产生 5～10 ms 的延时，让前沿抖动消失后再一次检测键的状态，如果仍保持闭合状态电平，则确认真正有键按下，从而消除了抖动的影响。

关于键盘接口类型和按键识别方法的详细知识将在本章第 9.1.1 节和 9.1.2 节中深入探讨。下面完成电子密码锁课题的第一步工作——电子密码锁的键盘设计和按键识别。采用 AT89S51 单片机对 4×4 矩阵键盘进行动态扫描，当有键按下时，对应的键值（0～F）实时显示在数码管上。

根据任务要求，列出了具体数据指令格式，见表 9－1 所示。

基于以上内容，设计硬件电路如图 9－5 所示。其中，选用的元器件如下。

①单片机：AT89S51。

表 9—1　电子密码锁使用方法

| 操作 | 数据指令格式 | 指示灯 |
|---|---|---|
| 默认密码 | 00 | |
| 设置密码 | F＊＊E | 设置密码灯亮 |
| 删除密码 | C | |
| 开锁 | B＊＊E | 正确指示灯亮、错误指示灯亮 |

注:＊＊表示用户设置的密码(2 位数字,0～9)。

②电阻:RES 100 kΩ(4 个)、220 Ω(7 个)、10 kΩ(1 个)。

③数码管:7SEG—COM—ANODE(1 个)。

④电容:22 pF(2 个),10 μF(1 个)。

⑤晶振:CRYSTAL 12 MHz(1 个)。

⑥按键:Button(16 个)。

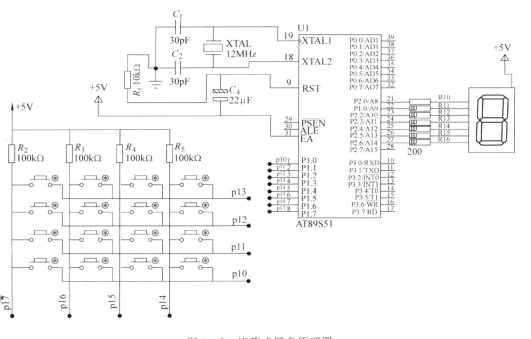

图 9—5　矩阵式键盘原理图

2. 控制源程序

图 9—5 中,P1.0～P1.3 为行线,P1.4～P1.7 为列线。行列式键盘采用逐行(或列)扫描查询的方法,具体方法将在第 9.1.2 节详细介绍。源程序如下。

```
ORG        0000H
SJMP       MAIN
ORG        0030H
```

```
MAIN:   MOV     SP,#5FH          ;设置堆栈区,从 5FH 开始
KKK:    ACALL   KEY              ;调扫描键盘子程序
        MOV     P2,A             ;送 P2 口显示
        SJMP    KKK
KEY:    MOV     R3,#0F7H         ;扫描初值
        MOV     R1,#00H
L2:     MOV     A,R3
        MOV     P1,A             ;拉低行线 P1.3 口
        MOV     A,P1             ;回读 P1 口
        MOV     R4,A             ;存入 R4,以判断是否放开
        SETB    C
        MOV     R5,#04H          ;扫描回读 4 列(P1.4~P1.7)
L3:     RLC     A                ;将读出的键值左移一位
        JNC     KEYIN            ;若 C=0,表示有键按下,跳至 KEYIN
        INC     R1               ;若 C=1,表示无键按下,取码指针加一
        DJNZ    R5,L3            ;4 列扫描完毕?
        MOV     A,R3             ;从新写入扫描值
        SETB    C
        RRC     A                ;带进位右移,扫描下一行
        MOV     R3,A             ;暂存扫描值
        JC      L2               ;若 C=1,表示 4 行还未扫描完;
        JMP     KEY              ;C=0,表示 4 行已扫描完
KEYIN:  MOV     R7,#60           ;延时去抖
D2:     MOV     R6,#248
        DJNZ    R6,$
        DJNZ    R7,D2
D3:     MOV     A,P1             ;再读入 P1 值
        XRL     A,R4             ;与延时前的读入值比较
        JZ      D3               ;若 A=0,表示与延时前相等,按键未释放
        MOV     A,R1             ;按键释放
        MOV     DPTR,#TABLE      ;查段码值
        MOVC    A,@A+DPTR
        RET
TABLE:  DB 40h,79h,24h,30h,19h,12h,02h,78h
        DB 00h,10h,8h,3h,46h,21h,06h,0Eh
        END
```

上述程序采用的扫描方法是行输出、回读列。首先拉低行 P1.3，然后回读列线 P1.4～P1.7，判断有没有列线为低电平。若某一列为低电平，则说明该列和行 P1.3 交叉处的按键被按下，延时去抖，再回读列线。与延时前的读入值比较，若相同说明按键未释放；若不同，则说明按键已释放。若四列全为高电平，则说明该列和行 P1.3 交叉处的四个按键均没有按下。再拉低行 P1.2，然后回读列线 P1.4～P1.7，判断有没有列线为低电平。判断方法同前。

3. 源程序的编辑、编译与下载

打开 Keil 和 PROTEUS 虚拟仿真软件进行程序的编辑、编译、模拟仿真。打开下载软件，目标文件下载到目标板上的 AT89S51 单片机芯片中，观察程序运行结果。

下面围绕上述任务，详细介绍键盘接口类型的选择以及按键的编程识别方法。

## 9.1.1 键盘接口类型的选择

根据位置和与软件的紧密程度，键盘可分为编码键盘和非编码键盘。编码键盘是通过一个编码电路识别闭合键的键码。编码键盘的优点是使用方便、程序简单，缺点是硬件复杂。而非编码键盘通过软件识别键码，不需要附加硬件电路，在单片机应用系统中得到广泛的应用。本节主要介绍非编码键盘。

按结构划分，键盘有独立式键盘和矩阵式键盘两大类。

1. 独立式键盘

独立式按键结构是指直接用 I/O 口线构成的单个按键电路。每个独立式按键单独占有一根 I/O 口线，每根 I/O 口线上的按键工作状态不会影响其他 I/O 口线的工作状态。独立式按键电路如图 9-6 所示。

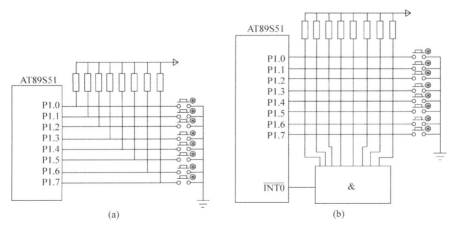

图 9-6 独立式按键电路示意图

(a)扫描方式；(b)中断方式

　　独立式按键电路配置灵活,软件结构简单,但每个按键必须占用一根 I/O 口线,在按键数量较多时,I/O 口线浪费较大。故在按键数量不多时可采用这种按键电路。

　　2. 矩阵式键盘

　　为了减少键盘与单片机接口时所占 I/O 线的数目,在键数较多时,通常都将键盘排列成矩阵形式,如图 9—7 所示。矩阵式键盘也称为行列式键盘,适用于按键数量较多的场合,它由水平线(行线)和垂直线(列线)组成。每条行线和列线交叉处不相通,而是通过一个按键连通。利用这种行列矩阵结构只需 $N$ 条行线和 $M$ 条列线,即可组成具有 $N \times M$ 个按键的键盘。

　　图 9—7 是一个 $4 \times 4$ 的 16 个按键的行列式键盘。很明显,在按键数量相同的场合,与独立式按键键盘相比,矩阵键盘要节省很多 I/O 口线。

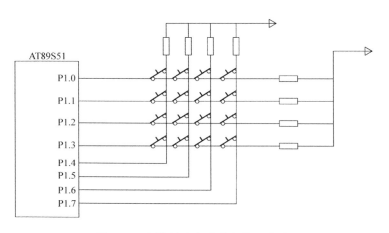

图 9—7　矩阵键盘与单片机接口电路

## 9.1.2　按键的识别方法

　　在实际应用系统中,键盘只是系统的一部分,键的识别也只是 CPU 工作内容的一部分。系统在工作中采取何种方式对键盘进行识别,读取键状态,这就是键盘工作方式。键盘工作方式主要有扫描方式和中断方式。电路如图 9—6 所示。

　　＊扫描方式。键盘的扫描方式又可分为编程扫描和定时扫描。编程扫描是指在特定的程序位置段上安排键盘扫描程序读取键盘状态。定时扫描是指利用单片机内部或扩展的定时器产生定时中断,在中断中进行键盘扫描的工作方式。不论哪一种扫描方式,键盘程序都应完成下列功能:键是否被按下判断,按键去抖处理,求键位置等。

　　＊中断方式。中断方式是指当无键按下时,CPU 处理其他工作而不必进行键的扫描;当有键被按下时,通过硬件电路向 CPU 申请键盘中断,在键盘中断服务程序中完成键盘处理。该种方法可提高 CPU 的工作效率。

## 1. 独立式键盘

独立式按键的程序设计通常采用扫描查询方式，对键值一般采取直接处理的方式，即用跳转指令 AJMP 或采用间接转移指令 JMP @A＋DPTR。通常按键输入都采用低电平有效，上拉电阻保证按键断开时，I/O 口线有确定的高电平。当 I/O 口内部有上拉电阻时，外电路可以不配置上拉电阻。

下面是独立按键结构的一段键盘处理程序，采用扫描方式。程序中省略了软件防抖动程序段，只包括键查询、键功能转移程序。FUN0～FUN7 为功能程序入口地址标号，SUB0～SUB7 分别为每个按键的功能程序。源程序如下。

```
START：MOV    P1，≠0FFH          ;置 I/O 口为输入方式
      MOV    A，P1              ;读入键状态
      CPL    A
      JZ     START             ;无键按下，则返回
      JB     ACC.0，FUN0        ;0 号键按下转 FUN0 标号地址
      JB     ACC.1，FUN1        ;1 号键按下转 FUN1 标号地址
      JB     ACC.2，FUN2        ;2 号键按下转 FUN2 标号地址
      JB     ACC.3，FUN3        ;3 号键按下转 FUN3 标号地址
      JB     ACC.4，FUN4        ;4 号键按下转 FUN4 标号地址
      JB     ACC.5，FUN5        ;5 号键按下转 FUN5 标号地址
      JB     ACC.6，FUN6        ;6 号键按下转 FUN6 标号地址
      SJMP   FUN7              ;7 号键按下转 FUN7 标号地址
FUN0： AJMP   SUB0              ;入口地址表
FUN1： AJMP   SUB1
       ⋮
FUN7： AJMP SUB7
SUB0： ……                      ;0 号键功能程序
       ⋮
      LJMP START               ;0 号键功能程序返回
SUB1： ……
       ⋮
      LJMP START
SUB7： ……
       ⋮
      LJMP START
```

## 2. 矩阵式键盘

矩阵式键盘比独立式键盘结构复杂，键识别方法以及处理程序不同。键盘处理程序首先执行等待按键并确认有无键按下，如图 9－8 所示。当确认有键按下后，下

一步就要识别哪一个按键按下。对键的识别通常有两种方法：一种是常用的逐行（或列）扫描查询法；另一种是速度较快的线反转法。

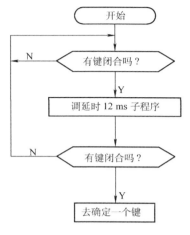

图 9—8　判断有无键按下框图

（1）逐行（或列）扫描法

该扫描法是一种逐行或逐列判断是否有键按下的方法，是一种最常用的按键识别方法。在图 9—7 中，P1.0～P1.3 为行线，P1.4～P1.7 为列线，行列线通过上拉电阻接+5 V。

首先判别键盘中有无键按下，由单片机 I/O 口向键盘送（输出）全扫描字，然后读入（输入）行线状态判断。方法是：向列线（图中垂直线）输出全扫描字 00H，把全部列线置为低电平，然后将行线状态的电平状态读入累加器 A 中。如果有按键按下，总会有一根行线电平被拉至低电平，从而使行输入不全为 1。

判断键盘中哪一个键被按下是通过将列线逐列置低电平后，检查行输入状态实现的。方法是：依次给列线送低电平，然后查所有行线状态。如果全为 1，则所按下的键不在此列；如果不全为 1，则所按下的键必在此列，而且是在与零电平行线相交的交点上的那个键 。

参考程序如下。

```
KEY:   MOV    P1,#0FH            ;列输出低电平,行输出高电平
       MOV    A,P1               ;读 P1 口状态
       ANL    A,#0FH             ;保留行状态
       CJNE   A,#0FH,KEY0        ;有键按下转 KEY0
       SJMP   KEY                ;无键按下等待,转键检测
KEY0:  LCALL  D10MS              ;调 10 ms 延时去抖程序
       MOV    A,P1
       ANL    A,#0FH
       CJNE   A,#0FH,KEY1        ;不是抖动,转键值判断
       SJMP   KEY                ;是抖动,返回转键检测
KEY1:  MOV    P1,#11101111B      ;第一列键判断
       MOV    A,P1
       ANL    A,#0FH
       CJNE   A,#0FH,KEY11       ;第一列键被按下转 KEY11 处理
       MOV    P1,#11011111B      ;第二列键判断
       MOV    A,P1
       ANL    A,#0FH
```

```
          CJNE      A,≠0FH,KEY11      ;第二列键被按下转 KEY11 处理
          ......
          MOV       P1,≠01111111B     ;第四列键判断
          MOV       A,P1
          ANL       A,≠0FH
          CJNE      A,≠0FH,KEY11      ;第四列键被按下转 KEY11 处理
          LJMP      KEY               ;均不是,转到键检测
KEY11:    MOV       A,P1              ;读键值
          键值处理
          ⋮
```

(2)反转法

逐行扫描法对键的识别采用逐行(列)扫描的方法获得键的位置。当被按下的键在最后一行时需要扫描 N 次(N 为行数),当 N 比较大时键盘工作速度较慢。而反转法则不论键盘有多少行和多少列只需经过两步即可获得键盘的位置。反转法的第一步与扫描法相同,均是把列线置低电平、行置高电平,然后读行状态;第二步与第一步相反,把行线置低电平、列线置高电平,然后读列线状态。由两次所读状态即可确定所按键的位置。这样,通过两次输出和两次读入可完成键的识别,比扫描法简单。

参考程序如下。

```
KEY:      MOV       P1,≠0FH           ;列输出低电平,行输出高电平
          MOV       A,P1              ;读 P1 口状态
          ANL       A,≠0FH            ;保留行状态
          CJNE      A,≠0FH,KEY0       ;有键按下,转 KEY0
          SJMP      KEY               ;无键按下,返回,继续检测按键
KEY0:     LCALL     D10MS             ;调 10 ms 延时去抖
          MOV       A,P1
          ANL       A,≠0FH
          MOV       B,A
          CJNE      A,≠0FH,KEY1       ;不是抖动,转键值判断
          SJMP      KEY               ;是抖动,返回,继续检测按键
KEY1:     MOV       P1,≠0F0H          ;行输出低电平,列输出高电平
          MOV       A,P1
          ANL       A,≠0F0H
          ORL       A,B
          键值处理
          ⋮
```

## 9.2 任务十八——基于单片机的电子密码锁设计($I^2C$ 存储器部分)

【**学习目标**】 理解串行扩展技术 $I^2C$ 的原理,掌握 AT24 系列 EEPROM 的应用设计方法。

【**任务描述**】 同任务十七所述,本任务主要解决的是密码存储和记忆的问题。

### 1. 硬件电路与工作原理

除了按键设计与数据显示之外,电子密码锁的另一重要内容是存储数据,即密码的保存与读取。单片机内部 RAM 虽然可以保存数据,但掉电后数据丢失,故密码不能保存在内部 RAM 中。针对类似设计要求,一般采用外扩 EEPROM 的方式。单片机扩展 ROM 的方法在第 3 章介绍过,如图 3—14 和图 3—15 所示。这种扩展方法是并行扩展方法,现代单片机应用系统广泛采用串行扩展技术。串行扩展接线灵活,占用单片机资源少,系统结构简化,极易形成用户的模块化结构。串行扩展技术在 IC 卡、智能化仪器仪表以及分布式控制系统等领域获得广泛应用。

目前,单片机应用系统中使用的串行扩展技术主要有 PHILIPS 公司的 $I^2C$ 总线(Inter IC BUS)、DALLAS 公司的单总线(1—Wire)、MOTOROLA 公司的 SPI 串行外设接口、NS 公司的串行扩展接口 Microwire/Plus 以及 80C51 的 UART 方式 0 下的串行扩展技术。本节介绍基于 $I^2C$ 总线的 AT24 系列串行 EEPROM 的应用设计方法。

串行 EEPROM 芯片扩展电路较简单,本课题所用芯片 AT24C02 与 AT89S51 的电路接口如图 9—9 所示,接口详细原理以及整个电子密码锁课题的全部电路将在后续小节给出。本节的重点是 $I^2C$ 总线的时序要求和相应的程序实现方法。

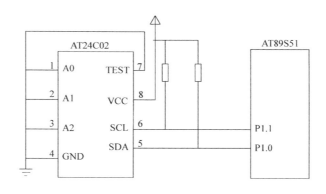

图 9—9　AT24C02 与 AT89S51 硬件接线图

### 2. 控制源程序

电路简单,程序必然复杂。本课题的程序编写是基于对 $I^2C$ 总线的正确认识的

基础之上。在下面学习中读者一定要加深对该总线通信时序的理解，把总线时序和
程序实现完美的结合。详细源程序在本节最后给出。

　　3. 源程序的编辑、编译与下载

　　打开 Keil 和 PROTEUS 虚拟仿真软件进行程序的编辑、编译、模拟仿真。打开
下载软件，目标文件下载到目标板上的 AT89S51 单片机芯片中，观察程序运行结果。

　　下面围绕上述知识点介绍 I²C 串行总线数据传输过程、AT24 串行 EEPROM 系
列应用以及电子密码锁的综合解决方案。

## 9.2.1　I²C 串行总线概述

　　I²C 总线是英文 Inter Integrated Circuit 的缩写，常译为"内部集成电路总线"或
"集成电路间总线"。它是 Philips 公司推出的一种用于 IC 器件之间连接的二线制串
行扩展总线。它通过两根信号线 SDA（串行数据线）和 SCL（串行时钟线），在连接到
总线上的器件之间传送数据，根据地址识别每个器件，所有连接于总线的 I²C 器件都
可以工作于发送方式或接收方式。

　　目前，很多半导体集成电路都集成了 I²C 接口，很多外围器件如 SRAM、EEP-
ROM、I/O 口、ADC/DAC、LCD 等提供 I²C 结构的接口电路相连接，也能成为 I²C 总
线扩展器件。图 9—10 为 I²C 总线器件外围扩展电路示意图。

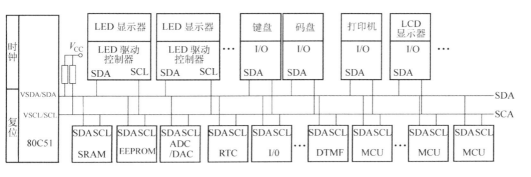

图 9—10　I²C 总线外围扩展

　　I²C 总线两个信号线 SDA 和 SCL 都是双向 I/O 线，必须通过上拉电阻（一般可
选 5～10 kΩ）接到正电源。此外，I²C 总线器件的输出必须是开漏或集电极开路，即
具有线与功能。I²C 总线接口电路如图 9—11 所示。I²C 总线上数据的传输速率在
标准模式下，可达 100 kbit/s，在快速模式下可达到 400 kbit/s，在高速模式下可达到
3.4 Mbit/s。

　　在上图中，可以看到 I²C 总线上挂有两个器件 1 和 2，这两个节点是完全对等
的。事实上，在由 I²C 总线接口器件构成的电路系统中，所有的节点都是对等的。通

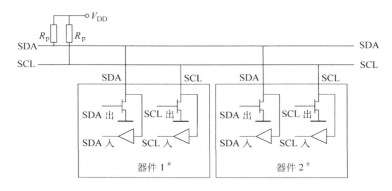

图 9－11　I²C 总线接口电路

过 I²C 总线进行数据传输时，当某一器件向总线发送数据时，它就被称为发送器。而当该器件从总线上接收数据时，它又称为接收器。I²C 总线上所有的外围器件都有规范的器件地址。器件地址由 7 位组成，它和 1 位方向位构成了 I²C 总线器件的寻址字节 SLA。寻址字节格式如图 9－12 所示。

| | Bit7 | Bit6 | Bit5 | Bit4 | Bit3 | Bit2 | Bit1 | Bit0 |
|---|---|---|---|---|---|---|---|---|
| SLA | DA3 | DA3 | DA3 | DA3 | A3 | A2 | A1 | R/W |

图 9－12　寻址字节格式 SLA

1）器件地址（DA3、DA2、DA1、DA0）　这是 I²C 总线外围接口器件固有的地址编码，器件出厂时，就已给定。这 4 位地址用来确定器件类型。例如，I²C 总线 E²PROM AT24CXX 的器件地址为 1010，4 位 LED 驱动器 SAA1064 的器件地址为 0111。

2）引脚地址（A2、A1、A0）　这是由开发人员根据需要，将器件上的 3 条引脚（I²C 器件上的 A2、A1、A0 3 个引脚）通过不同的接地方法确定。这 3 位地址可以确定同种器件类型的不同单元，比如系统上连接了两片相同的存储芯片，它们的器件地址是一样的，那么就通过不同的引脚地址加以区分（等同于器件的片选）。

3）数据方向（R/$\overline{\text{W}}$）　I²C 规范确定了数据传输的方向，最重要的规则是所有的方向规定都是相对于主控制器流向，数据从主控制器流向从器件称为发送，数据由从器件流向主控制器称为接收。其中，R（高电平）表示接收，$\overline{\text{W}}$（低电平）表示发送。

## 9.2.2　I²C 总线上数据传输

在数据传输过程中，为了保证收发同步，必须定义起始和停止状态。在 I²C 总线技术规范中，每次数据传送，都是由主器件发送起始信号开始，发送停止信号停止，如图 9－13 所示。

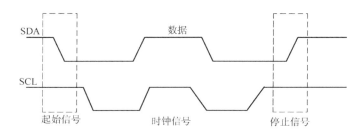

图 9—13 I²C 总线的起始信号与停止信号波形图

在 SCL 时钟线保持高电平期间,SDA 数据线出现高电平向低电平的下降沿信号时,即为总线的起始信号;相反,当 SCL 时钟线保持高电平期间,当 SDA 数据线由低电平向高电平的上升沿信号时,即为总线的停止信号。起始状态和停止状态实质上都是由主控器产生的。在总线工作过程中,当主控器产生起始信号后,总线处于"占用"状态,此时进入传输数据状态;当主控器产生停止信号后,总线处于"释放"状态,此时停止传输数据,SDA、SCL 两线均保持高电平。

与起始信号和停止信号不同,I²C 总线在传输数据过程中,由 SCL 时钟传送时钟信号,如图 9—14 所示。时钟信号有高低电平之分,在高电平期间(数据为 1),要求数据线上传输的数据必须稳定,在此期间,实现数据的交换;在低电平期间(数据为 0),数据线上的数据可以变化。

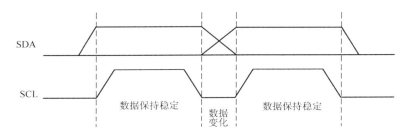

图 9—14 I²C 总线数据传输波形图

I²C 总线在传输数据时,以字节(byte)为基本传输单元,每个字节长度必须为 8 位(bit)。传输时,首先传输最高位,最后传输最低位。每一位数据的传输在时钟线上都有一个时钟脉冲与之对应(即只有在时钟脉冲到来时才能传输数据)。数据由发送器发出,并通过数据线由接收器接收。接收器每接收一个正确的数据字节后,都要在数据线上给发送器发送一个应答信号。应答信号在 I²C 总线数据传输过程中非常重要,数据传输必须要有响应信号。响应时钟脉冲由主机产生。在响应时钟脉冲期间,发送器释放 SDA 信号线,使其处于高电平状态;而在响应时钟脉冲期间,接收器必须将 SDA 线拉低,以使得 SDA 在响应时钟脉冲的高电平期间保持稳定的低电平状态,如图 9—15 所示。此处,在响应时钟脉冲期间,将 SDA 信号线拉低的是接收器。它既可能是发起数据传输过程的主机(主机从从机读取数据),也可能是从机(主机向从机写入数据)。

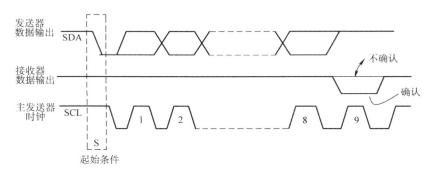

图 9—15　数据的确认

　　如果传输中有主机接收器,即主机从从机读取数据,则主机必须在读取最后一个字节后不产生响应信号来通知发送器数据读取结束。此时,从机(发送器)必须释放数据线,以便允许主机产生一个停止或重复起始条件。图 9—16 中对 $I^2C$ 总线上数据传输过程进行了描述,其中 SDA 和 SCL 是发送器的 SDA、SCL 与接收器的 SDA、SCL 线"与"后的结果。

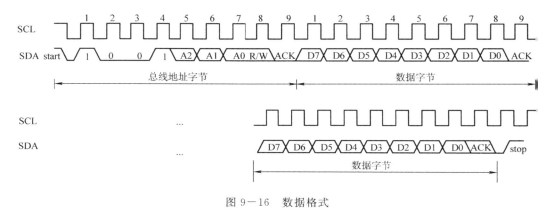

图 9—16　数据格式

　　从机收到主机发出的地址字节后(当地址一致时),对该地址字节进行响应,此后开始数据传输。接收器每收到发送器发送的一个字节,就在 SCL 的第 9 个字节发出一个 ACK 响应信号。要结束一次数据传输,可以采用以下两种方法:①在数据字节接收响应信号 ACK 后,主机在 SDA 上产生一个停止传送信号来中止数据传输;②接收器在收到数据字节后,不在第 9 个 SCL 周期中产生响应信号 ACK,迫使主机产生一个传送停止信号或传送起始信号。

## 9.2.3　AT24 串行 E²PROM 系列应用

下面,从一个具体的器件入手学习 I²C 总线的使用。

### 1. AT24C 系列 E²PROM 的功能介绍

美国 ATMEL 公司生产的串行 E²PROM 主要有 2 线 AT24C 系列、3 线 AT93C 系列和 4 线 AT59C 系列产品,尤以 AT24C 系列最适于无 I²C 总线的单片机使用。AT24C 系列 E²PROM 存储器有 01/02/04/08/16/32/64 一系列型号。这些型号的含义:芯片的容量是 $xx$ kbit。例如,AT24C01 的容量是 1 kbit,即 128B。同理,64 系列的容量是 64 kbit,即 8 KB。该器件特别适用于许多低电源电压工作的工业和民用场合,具有节省空间的 8 脚 PDIP 和 8 脚 SOIC 封装,且可通过 2 线串行接口存取,易于与单片机连接。该器件还适用于要求长寿命、低功耗的应用场合,具有可擦写 $10^5$ 次和数据保持持久的特点。电源电压范围为 2.5~6 V,工作电流最大为 3 mA(一般为 2 mA),静态电流一般在 30~110 $\mu$A 之间。

AT24C 的引脚分布如图 9—17 所示。

各引脚的功能说明如下。

1)串行数据(SDA)　SDA 是一个双向端口,用于把数据输入到器件或从器件输出数据,仅在 SCL 为低时数据才能改变。此端子是漏极开路输出,可以和任意多个漏极开路或集电极开路端子以"线或"方式连接在一起。

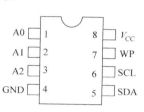

图 9—17　AT24C 的引脚分布图

2)串行时钟(SCL)　SCL 用于把所有数据同步输入到 E²PROM 器件或把数据从 E²PROM 器件串行同步读出。在写方式中,当 SCL 是高电平时,数据必须保持稳定,并在 SCL 的下降沿把数据同时输出。

3)写保护(WP)　该端子提供硬件保护。当 WP 为低电平时,器件可以被正常读写;当 WP 为高电平时,芯片就具有写保护功能,芯片数据只能被读出,而被保护部分不能写入数据。

4)器件地址(A2、A1 和 A0)　A2、A1 和 A0 是器件的地址输入端,用于器件的选择。

AT24C01 和 AT24C02 的容量分别是 128B 和 256B,只用一个字节即可寻址。A0、A1 和 A2 可以用来做片选,故系统中可以接 8 片 AT24C01 或 AT24C02。对于 AT24C04、AT24C08、AT24C16 来说,8 位的寻址信息不足以完成寻址任务,所以 AT24C04 要借用 A0 完成寻址任务(04 的容量为 512B,需要 9 位地址寻址)。同理,对于 1 KB 容量的 AT24C08,需要 10 位地址信息,所以借用 A0 和 A1 两位确定地址。那么,AT24C16 就必须借用 A0、A1 和 A2 三位信息确定访问地址,见表 9—2所示。

表 9－2　AT24CXX 中 A0、A1、A2 引脚含义

| 器件型号 | 容量/B | 用于片选的引脚 | 用于片内寻址的引脚 | 最大连接片数 |
|---|---|---|---|---|
| AT24C01 | 128 | A0/A1/A2 | 无 | 8 |
| AT24C02 | 256 | A0/A1/A2 | 无 | 8 |
| AT24C04 | 512 | A1/A2 | A0 | 4 |
| AT24C08 | 1 024 | A2 | A0/A1 | 2 |
| AT24C16 | 2 048 | 无 | A0/A1/A2 | 1 |

至于容量大于等于 AT24C32 的器件，由于需要 12 位以上的地址信息，所以即使借用 A0、A1、A2 引脚也不能完成寻址任务，那么解决这个问题的方法就是将地址信息由一个字节改成两个字节，这样 A0、A1、A2 就可以恢复片选信息使用。

在起始信号后，器件要求一个 8 bit 的器件地址，字前 4 位是器件编号地址"1010"序列。对于 AT24CXX 系列的 $E^2PROM$，这点是共同的。后 3 位 A2、A1、A0 是管脚地址，必须与它们对应的硬件连线的输入信号相比较。器件地址的第 8 位是读\写操作选择位。此位为高，则启动读操作。若此位为低，则启动写操作。完成器件地址的比较后，器件输出一个"0"，如果比较失败，芯片将转入备用状态。AT24XX 系列芯片的器件地址格式如表 9－3 所示。

表 9－3　AT24C 系列芯片器件地址

| 器件型号 | 寻址范围 | 数据格式 | | | | | | | |
|---|---|---|---|---|---|---|---|---|---|
| AT24C01 | 128 B | 1 | 0 | 1 | 0 | A2 | A1 | A0 | $R/\overline{W}$ |
| AT24C02 | 256 B | 1 | 0 | 1 | 0 | A2 | A1 | A0 | $R/\overline{W}$ |
| AT24C04 | 512 B | 1 | 0 | 1 | 0 | A2 | A1 | P0 | $R/\overline{W}$ |
| AT24C08 | 1 024 B | 1 | 0 | 1 | 0 | A2 | P1 | P0 | $R/\overline{W}$ |
| AT24C16 | 2 048 B | 1 | 0 | 1 | 0 | P2 | P1 | P0 | $R/\overline{W}$ |

表中，A0、A1、A2 表示页寻址，$R/\overline{W}=1$ 时为读操作；$R/\overline{W}=0$ 时为写操作。例如，AT24C01 的 A1 接高电平，A2、A0 接地，那么该芯片的控制字应该为多少？

解：按照表 9－3 所示的数据格式写出如下。

读控制字：10100101　写控制字：10100100

2. AT24C 系列 $E^2PROM$ 的读写操作原理

掌握了 AT24C 系列芯片的器件地址后，下面介绍一下 AT24C 系列的读写方法。

（1）写操作

AT24CXX 写操作示意图如图 9－18 所示。

1）字节写　字节写操作时序如图 9－18(a)所示。紧接器件地址和肯定应答之后，写操作要求一个 8 位数据字地址，接收该地址之后，$E^2PROM$ 将在 SDA 线上给

出一个肯定应答信号,然后再接收一个 8 位数据字,$E^2PROM$ 又返回一个肯定应答,这时数据发出器件必须发送结束条件(STOP),以使 $E^2PROM$ 输入一个内部同步的写周期到非易失性存储器里。在此写操作周期中,所有的输入都被禁止,在写操作完成后 $E^2PROM$ 才会响应。

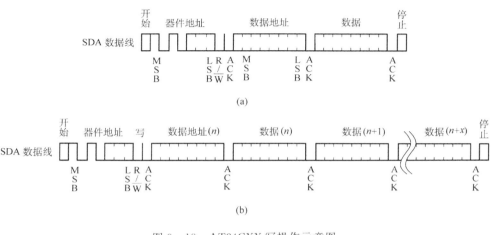

图 9—18　AT24CXX 写操作示意图

(a) 字节写操作时序　　(b) 页写操作时序

　　2) 页写　页写操作时序如图 9—18(b)所示。AT24C01 具有 4 字节页写,AT24C02 具有 8 字节页写,ATC04/08/16 具有 16 字节页写。图中,$x$ 可为 4、8 或 16(对应不同的型号)。页写的启动和字节写的操作启动是相同的,但是在第一个数据字被串行输入到 $E^2PROM$ 后,单片机不送停止信号,而是在 $E^2PROM$ 确认收到第一个数据字后,单片机发送其他几个数据字,$E^2PROM$ 每收到一个数据字后将响应一个 0。单片机用一个停止信号终止页写过程。每收到一个数据后,数据线字地址自动加 1,而页位置不变。若写的数据多于页写字节数,则数据字地址重复滚动,以前的数据将被覆盖。

　　(2)读操作

　　AT24CXX 读操作示意图如图 9—19 所示。

　　除了在器件地址字的读/写选择位置 1 外,读操作的启动方法和写操作的一样,有 3 种,即当前地址读、随机地址读和顺序读。

　　1)当前地址读　只要芯片电源保持,内部数据字地址将保存上次读/写操作中最后一次访问的地址加 1(如果上次读/写操作中的最后地址是前面所述的页写周期字节数的最后地址,则加 1 的结果将回到页字节的第 1 个字节地址上)。其时序图如图 9—19(a)所示。

　　在起始条件(S)和器件地址字输入 $E^2PROM$ 后(其中 $R/\overline{W}$ 位为"1"),$E^2PROM$ 返回肯定应答。现行地址的数据字将被串行输出。此时,单片机不是输入

0 来响应,而是把确认拉到高电平,接着再产生一个停止信号来终止当前地址读操作。

2)随机地址读　随机地址读操作允许单片机随机读取任何一个存储单元,包括两个步骤:首先需要一个伪字节启动,即在控制位为写"0"的器件地址发出后,再发要读的数据字地址。在 $E^2PROM$ 接收该随机地址后,需读数据器件,紧接着以当前地址读的方式读出随机地址中的数据。其时序图如图 9—19(b)所示。

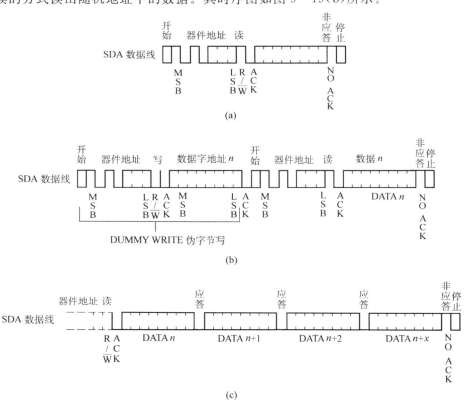

图 9—19　AT24CXX 读操作示意图
(a)当前地址读时序;(b)随机读时序;(c)顺序读时序

3)顺序读　顺序读是 $E^2PROM$ 紧跟当前地址读或随机读之后的一系列数据,如几个数据。若有要求在其读出一个数据后,由读数据器件(如单片机)返回一个肯定应答(A),直到读数据器件发出结束条件(P)为止。这里的 $n$ 原则上没有限制,但当 $E^2PROM$ 内部地址已到极限时,数据地址将"上卷"到起始地址(如 AT24C04,内部数据的上限是 1FFH)。其时序图如图 9—19(c)所示。

3. AT24CXX 应用举例

AT24C02 与单片机 AT89S51 硬件连接如图 9—20 所示。其中 A1、A2、A3 接地,即 AT24C02 的引脚地址为 000,故单片机读 AT24C02 时,器件地址 SLAR =

1010 0001B ＝ 0A1H；写 AT24C02 时，器件地址 SLAW ＝ 1010 0000B ＝ 0A0H。
TEST 端接地，可以对 AT24C02 进行读写操作。SCL 和 SDA 分别接单片机相应的
I/O 口。SCL 和 SDA 外接 10 kΩ 左右上拉电阻。

Philips 公司提供了标准的 I²C 总
线状态处理软件包，并要求主从器件都
具有 I²C 总线接口。这对于 Philips 公
司的单片机如 87LPC76x 系列而言，通
过这个软件包去处理 I²C 器件比较容
易，但是目前其他公司的绝大多数单片
机并不具有 I²C 总线接口，如 89S51、
6805 等，这是可以采用普通 I/O 口模
拟 I²C 总线的工作方式实现 I²C 总线

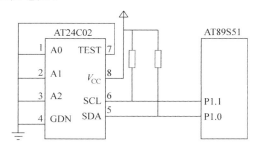

图 9－20   AT24C02 与 AT89S51 硬件接线图

上主控制器对从器件的读、写操作，软件编写只要符合 I²C 总线数据传输的时序要求
即可。

以下是虚拟 I²C 总线软件包，只要用户给子程序提供几个主要的参数，即可轻松
地完成任何 I²C 总线外围器件的应用程序设计。此软件包硬件接口是 SDA、SCL，使
用 MCU 的 I/O 口模拟 SDA/SCL 总线。设计有/无子地址的子程序是根据 I²C 器
件的特点，目的在于将地址和数据彻底分开。

软件包接口定义如下：

①IRDBYTE（无子地址）读单字节数据（当前地址读）；

②IWRBYTE（无子地址）写单字节数据（当前地址写）；

③IRDNBYTE（有子地址）读 N 字节数据；

④IWRNBYTE（有子地址）写 N 字节数据。

当前地址读/写即专指无子地址的器件，不给定子地址的读/写操作。软件包占
用内部资源 R0、R1、R2、R3、ACC、$C_y$。使用前须定义如下变量：SLA 器件从地址、
SUBA 器件子地址、NUMBYTE 读/写的字节数、位变量 ACK 等。使用前须定义如
下常量：SDA 和 SCL 总线位、MTD 发送数据缓冲区首址、MRD 接收数据缓冲区首
址等。在标准 80C51 模式下，对晶振要求是不高于 12 MHz。若晶振高于 12 MHz，
则要增加相应的 NOP 指令数。

启动 I²C 总线子程序如下。

```
START： SETB    SDA
        NOP
        SETB    SCL            ;起始条件建立时间大于 4.7 μs
        NOP
        NOP
        NOP
```

```
              NOP
              NOP
              CLR       SDA           ;SDA 下降沿,启动总线
              NOP
              NOP
              NOP
              NOP
              NOP
              CLR       SCL
              NOP
              RET
```

结束 I²C 总线子程序如下。

```
START:        CLR       SDA
              NOP
              SETB      SCL
              NOP
              NOP
              NOP
              NOP
              NOP
              SETB      SDA           ;SDA 上升沿,结束总线
              NOP
              NOP
              NOP
              NOP
              NOP
              RET
```

发送字节子程序(字节数据放入 ACC,每发送一字节要调用一次 CACK,取应答位)如下。

```
WRBYTE:MOV    R0,#08H       ;1 个字节按位发送
WLP:   RLC    A             ;取数据位
       JC     WR1           ;判断数据位
       SJMP   WR0
WLP1:  DJNZ   R0,WLP
       NOP
       RET
```

```
WR1:      SETB      SDA            ;发送数据位"1"
          NOP
          SETB      SCL
          NOP
          NOP
          NOP
          NOP
          NOP
          CLR       SCL
          SJMP      WLP1
WR0:      CLR       SDA            ;发送数据位"0"
          NOP
          SETB      SCL
          NOP
          NOP
          NOP
          NOP
          NOP
          CLR       SCL
          SJMP      WLP1
```

读取字节子程序(读出的值在 ACC,每读取一字节要发送一个应答/非应答信号)如下。

```
RDBYTE:   MOV       R0,#08H
RLP:      SETB      SDA
          NOP
          SETB      SCL
          NOP
          NOP
          MOV       C,SDA          ;读取数据位
          MOV       A,R2
          CLR       SCL
          RLC       A
          MOV       R2,A
          NOP
          NOP
          NOP
```

```
            DJNZ        R0,RLP        ;循环 8 次,读取 8 位,一个字节
            RET
```

无子地址器件写字节数据程序如下。

(入口参数:数据为 ACC,器件从地址 SLA;占用:A、R0、CY)

```
IWRBYTE:    PUSH        ACC
IWBLOOP:    LACLL       START         ;启动总线
            MOV         A,SLA
            LCALL       WRBYTE        ;发送器件从地址
            LCALL       CACK
            JNB         ACK,RETWRB    ;无应答则跳转
            POP         ACC
            LCALL       WRBYTE        ;写数据
            LCALL       CACK          ;检查应答位
            VLCALL      STOP          ;结束总线
            RET
RETWRB:     POP         ACC
            LCALL       STOP
            RET
```

无子地址器件读字节数据程序如下。

(入口参数:器件从地址 SLA;出口参数:数据为 ACC;占用:A、R0、R2、CY)

```
IRDBYTE:    LCALL       START         ;启动总线
            MOV         A,SLA         ;发从器件地址
            INC         A             ;表示读
            LCALL       WRBYTE
            LCALL       CACK
            JNB         ACK,RETRDB
            LCALL       RDBYTE        ;进行读字节操作
            LCALL       MNACK         ;发送非应答
RETRDB:     LCALL       STOP          ;结束总线
            RET
```

向器件指定子地址写 N 个数据程序如下。

(入口参数:器件从地址 SLA、器件字地址 SUBA、发送数据缓冲区 MTD、发送字节数 NUMBYTE。占用:A、R0、R1、R3、CY)

```
IWRNBYTE:   MOV     A,NUMBYTE             ;写入字节数
            MOV     R3,A
            LCALL   START                 ;启动总线
```

```
            MOV      A,SLA
            LCALL    WRBYTE                    ;发送从器件地址
            LCALL    CACK                      ;取应答信号
            JNB      ACK,RETWRN                ;无应答,则退出
            MOV      A,SUBA                    ;指定子地址
            LCALL    WRBYTE
            LCALL    CACK
            MOV      R1,≠MTD
WRDA:       MOV      A,@R1                     ;从发送缓冲区中取数
            LCALL    WRBYTE                    ;写入数据
            LCALL    CACK
            JNB      ACK,IWRNBYTE
            INC      R1
            DJNZ     R3,WRDA                   ;判断是否写完
RETWRN:     LCALL    STOP
            RET
```

向器件指定子地址读取 N 个数据程序如下。

（入口参数：器件从地址 SLA、器件子地址 SUBA、接收字节数 NUMBYTE
出口参数：接收数据缓冲区 MRD；占用：A、R0、R1、R2、R3、CY）

```
IRDNBYTE:   MOV      R3,NUMBYTE                ;取发送字节数
            LCALL    START                     ;启动总线
            MOV      A,SLA
            LCALL    WRBYTE                    ;写入从器件地址（写）
            LCALL    CACK
            JNB      ACK,RETRDN
            MOV      A,SUBA
            LCALL    WRBYTE                    ;写入数据地址
            LCALL    CACK
            LCALL    START                     ;重新启动总线
            MOV      A,SLA
            INC      A                         ;读
            LCALL    WRBYTE                    ;写入从器件地址（读）
            LCALL    CACK
            JNB      ACK,IRNBYTE
            MOV      R1,≠MRD                   ;设置接收缓冲区
RDN1:       LCALL    RDBYTE                    ;读取数据
```

```
                    MOV        @R1,A
                    DJNZ       R3,SACK
                    LCALL      MNACK          ;非应答
RETRDN:             LCALL      STOP           ;结束总线
                    RET
SACK:               LCALL      MACK           ;应答
                    INC        R1
                    SJMP       RDN1
```

发送应答信号子程序如下。

```
MACK:               CLR        SDA            ;将 SDA 置零
                    NOP
                    NOP
                    SETB SCL                  ;保持数据时间,SCL 应大于 4.7 μs
                    NOP
                    NOP
                    NOP
                    NOP
                    NOP
                    CLR SCL
                    NOP
                    NOP
                    RET
```

发送非应答子程序如下。

```
MNACK:              SETB       SDA            ;将 SDA 置 1
                    NOP
                    NOP
                    SETB       SCL            ;保持数据时间,SCL 应大于 4.7 μs
                    NOP
                    NOP
                    NOP
                    NOP
                    NOP
                    CLR        SCL
                    NOP
                    NOP
                    RET
```

检查应答位子程序如下。

```
CACK:       SETB     SDA
            NOP
            NOP
            SETB     SCL
            CLR      ACK
            NOP
            NOP
            MOV      C,SDA
            JC       CEND          ;判断应答位
            SETB     ACK
CEND:       NOP
            CLR      SCL
            NOP
            RET
```

主程序举例如下。

```
ACK          BIT    10H           ;应答标志位
SLA          DATA   50H           ;器件从地址
SUBA         DATA   51H           ;器件子地址
NUMBYTE      DATA   52H           ;读写字节数
SDA          EQU    P1.3          ;I²C 总线定义
SCL          EQU    P1.2
MTD          EQU    30H           ;发送缓冲区首址(缓冲区 30 H—
                                   3FH)
MRD          EQU    40H           ;接收缓冲区首址(缓冲区 40 H—
                                   4FH)
CSI24WCXX    EQU    0A0H          ;器件地址
             ORG    0000H
             AJMP   MAIN
             ORG    0030H
MAIN:        MOV    R4,≠0F0H      ;延时,等待其他芯片复位完毕
             DJNZ   R4,$
WR24WCXX:MOV        SLA,≠CSI24WCXX ;器件地址
             MOV    SUBA,≠30H     ;指定存储地址
             MOV    NUMBYTE,≠01H  ;写入字节数
             MOV    MTD,≠58H      ;发送的数写入 MTD 缓冲区
             LCALL  IWRNBYTE      ;调用写子程序
             SJMP $
```

END

以上是 $I^2C$ 总线的数据读写程序,大家可以在此基础上进行创新和改进,应用到其他 $I^2C$ 器件上。

### 9.2.4　电子密码锁解决方案

在本课题中,要求能够掌握对电子密码锁设置密码、删除密码、识别密码和操作指示等功能。前面学习了键盘和存储器的知识,将这两部分知识结合便可实现上述功能。

电子密码锁硬件电路设计如图 9－21 所示,主要包括矩阵式键盘、存储器AT24C02、数码管和发光二极管等几个部分。键盘采用 4×4 行列式键盘输入数据。本例中为了观察方便,P2 端口外接一数码管,用来显示键盘输入的对应数据。3 个发光二极管用来显示不同的工作状态。

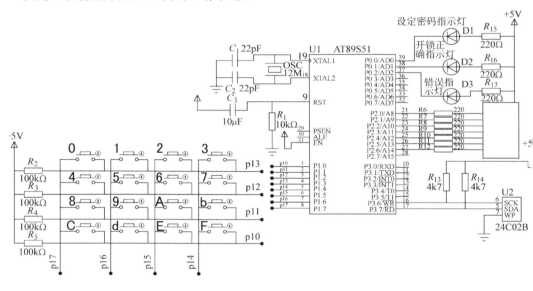

图 9－21　电子密码锁电路原理图

软件设计主要是行列式键盘的键值扫描和 $I^2C$ 存储器的读写控制两部分。这两部分的程序在前面都详细地介绍过,在此不再重复。另外在主程序中,需要对输入的键值进行判断。任务中要求的数据格式可参考表 9－1。

内部 RAM 的地址分配如表 9－4 所示。

表 9－4　内部 RAM 地址分配

| | |
|---|---|
| 30H | 器件地址 |
| 31H | 数据字地址 |
| 33H | 数据个数 |

| | |
|---|---|
| 30H | 器件地址 |
| 38FH | 键值单元 |
| 40H | 操作指令码单元（"B"、"C"、"F"） |
| 41H | 密码第一位单元 |
| 42H | 密码第二位单元 |
| 44H | 确定码单元（"E"） |
| 45H | 从存储器读出密码第一位暂存单元 |
| 46H | 从存储器读出密码第二位暂存单元 |

主程序中不断扫描键盘，根据键值不同，进行不同的操作。比如：如果读出的第一个键值是"F"，则表明设置密码，紧接着读出的两个数，便是设置的密码第一位和第二位。当第四个数是"E"时，便执行 $I^2C$ 写的操作，将密码写入 24C02 存储单元中。如果读出的第一个键值是"B"，表明识别密码，开始电子锁。紧接着读出的两个数，是用户输入的密码值，然后读出 $I^2C$ 存储单元中已设定的密码，将两个密码进行比较。如果两个数有一个不同，则错误指示灯点亮，直接返回，重新扫描键盘；如果两个数都相同，当最后一个数为"E"，则正确指示灯点亮。

程序如下。

```
            EPAH      EQU    30H           ;地址定义
            EPAL      EQU    31H
            NUMBYT    EQU    33H
            SDA       BIT P3.7              ;数据线
            SCK       BIT P3.6              ;时钟线
            ORG       0000H
            SJMP      MAIN
            ORG       0030H
MAIN：      MOV       SP,≠5FH               ;设置堆栈区
K3：        MOV       42H,≠00H              ;上电初始值密码 00
            MOV       43H,≠00H
            SJMP      K1
KKK：       ACALL     KEY                   ;调用键盘扫描程序
            MOV       P2,A                  ;显示键值
            MOV       41H,38H               ;保存键值
            MOV       A,41H
            CJNE      A,≠12,K2              ;比较是否为"C"
            SETB      P0.1
```

|      | SETB  | P0.2             |                             |
|------|-------|------------------|-----------------------------|
|      | SJMP  | K3               | ;若是,则将密码清零          |
| K2:  | CJNE  | A,♯11,K4         | ;若不是"C",则判断是否为"B"  |
|      | SETB  | P0.1             | ;是"B"                      |
|      | SETB  | P0.2             |                             |
|      | ACALL | KEY              | ;调键盘扫描程序             |
|      | MOV   | P2,A             | ;扫描键盘                   |
|      | MOV   | 42H,38H          | ;保存键值                   |
|      | ACALL | KEY              |                             |
|      | MOV   | P2,A             |                             |
|      | MOV   | 43H,38H          |                             |
|      | MOV   | R1,♯45H          | ;读出密码的存放首地址       |
|      | MOV   | EPAH,♯00H        |                             |
|      | MOV   | EPAL,♯00H        |                             |
|      | MOV   | NUMBYT,♯2H       |                             |
|      | ACALL | RDNBYT           | ;读出已设定的密码值         |
|      | MOV   | A,45H            |                             |
|      | CJNE  | A,42H,K7         | ;判断输入的密码是否正确     |
|      | MOV   | A,46H            |                             |
|      | CJNE  | A,43H,K7         |                             |
|      | ACALL | KEY              |                             |
|      | MOV   | P2,A             |                             |
|      | MOV   | 44H,38H          | ;密码正确,判断是否为确认键"E" |
|      | MOV   | A,44H            |                             |
|      | CJNE  | A,♯14,KKK        |                             |
|      | CLR   | P0.1             | ;开锁正确指示灯             |
|      | SJMP  | KKK              |                             |
| K7:  | CLR   | P0.2             | ;密码错误,点亮错误指示灯   |
|      | SJMP  | KKK              |                             |
| K4:  | CJNE  | A,♯15,K5         | ;是否为"F"                  |
|      | CLR   | P0.0             | ;点亮设定密码指示灯         |
|      | SETB  | P0.1             |                             |
|      | SETB  | P0.2             |                             |
|      | ACALL | KEY              | ;扫描键盘,读出密码         |
|      | MOV   | P2,A             |                             |
|      | MOV   | 42H,38H          |                             |

```
            ACALL     KEY
            MOV       P2,A
            MOV       43H,38H
            ACALL     KEY
            MOV       P2,A
            MOV       44H,38H
            MOV       A,44H
            CJNE      A,≠14,K6        ;判断是否为"E"
            SETB      P0.0            ;设定结束,设定指示灯灭
            SJMP      K1
K6:         SJMP      KKK
K5:         SJMP      KKK
K1:         MOV       R1,≠42H         ;密码存放单元首地址
            MOV       EPAH,≠00H
            MOV       EPAL,≠00H
            MOV       NUMBYT,≠2H
            LCALL     WREPNB          ;调用写子程序
            LCALL     DY10MS
            LJMP      KKK
KEY:        MOV       R3,≠0F7H        ;键盘扫描
            MOV       R1,≠00H
L2:         MOV       A,R3
            MOV       P1,A
            MOV       A,P1
            MOV       R4,A
            SETB      C
            MOV       R5,≠04H
L3:         RLC       A
            JNC       KEYIN
            INC       R1
            DJNZ      R5,L3
            MOV       A,R3
            SETB      C
            RRC       A
            MOV       R3,A
            JC        L2
```

```
                JMP         KEY
KEYIN：  MOV         R7,＃60                    ;键盘扫描子程序
D2：       MOV         R6,＃248                   ;显示段码值保存在 A 中
            DJNZ        R6,$                       ;键值放到 38H 中
            DJNZ        R7,D2
D3：       MOV         A,P1
            XRL         A,R4
            JZ          D3
            MOV         A,R1
            MOV         38H,R1
            MOV         DPTR,＃TABLE
            MOVC        A,@A＋DPTR            ;查表
            RET
DY10MS：MOV         R7,＃10
M4：       MOV         R6,＃0FFH
            DJNZ        R6,$
            DJNZ        R7,M4
            RET
TABLE：  DB          40h,79h,24h,30h,19h,12h,2h,78h
            DB          00h,10h,8h,3h,46h,21h,6h,0eh
STA：     SETB        SDA                        ;启动 I²C 总线子程序
            NOP
            SETB        SCK                        ;起始条件建立时间大于 4.7 μs
            NOP
            NOP
            NOP
            NOP
            NOP
            CLR         SDA
            NOP                                     ;起始条件锁定时大于 4 μs
            NOP
            NOP
            NOP
            NOP
            CLR         SCK                        ;钳住总线,准备发数据
            NOP
```

```
        RET
STOP:   CLR     SDA                 ;结束总线子程序
        NOP
        SETB    SCK                 ;发送结束条件的时钟信号
        NOP                         ;结束总线时间大于 4 μs
        NOP
        NOP
        NOP
        SETB    SDA                 ;结束总线
        NOP
        NOP
        NOP
        NOP
        RET
SACK:   CLR     SDA                 ;发送应答信号子程序
        NOP
        NOP
        SETB    SCK
        NOP
        NOP
        NOP
        NOP
        NOP
        CLR     SCK
        NOP
        NOP
        SETB    SDA
        RET
SNACK:  SETB    SDA                 ;发送非应答信号
        NOP
        NOP
        SETB    SCK
        NOP
        NOP
        NOP
```

```
            NOP
            NOP
            CLR     SCK
            NOP
            NOP
            CLR     SDA
            RET
CACK:       SETB    SDA                ;检查应答位子程序
            NOP
            NOP
            SETB    SCK
            CLR     F0
            MOV     C,SDA
            JNC     CEND
            SETB    F0                 ;F0=1 时表示有应答
CEND:       NOP
            CLR     SCK
            NOP
            NOP
            RET
WRBYT:      MOV     R7,♯8              ;发送字节子程序
WLP:        RLC     A                  ;字节数据放入 ACC
            JC      WR1
            LJMP    WRW
WLP1:       DJNZ    R7,WLP
            RET
WR1:        SETB    SDA
            NOP
            SETB    SCK
            NOP
            NOP
            CLR     SCK
            CLR     SDA
            LJMP    WLP1
WRW:        CLR     SDA
            NOP
            SETB    SCK
```

```
              NOP
              NOP
              CLR       SCK
              LJMP      WLP1
RDBYT：       MOV       R7,≠8              ;读取字节子程序
RLP：         SETB      SDA
              NOP
              SETB      SCK
              NOP
              NOP
              MOV       C,SDA
              MOV       A,R2
              RLC       A
              MOV       R2,A
              NOP
              NOP
              NOP
              CLR       SCK
              NOP
RLP1：        DJNZ      R7,RLP
              RET
WREPNB：      LCALL     STA                ;向器件指定子地址写 N 个数据
              MOV       A,≠0A0H
              CLR       C
              MOV       A,EPAH             ;器件和数据地址 EPAH,EPAL
              RLC       A
              ORL       A,≠0A0H
              LCALL     WRBYT
              LCALL     CACK
              JB        F0,WREPNB
              MOV       A,EPAL
              LCALL     WRBYT
              LCALL     CACK
              JB        F0,WREPNB
WRN：         MOV       A,@R1              ;发送数据缓冲区 R1
              INC       R1
              LCALL     WRBYT
```

```
            LCALL       CACK
            JB          F0,WREPNB
            DJNZ        NUMBYT,WRN        ;字节数 NUMBYT
            LCALL       STOP
            RET
RDNBYT: LCALL           STA               ;向器件指定子地址读取 N 个数据
            CLR         C
            MOV         A,EPAH            ;器件和数据地址 EPAH、EPAL
            RLC         A
            ORL         A,♯0A0H
            LCALL       WRBYT
            LCALL       CACK
            JB          F0,RDNBYT
            MOV         A,EPAL
            LCALL       WRBYT
            LCALL       CACK
            JB          F0,RDNBYT
            LCALL       STA
            CLR         C
            MOV         A,EPAH
            RLC         A
            ORL         A,♯0A1H
            LCALL       WRBYT
            LCALL       CACK
            JB F0,RDNBYT
RDN1:       LCALL       RDBYT
            MOV         @R1,A
            DJNZ        NUMBYT,ACK        ;接收字节数 NUMBYT
            LCALL       SNACK
            LCALL       STOP
            RET
ACK:        LCALL       SACK
            INC         R1
            LJMP        RDN1
            END
```

运行界面如图 9－22 所示。运行后，在键盘上输入"F12E"，可以看到设定的密码 1 和 2 分别写入 I²C 中 00H 和 01H 存储单元。

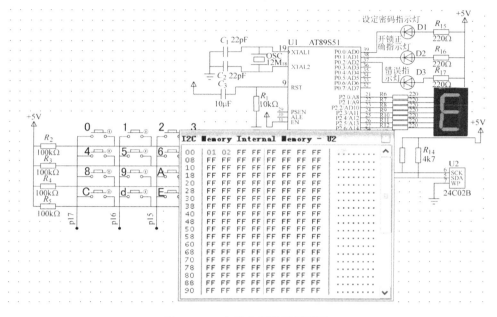

图 9－22　电子密码锁运行画面

# 9.3　任务十九——汉字点阵显示屏设计

【**学习目标**】　掌握点阵显示原理，能够设计点阵硬件电路，编写点阵显示程序。

【**任务描述**】　用 AT89S51 单片机设计一个 16×16 点阵显示屏，单字显示中文"北京欢迎您"，分屏、循环显示。

1. 硬件电路与工作原理

七段 LED 显示接口设计简单，使用方便。但是，如果其中某一段坏了，容易造成误识别。采用点阵式显示可以避免这样的误识别。点阵显示器的主要用途是制作各类电子显示屏，广泛用于火车站、体育场、股票交易厅、大型医院等地点做信息发布或广告展示。根据矩阵每行或每列所含 LED 个数的不同，点阵显示器可分为 5×7、8×8、16×16 等类型。点阵显示器件如图 9－23 所示。

图 9－24 是某 8×8 点阵显示器的外形图与内部等效电路图。

图 9－23　点阵显示器件

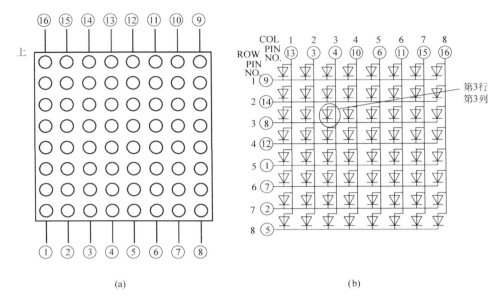

(a)　　　　　　　　　　　　　　　　　(b)

图 9－24　共阴 8×8 点阵显示的外行图与等效电路图

(a)8×8 点阵显示器外形图;(b)共阴 8×8 点阵显示等效电路图

　　图 9－24(a)为点阵的管脚分布,左下角为点阵的①脚,由左向右依次是②~⑧,右上角为⑨脚,左上角为最后一个管脚⑯。

　　图(b)为点阵的内部原理图,行线(ROW PIN)接的内部某一行二极管的阴极,列线(COL PIN)接的是内部某一列的阳极。无论是行还是列,其中①~⑧表示的第几行(列)。例如,点阵的⑧脚为第三行的行线,点阵的④脚为第四列的列线。当在④脚加一个高电平,在⑧脚加一个低电平,则图中用圆圈标出的二极管则发光点亮。其他依次类推。

　　图 9－25 是字母"A"和简单汉字"工"的显示效果。

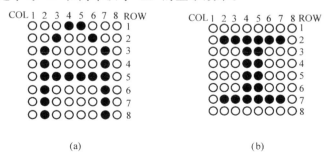

(a)　　　　　　　　　　　　　　　(b)

图 9－25　显示效果图

(a)字母"A";(b) 汉字"工"

　　从电路图不难看出,要点亮某一点 LED 的方法就是让相应行线为低电平,相应列线为高电平。由于 LED 显示器所需的电流较大,所以在行线和列线上都要加装驱动电路，以提供足够大的电流，保证 LED 的亮度。图 9－26 为点阵显示屏电路示意框图。驱动电路可以采用分立三极管电路，也可以采用 74LS244、ULN2003 等其他集成芯片。

列驱动器
电源
单片机
行驱动器
LED 显示点阵

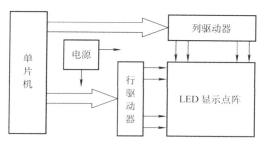

图 9－26　点阵显示屏电路示意框图

在 PROTUES 软件中，点阵的型号是 MATRIX－5×7 和 MATRIX－8×8 两种类型，颜色有 4 种，如图 9－27 所示。

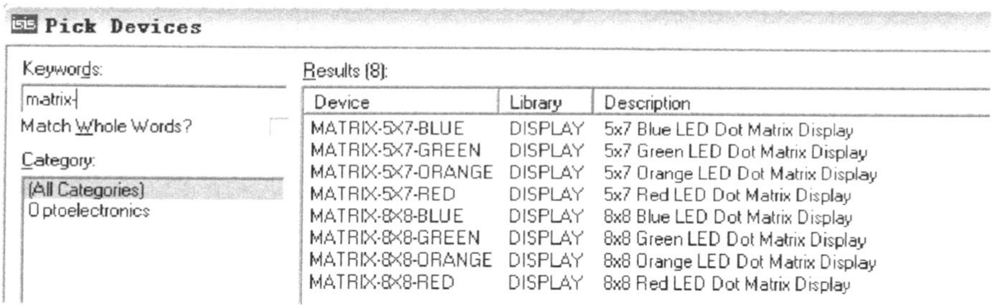

Pick Devices
Keywords:
matrix
Match Whole Words?
Category:
(All Categories)
Optoelectronics
Results (8):
Device
Library
Description
MATRIX-5X7-BLUE DISPLAY 5x7 Blue LED Dot Matrix Display
MATRIX-5X7-GREEN DISPLAY 5x7 Green LED Dot Matrix Display
MATRIX-5X7-ORANGE DISPLAY 5x7 Orange LED Dot Matrix Display
MATRIX-5X7-RED DISPLAY 5x7 Red LED Dot Matrix Display
MATRIX-8X8-BLUE DISPLAY 8x8 Blue LED Dot Matrix Display
MATRIX-8X8-GREEN DISPLAY 8x8 Green LED Dot Matrix Display
MATRIX-8X8-ORANGE DISPLAY 8x8 Orange LED Dot Matrix Display
MATRIX-8X8-RED DISPLAY 8x8 Red LED Dot Matrix Display

图 9－27　点阵型号选择

点阵逻辑引脚的判断可通过加入高、低电平来观察。该软件内的点阵模块，其行线引脚和列线引脚分别在同一行，从左到右，分别是 1～8。这一点和实物不同，请注意。当在列线和行线上分别加一高、低电平，则对应的发光二极管被点亮，如图 9－28 所示。

+5V

图 9－28　点阵逻辑引脚判断

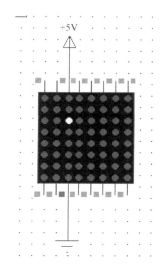

2. 控制源程序

下面以控制点阵显示器显示字母“A”为例，简单介绍程序实现方法。电路设计上，让 P1 口控制行线，P2 口控制列线。扫描时由单片机 P2 控制驱动电路从左至右依次输出列选通信号，P1 口经过另一驱动电路送出行控制信号，然后只要 P1 口和 P2 口输出合适的控制数据，就会控制一列上某些 LED 点亮。8 列 LED 不断循环点亮，多次反复，就可以在点阵显示器上得到稳定的显示效果。

源程序如下。

```
DISP:       MOV DPTR,♯TAB          ;指向数据造型表首址
            MOV R1,♯8              ;列扫描次数为 8 次
            MOV R0,♯0FEH           ;扫描右侧第一列初值
       NEXT:MOV P2,R0
            CLR  A
            MOVC A,@A+DPTR         ;取造型显示数据
            MOV P1,A               ;显示
            INC DPTR               ;表地址加 1
            LCALL DELAY            ;延时
            MOV A,R0
            RL   A                 ;列扫描码左移
            MOV R0,A
            DJNZ R1,NEXT           ;8 列是否显示完毕
            AJMP MAIN
TAB:        DB 00H,3FH,48H,88H
            DB 88H,48H,3FH,00H     ;字母"A"的显示造型数据
DELAY:      MOV R2,♯2             ;延时子程序
LP1:        MOV R3,♯250
            DJNZ R3,$
            DJNZ R2,LP1
            RET
            END
```

3. 源程序的编辑、编译与下载

打开 Keil 和 PROTEUS 虚拟仿真软件进行程序的编辑、编译、模拟仿真。打开下载软件,目标文件下载到目标板上的 AT89S51 单片机芯片中,观察程序运行结果。

下面详细介绍汉字点阵显示屏系统应用电路设计和程序编写方法。

## 9.3.1　汉字点阵显示屏系统设计方案综述

系统设计要求:用 AT89S51 单片机设计一个 16×16 点阵显示屏,单字显示中文"北京欢迎您",分屏、循环显示。

不论显示图形还是汉字,只要控制组成这些图形或汉字的各个点所在位置使对应的 LED 器件发光,就可以得到想要的显示结果。这种同时控制各个发光

管亮灭的方法就是静态驱动显示。对 $16 \times 16$ 点阵来说,共有 256 个发光二极管,但单片机没有这么多端口。如果采用锁存器来扩展端口,按 8 位锁存器计算,$16 \times 16$ 的点阵需要 $256/8 = 32$ 个锁存器。在实际应用中的显示屏点阵更多,利用的锁存器数字庞大,因此实际上几乎不采用这种设计,而采用动态扫描的显示方法。

动态扫描就是逐行轮流点亮,这样扫描驱动电路就可以实现多行(比如 16 行的同名列)共用一套列驱动器。具体说来,把所有同 1 行的发光管的阳极连在一起,把所有同一列发光管的阴极连在一起(共阳的接法),先送出对应第 1 行发光管亮灭的数据并锁存,然后选通第 1 行使其燃亮一定时间后熄灭;再送出对应第 2 行的数据并锁存,然后选通第 2 行使其燃亮相同的时间后熄灭;……第 16 行之后,又重新燃亮第 1 行,反复轮回。当这样轮回的速度足够快,由于人眼的视觉暂留现象,就能看到显示屏上稳定的图形了。

采用扫描方式进行显示时,每行有一个行驱动器,各行的同名列共用一个驱动器。显示数据通常存储在单片机的存储器中,按 8 位一个字节的形式顺序存放。显示时要把一行中各列数据都传送到相应的列驱动器上。从控制电路到列驱动器的数据传输可以采用并行方式或串行方式。显然,采用并行方式时,从控制电路到列驱动器的线路数量大,相应的硬件数目多。当列数很多时,并行传输的方案是不可取的。

采用串行传输方法时,控制电路可以只用一根信号线,将列数据一位一位地传往列驱动器。但是,串行传输过程较长,数据按顺序一位一位地传输给列驱动器,只有当一行的各列数据都已传输到位之后,这一行的各列才能并行地进行显示。这样,对于一行的显示过程就可以分解成列数据准备(传输)和列数据显示两个部分。对于串行传输方式来说,列数据准备时间可能相当长,在行扫描周期确定的情况下,留给行显示的时间就太少了,以致影响到 LED 的亮度。

解决串行传输中列数据准备和列数据显示时间矛盾问题,可以采用重叠处理的方法。即在显示本行各列数据的同时,传送下一行的列数据。为了达到重叠处理的目的,列数据的显示就需要具有锁存功能。

经过上述分析,可以归纳出列驱动器电路应具备的主要功能。对于列数据准备来说,它应能实现串入并出的移位功能;对于列数据显示来说,应具有并行锁存的功能。这样,本行已准备好的数据打入并行锁存器进行显示时,串并移位寄存器就可以准备下一行的列数据,而不会影响本行的显示。

## 9.3.2 汉字点阵显示屏软硬件设计

### 1. 硬件电路详细设计

硬件电路大致上可以分成单片机系统及外围电路、列驱动电路和行驱动电路 3 部分。单片机采用 AT89S51 或其兼容系列的芯片,采用 12 MHz 或更高频率的晶振,以获得较高的刷新频率,使显示更稳定。

硬件电路设计中,列线和行列分别采用 74HC595(串入并出)芯片和 74HC138 译码器控制。因为要求是 16×16 点阵显示屏,所示列线和行线都是 16 个管脚。故各采用两片。16×16 点阵显示屏的硬件原理图如图 9-29 所示。

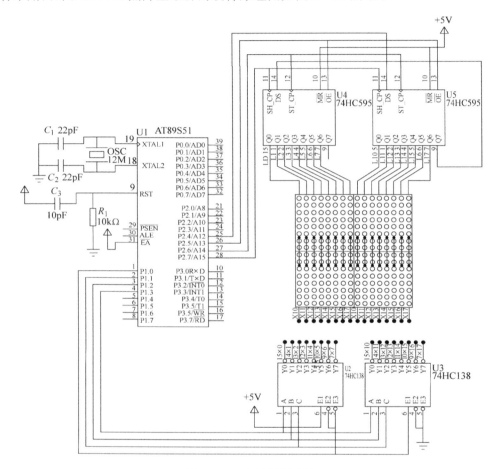

图 9-29 点阵屏原理图

下面首先简单介绍 74HC595 芯片的功能与使用方法。74HC595 芯片是一种串入并出的芯片,在电子显示屏制作当中有广泛的应用。该芯片具有 8 位移位寄存器和一个存储器,三态输出功能。管脚图及内部逻辑结构图如图 9-30 所示。

74HC595 的控制端说明如下。

1)$\overline{SRCLR}$(10 脚)　低电平时将移位寄存器的数据清零,通常将其接 $V_{CC}$。

2)SRCLK(11 脚)　上升沿时数据寄存器的数据移位。QA→QB→QC→…→QH;下降沿移位寄存器数据不变(脉冲宽度:5 V 时,大于几十纳秒就行了,通常都选微秒级)。

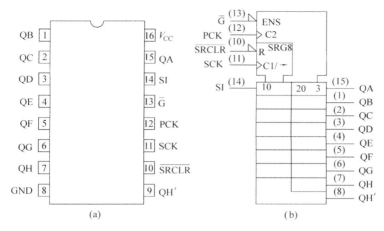

图 9－30　74HC595 管脚图及内部逻辑结构图

(a)管脚图；(b)内部逻辑结构图

3)RCLK(12 脚)　上升沿时移位寄存器的数据进入数据存储寄存器，下降沿时存储寄存器数据不变。通常将 RCLK 置为低电平。当移位结束后，在 RCLK 端产生一个正脉冲(5 V 时，大于几十纳秒就行了，通常都选微秒级)，更新显示数据。

4)OE(13 脚)　高电平时禁止输出(高阻态)。

移位寄存器和存储器的时钟是独立的。数据在 SRCLK 的上升沿输入，在 RCLK 的上升沿进入的存储寄存器中去。如果两个时钟连在一起，则移位寄存器总是比存储寄存器早一个脉冲。移位寄存器有一个串行移位输入(SER)和一个串行输出(QH)以及一个异步的低电平复位($\overline{SRCLR}$ 引脚为低电平时)。存储寄存器有一个并行 8 位的，具备三态的总线输出，当使能 $\overline{OE}$ 时(为低电平)，存储寄存器的数据输出到总线。

注：74HC164 和 74HC595 功能相似，都是 8 位串行输入转并行输出移位寄存器。74HC164 的驱动电流(25 mA)比 74HC595(35 mA)的要小，14 脚封装，体积也小一些。74HC595 的主要优点是具有数据存储寄存器。在移位的过程中，输出端的数据可以保持不变。这在串行速度慢的场合很有用处，数码管没有闪烁感。

在图 9－29 中，两片 74HC138 的输出控制行线，P1.0 连到一片 74HC138 的 G1 端和另一片的 G2 端，当 P1.0 为高电平或低电平时分别选通。两片 74HC595 的输出控制列线，数据输出端为 P2.4 口，连接到第一片 74HC595(U5)的 DS 端。该片的串行输出 QH 接到第二片 595(U4)的 DS 端。当向 595 写入数据时，写入第一个字节时，先写入了第一片 595(U5)；写入第二个字节时，第一个字节的数据写入第二片 595(U4)，而第二个数据写入第一片 595(U5)。

在使用 PROTEUS 软件时，需要将 4 个 8×8 的芯片放在一起，每个点阵块的管脚采用网络标号比较方便，如图 9－31 所示。其中 L0～L7、L10～L17 表示列标号，

X0～X7、X10～X17 表示行标号。

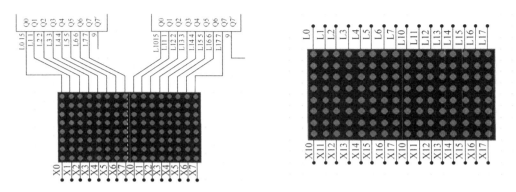

图 9—31　点阵网络标号

2. 控制源程序详细设计

由于没有要求具体显示的时间,所以可以采用定时器或延时。本程序设计主要考虑两部分:一是 74HC595 芯片和 74HC138 芯片的写入数据方式;二是字库的计算。

前面介绍了 74HC595 芯片的管脚,通过下面的时序图便可掌握数据的写入方式。SER 端的数据在 SRCLK 端的每个上升沿移动一位。从时序图 9—32 中可以看出,最先写入的位在 QH 端输出,最后写入的位在 QA 端输出。在将数据由移位寄存器写入数据存储寄存器中之前,保证$\overline{OE}$ 端为低电平,允许输出。当数据写入数据存储寄存器之后,再将$\overline{OE}$ 端拉高,禁止输出。

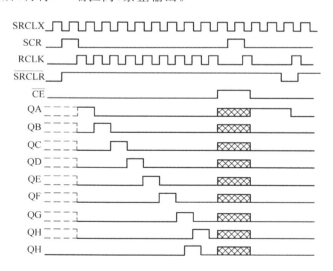

图 9—32　74HC595 时序图

74HC138 译码器使用非常简单。当向 595 芯片连续写入 2 个字节的数据之后,选通 138 译码器,对行线进行片选。

　　字库可以通过一些专用软件生成或者自己计算。一个列线数据由 2 个字节组成,共有 16 行,所以组成一个字的字库含有 32 个字节。在本设计中,每片 595 控制的是上、下两个点阵的列线,而每片 138 控制的是左、右两个点阵的行线。所以,字库中的数据是计算 595 芯片的输出得来的。

　　比如,显示一个"北"字,如图 9－33 所示。

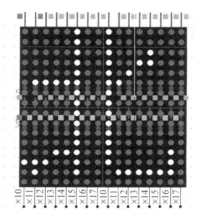

图 9－33　显示举例

　　该点阵的列线从左到右,分别接 U4 (595)和 U5(595)的输出。对于每个 595 芯片来说,都是从 Q0~Q7。首先要画出显示"北"这个字,需要点亮哪几个二极管。先分析第一行,2 个字节应该分别是 04H 和 80H。到底先写入哪个数据? 根据上面的分析,若写入两个数据,第一个数据会写入 U4,第二个数据会写入 U5。所以,应该先写入 04H,再写入 80H。写入时,按位写入,是左移还是右移呢? 前面分析时序时,知道 QH 里面存放的是最先写入的位,所以两个字节的数要右移,然后逐位写入,才能达到预想的结果。这是写入第一行。同理,可以分析第二行、第三行、……,直到第十六行。总共 2×16＝32 个字节数据。

　　参考程序如下。

```
              SRCLK    EQU   P2.7           ;串行时钟
              RCLK     EQU   P2.6           ;锁存时钟
              OED      EQU   P2.5           ;锁存信号
              SDATA    EQU   P2.4           ;数据发送端
              AAA      EQU   P1.3           ;138 地址 A 端
              BBB      EQU   P1.2           ;138 地址 B 端
              CCC      EQU   P1.1           ;138 地址 C 端
              ENAB     EQU   P1.0           ;138 地址使能端
              ORG      0000H
              SJMP     START
              ORG      0030H
START:        MOV      R2,#00H
              MOV      R4,#100
MAIN:         CJNE     R2,#00,LP1           ;显示第一个字
              MOV      R6,#00               ;第一个字字库首地址
```

```
             LJMP      DSP                    ;调显示
    LP1:     CJNE      R2,♯01,LP2             ;显示第二个字
             MOV       R6,♯20H                ;第二个字字库首地址
             LJMP      DSP                    ;调显示
    LP2:     CJNE      R2,♯02,LP3             ;显示第三个字
             MOV       R6,♯40H
             LJMP      DSP
    LP3:     CJNE      R2,♯03,LP4             ;显示第四个字
             MOV       R6,♯60H
             LJMP      DSP
    LP4:     CJNE      R2,♯04,LP5             ;显示第五个字
             MOV       R6,♯80H
             LJMP      DSP
    LP5:     LJMP      START                  ;返回,循环
    DSP:     MOV       A,R6                   ;写入第一行数据
             MOV       DPTR,♯TAB              ;查表第一个数
             MOVC      A,@A+DPTR
             LCALL     W595                   ;调用向 595 写子程序
             INC       R6                     ;地址指针加一
             MOV       A,R6
             MOV       DPTR,♯TAB
             MOVC      A,@A+DPTR              ;查表
             LCALL     W595
             INC       R6
             CLR       OED                    ;允许输出
             LCALL     LIT                    ;将数据写入存储寄存器
             LCALL     X0                     ;选通第一行(138 地址端 000)
             LCALL     DELAY                  ;延时
             SETB      OED                    ;禁止输出
             MOV       A,R6                   ;写入第二行数据
             MOV       DPTR,♯TAB
             MOVC      A,@A+DPTR
             LCALL     W595
             INC       R6
             MOV       A,R6
             MOV       DPTR,♯TAB
```

```
MOVC   A,@A+DPTR
LCALL  W595
INC    R6
CLR    OED
LCALL  LIT
LCALL  X1
LCALL  DELAY
SETB   OED
MOV    A,R6           ;写入第三行数据
MOV    DPTR,♯TAB
MOVC   A,@A+DPTR
LCALL  W595
INC    R6
MOV    A,R6
MOV    DPTR,♯TAB
MOVC   A,@A+DPTR
LCALL  W595
INC    R6
CLR    OED
LCALL  LIT
LCALL  X2
LCALL  DELAY
SETB   OED
MOV    A,R6           ;写入第四行数据
MOV    DPTR,♯TAB
MOVC   A,@A+DPTR
LCALL  W595
INC    R6
MOV    A,R6
MOV    DPTR,♯TAB
MOVC   A,@A+DPTR
LCALL  W595
INC    R6
CLR    OED
LCALL  LIT
LCALL  X3
```

```
LCALL    DELAY
SETB     OED
MOV      A,R6                    ;写入第五行数据
MOV      DPTR,#TAB
MOVC     A,@A+DPTR
LCALL    W595
INC      R6
MOV      A,R6
MOV      DPTR,#TAB
MOVC     A,@A+DPTR
LCALL    W595
INC      R6
CLR      OED
LCALL    LIT
LCALL    X4
LCALL    DELAY
SETB     OED
MOV      A,R6                    ;写入第六行数据
MOV      DPTR,#TAB
MOVC     A,@A+DPTR
LCALL    W595
INC      R6
MOV      A,R6
MOV      DPTR,#TAB
MOVC     A,@A+DPTR
LCALL    W595
INC      R6
CLR      OED
LCALL    LIT
LCALL    X5
LCALL    DELAY
SETB     OED
MOV      A,R6                    ;写入第七行数据
MOV      DPTR,#TAB
MOVC     A,@A+DPTR
LCALL    W595
```

```
        INC     R6
        MOV     A,R6
        MOV     DPTR,≠TAB
        MOVC    A,@A+DPTR
        LCALL   W595
        INC     R6
        CLR     OED
        LCALL   LIT
        LCALL   X6
        LCALL   DELAY
        SETB    OED
        MOV     A,R6            ;写入第八行数据
        MOV     DPTR,≠TAB
        MOVC    A,@A+DPTR
        LCALL   W595
        INC     R6
        MOV     A,R6
        MOV     DPTR,≠TAB
        MOVC    A,@A+DPTR
        LCALL   W595
        INC     R6
        CLR     OED
        LCALL   LIT
        LCALL   X7
        LCALL   DELAY
        SETB    OED
        MOV     A,R6            ;写入第九行数据
        MOV     DPTR,≠TAB
        MOVC    A,@A+DPTR
        LCALL   W595
        INC     R6
        MOV     A,R6
        MOV     DPTR,≠TAB
        MOVC    A,@A+DPTR
        LCALL   W595
        INC     R6
```

```
CLR      OED
LCALL    LIT
LCALL    X8
LCALL    DELAY
SETB     OED
MOV      A,R6                ;写入第十行数据
MOV      DPTR,♯TAB
MOVC     A,@A+DPTR
LCALL    W595
INC      R6
MOV      A,R6
MOV      DPTR,♯TAB
MOVC     A,@A+DPTR
LCALL    W595
INC R6
CLR      OED
LCALL    LIT
LCALL    X9
LCALL    DELAY
SETB     OED
MOV      A,R6                ;写入第十一行数据
MOV      DPTR,♯TAB
MOVC     A,@A+DPTR
LCALL    W595
INC      R6
MOV      A,R6
MOV      DPTR,♯TAB
MOVC     A,@A+DPTR
LCALL    W595
INC      R6
CLR      OED
LCALL    LIT
LCALL    X10
LCALL    DELAY
SETB     OED
MOV      A,R6                ;写入第十二行数据
```

```
MOV     DPTR,♯TAB
MOVC    A,@A+DPTR
LCALL   W595
INC     R6
MOV     A,R6
MOV     DPTR,♯TAB
MOVC    A,@A+DPTR
LCALL   W595
INC     R6
CLR     OED
LCALL   LIT
LCALL   X11
LCALL   DELAY
SETB    OED
MOV     A,R6              ;写入第十三行数据
MOV     DPTR,♯TAB
MOVC    A,@A+DPTR
LCALL   W595
INC     R6
MOV     A,R6
MOV     DPTR,♯TAB
MOVC    A,@A+DPTR
LCALL   W595
INC     R6
CLR     OED
LCALL   LIT
LCALL   X12
LCALL   DELAY
SETB    OED
MOV     A,R6              ;写入第十四行数据
MOV     DPTR,♯TAB
MOVC    A,@A+DPTR
LCALL   W595
INC     R6
MOV     A,R6
MOV     DPTR,♯TAB
```

```
MOVC    A,@A+DPTR
LCALL   W595
INC     R6
CLR     OED
LCALL   LIT
LCALL   X13
LCALL   DELAY
SETB    OED
MOV     A,R6                    ;写入第十五行数据
MOV     DPTR,♯TAB
MOVC    A,@A+DPTR
LCALL   W595
INC     R6
MOV     A,R6
MOV     DPTR,♯TAB
MOVC    A,@A+DPTR
LCALL   W595
INC     R6
CLR     OED
LCALL   LIT
LCALL   X14
LCALL   DELAY
SETB    OED
MOV     A,R6                    ;写入第十六行数据
MOV     DPTR,♯TAB
MOVC    A,@A+DPTR
LCALL   W595
INC     R6
MOV     A,R6
MOV     DPTR,♯TAB
MOVC    A,@A+DPTR
LCALL   W595
INC     R6
CLR     OED
LCALL   LIT
LCALL   X15
```

```
              LCALL    DELAY
              SETB     OED
              DJNZ     R4,LPP1                ;字之间延时
              INC      R2
              MOV      R4,≠100
LPP1：        LJMP     MAIN
LIT：         CLR      RCLK                   ;上升沿将数据写入存储寄存器
              NOP
              NOP
              SETB     RCLK
              RET
W595：        MOV      R3,≠08H                ;将一个字节数据逐位写入
LOOP：        RRC      A                      ;右移
              NOP
              NOP
              MOV      SDATA,C
              NOP
              NOP
              SETB     SRCLK
              NOP
              NOP
              CLR      SRCLK
              DJNZ     R3,LOOP
              RET
X0：          CLR      AAA                    ;选通第一行
              CLR      BBB
              CLR      CCC
              CLR      ENAB
              RET
X1：          SETB     AAA                    ;选通第二行
              CLR      BBB
              CLR      CCC
              CLR      ENAB
              RET
```

```
X2:     CLR     AAA                     ;选通第三行
        SETB    BBB
        CLR     CCC
        CLR     ENAB
        RET
X3:     SETB    AAA;                    ;选通第四行
        SETB    BBB
        CLR     CCC
        CLR     ENAB
        RET
X4:     CLR     AAA                     ;选通第五行
        CLR     BBB
        SETB    CCC
        CLR     ENAB
        RET
X5:     SETB    AAA                     ;选通第六行
        CLR     BBB
        SETB    CCC
        CLR     ENAB
        RET
X6:     CLR     AAA                     ;选通第七行
        SETB    BBB
        SETB    CCC
        CLR     ENAB
        RET
X7:     SETB    AAA                     ;选通第八行
        SETB    BBB
        SETB    CCC
        CLR ENAB
RET
X8:     CLR     AAA                     ;选通第九行
        CLR     BBB
        CLR     CCC
        SETB    ENAB
```

```
          RET
X9：      SETB     AAA              ;选通第十行
          CLR      BBB
          CLR      CCC
          SETB     ENAB
          RET
X10：     CLR      AAA              ;选通第十一行
          SETB     BBB
          CLR      CCC
          SETB     ENAB
          RET
X11：     SETB     AAA              ;选通第十二行
          SETB     BBB
          CLR      CCC
          SETB     ENAB
          RET
X12：     CLR      AAA              ;选通第十三行
          CLR      BBB
          SETB     CCC
          SETB     ENAB
          RET
X13：     SETB     AAA              ;选通第十四行
          CLR      BBB
          SETB     CCC
          SETB     ENAB
          RET
X14：     CLR      AAA              ;选通第十五行
          SETB     BBB
          SETB     CCC
          SETB     ENAB
          RET
```

```
X15:      SETB      AAA                              ;选通第十六行
          SETB      BBB
          SETB      CCC
          SETB      ENAB
          RET
DELAY:    MOV       R5,#12                           ;延时
LOOP2:    MOV       R7,#52
LOOP1:    DJNZ      R7,LOOP1
          DJNZ      R5,LOOP2
          RET
TAB:      DB        04H,80H,04H,80H,04H,88H,04H,98H            ;北
          DB        04H,0A0H,7CH,0C0H,04H,80H,04H,80H
          DB        04H,80H,04H,80H,04H,80H,04H,80H
          DB        1CH,82H,0E4H,82H,44H,7EH,00H,00H
          DB        02H,00H,01H,00H,01H,04H,0FFH,0FEH          ;京
          DB        00H,10H,1FH,0F8H,10H,10H,10H,10H
          DB        10H,10H,1FH,0F0H,01H,00H,09H,40H
          DB        09H,30H,11H,18H,25H,08H,02H,00H
          DB        00H,80H,00H,80H,0FCH,80H,04H,0FCH          ;欢
          DB        45H,04H,46H,48H,28H,40H,28H,40H
          DB        10H,40H,28H,40H,24H,0A0H,44H,0A0H
          DB        81H,10H,01H,08H,02H,0EH,0CH,04H
          DB        00H,00H,41H,84H,26H,7EH,14H,44H            ;迎
          DB        04H,44H,04H,44H,0F4H,44H,14H,0C4H
          DB        15H,44H,16H,54H,14H,48H,10H,40H
          DB        10H,40H,28H,46H,47H,0FCH,00H,00H
          DB        09H,00H,09H,00H,13H,0FCH,12H,04H           ;您
          DB        34H,48H,59H,40H,91H,50H,12H,4CH
          DB        14H,44H,11H,40H,10H,80H,02H,00H
          DB        51H,84H,50H,92H,90H,12H,0FH,0F0H
          END
```

　　程序运行后,可以观察到"北京欢迎您"五个字,并循环点亮,如图9—34所示。

　　点阵的原理和使用实际上不是很复杂,关键要清楚显示原理。点阵的实际应用非常广泛和灵活,比如说点阵的滚动显示怎么实现?如何实现更大屏幕点阵显示等等。大家可以自己动脑筋思考!

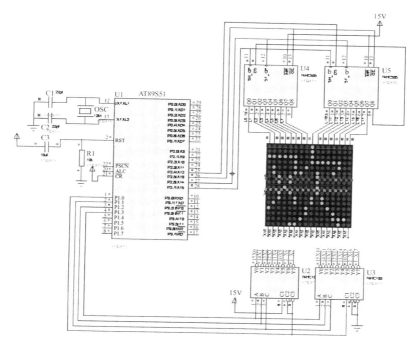

图 9-34　运行监控画面

# 9.4　任务二十——简易数字电压表设计

【学习目标】　通过任务二十,掌握 ADC0809 模/数转换芯片与单片机的连接方法及 ADC0809 的典型应用,掌握用查询方式和中断方式完成模/数转换程序的编写方法。

【任务描述】　利用单片机 AT89S51 与 ADC0809 设计一个数字电压表,能够测量 0～5 V 之间的直流电压值,采用两位数码管动态显示测量结果。

1. 硬件电路与工作原理

外部测量的信号为 0～5 V 之间的模拟信号,而单片机只能处理数字信号,这就需要在模拟信号测量与单片机之间设置模/数(A/D)转换芯片,将模拟信号转换成单片机能够处理的数字信号。本任务中使用了 ADC0809 芯片。图 9-35 和图 9-36 分别为该芯片的引脚图和原理框图。

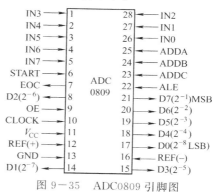

图 9-35　ADC0809 引脚图

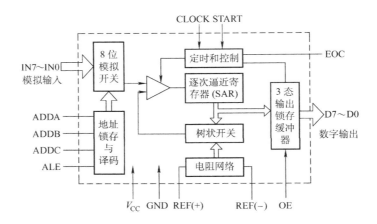

图 9—36　ADC0809 原理框图

ADC0809 芯片共 28 引脚,采用双列直插封装,各引脚功能如表 9—5 所示。

表 9—5　ADC0809 引脚说明

| 选中通道 | 地　址 | | |
|---|---|---|---|
| | C | B | A |
| IN0 | 0 | 0 | 0 |
| IN1 | 0 | 0 | 1 |
| IN2 | 0 | 1 | 0 |
| IN3 | 0 | 1 | 1 |
| IN4 | 1 | 0 | 0 |
| IN5 | 1 | 0 | 1 |
| IN6 | 1 | 1 | 0 |
| IN7 | 1 | 1 | 1 |

　　ADC0809 的模拟输入部分提供一个 8 通道的多路开关和寻址逻辑,可以接入 8 个模拟输入电压。其中 IN0～IN7 是 8 个模拟电压输入端,ADDA、ADDB 和 ADDC 是 3 个地址输入线,而 ALE 地址锁存允许信号的上升沿用于锁存 3 个地址输入的状态,然后由译码器选中一个模拟输入端进行 A/D 转换,如表 9—6 所示。在本任务中使用了通道 3,所以相应的地址线 ADDA、ADDB、ADDC 状态就应该是"110"。那么与之相连的单片机引脚就需要设置成相应的状态。如用 P3.4、P3.5、P3.6 与 AD-DC0809 的地址线相连,则可使用以下指令:SETB P3.4,SETB P3.5,CLR P3.6,选择通道 3。

表 9-6　ADC0809 地址输入与选中通道的关系

| 选中通道 | 地　　　址 | | |
|---|---|---|---|
| | C | B | A |
| IN0 | 0 | 0 | 0 |
| IN1 | 0 | 0 | 1 |
| IN2 | 0 | 1 | 0 |
| IN3 | 0 | 1 | 1 |
| IN4 | 1 | 0 | 0 |
| IN5 | 1 | 0 | 1 |
| IN6 | 1 | 1 | 0 |
| IN7 | 1 | 1 | 1 |

ADC0809 的转换过程由时钟脉冲 CLOCK 控制。它的频率范围为 10 ～ 1 280 kHz,典型值为 640 kHz。转换过程则由 START 信号启动,它要求正脉冲有效,高脉冲宽度应不小于 200 ns。START 信号的上升沿将内部逐次逼近寄存器复位,下降沿启动 A/D 转换。通过"SETB ST ,CLR ST"两条指令产生上升沿启动 A/D 转换。如果在转换过程中,START 再次有效,则终止正在进行的转换,开始新的转换。

转换完成由结束信号 EOC 指示。该信号平时为高电平,在 START 信号上升沿之后的 2 $\mu$s 加 8 个时钟周期之内(不定)变为低电平。转换结束,EOC 又变为高电平。这个状态信号可用作中断申请。

对于 8 位 A/D 转换器,从输入模拟量 $V_{IN}$ 转换为数字输出量 N 的公式为:
$$N=(V_{IN}-V_{REF(-)})/(V_{REF(+)}-V_{REF(-)})\times 2^8$$

例如,基准电压 $V_{REF(+)}=5$ V,$V_{REF(-)}=0$ V,输入模拟电压 $V_{IN}=1.5$ V,则
$$N=(1.5-0)/(5-0)\times 2^8=76.8\approx 77=4\ DH$$

实际上,上述 A/D 转换公式同样适合于双极性输入电压。将 $2^8$ 换成 $2^N$,则就是 N 位 ADC 的转换公式。在任务二十中,测得的电压应为 2.5 V,通过 A/D 转换得到的数字量为 $2.5/5\times 2^8=128=80H$。要在数码管上显示出"2.5",就需要把转化的数字量通过程序进行处理。为了取到个位和一位小数的数字需对公式做如下变换:
$$V_{IN}=N/256\times 50\approx N\times 0.019\ 5$$

为了便于取数字把它扩大 10 倍,即 $10\ V_{IN}\approx N\times 0.195$ 也即 $10\ V_{IN}\approx N\times (1/5-1/200)$

将上式左边部分的结果除 10,商为个位上的数字,余数为小数点的数字。当然转换方法很多,读者可自己思考。

在了解 ADC0809 的结构和功能后,可分析该任务的硬件电路。电路图如图 9-37 所示,主要包括 AD 转换电路和读数显示电路。AD 转换电路主要由芯片

ADC0809 构成,实现将由可调变阻器上采集的模拟电压量,转化为数字输出给单片机,单片机将采集的数字量通过程序转化真实电压值的数字量并通过数码管动态显示。

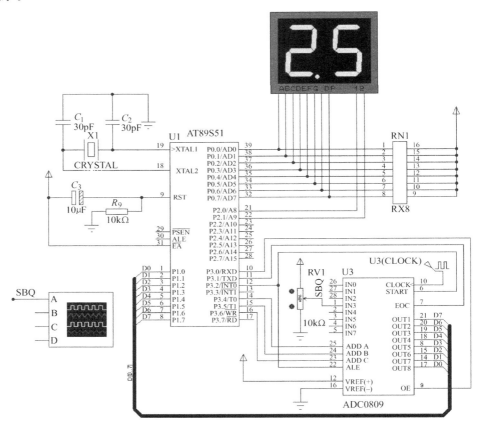

图 9-37　单片机设计数字电压表电路图

### 2. 源程序设计

| LED_0 | EQU | 30H | ;存放两个数码管的段码 |
|---|---|---|---|
| LED_1 | EQU | 31H | |
| ADC | EQU | 35H | ;存放转换后的数据 |
| ST | BIT | P3.2 | |
| OE | BIT | P3.0 | |
| EOC | BIT | P3.1 | |
| ORG | 0000H | | |
| START: | MOV | LED_0,♯00H | |
| | MOV | LED_1,♯00H | |
| | MOV | DPTR,♯TABLE | ;送段码表首地址 |

```
                SETB    P3.4
                SETB    P3.5
                CLR     P3.6            ;选择 ADC0808 的通道 3
WAIT:           CLR     ST
                SETB    ST
                CLR     ST              ;启动转换
                JNB     EOC,$           ;等待转换结束
                SETB    OE              ;允许输出
                MOV     ADC,P1          ;暂存转换结果
                CLR     OE              ;关闭输出
                LCALL   INTOV
                LCALL   DISP
                SJMP    WAIT
INTOV:          MOV     A,ADC           ;将 AD 转换结果转换成 BCD 码
                MOV     B,#200
                DIV     AB
                MOV     LED_0,A
                MOV     A,ADC
                MOV     B,#5
                DIV     AB
                SUBB    A,LED_0
                MOV     B,#10
                DIV     AB
                MOV     LED_0,A
                MOV     LED_1,B
                RET
DISP:           MOV     DPTR,#TABLE     ;显示 AD 转换结果
                MOV     A,LED_1
                MOVC    A,@A+DPTR
                CLR     P2.1
                MOV     P0,A
                LCALL   DELAY
                SETB    P2.1
                MOV     A,LED_0
                MOVC    A,@A+DPTR
                SETB    ACC.7
```

```
          CLR      P2.0
          MOV      P0,A
          LCALL    DELAY
          SETB     P2.0
          RET
DELAY：   MOV      R6,♯10              ;延时 5 ms
D1：      MOV      R7,♯250
          DJNZ     R7,$
          DJNZ     R6,D1
          RET
TABLE：   DB       3FH,06H,5BH,4FH,66H
          DB       6DH,7DH,07H,7FH,6FH
          END
```

3. 源程序的编辑、编译、下载

打开 Keil 和 PROTEUS 虚拟仿真软件进行程序的编辑、编译、模拟仿真。打开下载软件,目标文件下载到目标板上的 AT89S51 单片机芯片中,观察程序运行结果。

下面围绕这一任务,介绍 A/D 转换器的工作原理和相关知识,进而掌握利用单片机和 ADC0809 实现 A/D 转换的方法。

## 9.4.1　A/D 转换器原理

1. A/D 转换过程

A/D 转换是指将模拟量转换为数字量。实际应用中常见的模拟信号有温度、速度、位移、流量、压力等。虽然这些模拟量一般经过传感器、变送器变换成标准的电压或电流信号,但还需要通过模拟量/数字量(A/D)转换器转换成计算机能处理的数字信号。在 A/D 转换器(Analog to Digital Conventor,ADC)中,因为输入的模拟信号在时间上是连续量,而输出的数字信号是离散量,所以转换时必须在连续变化的模拟量上按照一定的规律取出其中某一些瞬时值(样点)代表这个连续的模拟量,然后再把这些取样值转换为输出的数字量。因此,一般的 A/D 转换过程是通过取样、保持、量化和编码这 4 个步骤完成的。

(1)取样和保持

取样过程是将时间连续的信号变成时间不连续的模拟信号。这个过程是通过模拟开关实现的。模拟开关每隔一定时间间隔开关一次,一个连续信号通过这个开关,就形成一系列的脉冲信号,称为采样信号。

根据香农采样定理,如果采样频率 $F$ 不小于随时间变化的模拟信号 $F(T)$ 的最高频率 $F_{max}$ 的 2 倍,即 $F \geqslant 2F_{max}$,则采样信号 $F(KT)$ 包含 $F(T)$ 的全部信息,通过 $F$

(KT)可以不失真地恢复 $F(T)$。因此,采样定理规定了不失真采样的频率下限。在实际应用中常取 $F=(5\sim10)F_{\max}$。

在进行 A/D 转换期间,A/D 转换器通常要求输入的模拟量保持不变,以保证 A/D 转换准确进行。因此,采样信号应送至采样保持电路(亦称采样保持器)保持。采样保持器对系统精度有很大影响,特别是对一些瞬变模拟信号更为明显。

(2)量化和编码

数字信号不仅在时间上是离散的,而且在数值上的变化也不是连续的。因此,在用数字量表示取样电压时,可把它化成某个最小数量单位的整倍数,这个转化过程就叫做量化。所规定的最小数量单位叫做量化单位,用 $\Delta$ 表示。显然,数字信号最低有效位中的 1 表示的数量大小,就等于 $\Delta$。把量化的数值用二进制代码表示,称为编码。这个二进制代码就是 A/D 转换的输出信号。

既然模拟电压是连续的,那么它就不一定能被 $\Delta$ 整除,因而不可避免的会引入误差,这种误差称为量化误差。在把模拟信号划分为不同的量化等级时,用不同的划分方法可以得到不同的量化误差。

2.A/D 转换原理

模数转换器的类型繁多,分类方法五花八门,品种规格非常复杂。表 9－7 列出 A/D 转换器的分类和特点。

表 9－7　A/D 转换器的分类和特点

| 分　类 | | 特　点 | 分　类 | | 特　点 |
|---|---|---|---|---|---|
| 计数型 | V/F 型 | | 比较型 | 跟踪型 | 转换速度快,精度高 |
| | 单积分型 | 分辨率高,结构简单便宜,能抑制周期性干扰,速度低 | | | |
| | 电荷平衡型 | | | | |
| | 量子化平衡型 | | | 反馈型 | 串　行 | 转换快,适合单通道采集,对噪声敏感 |
| | 脉宽调制型 | | | | |
| | 二重平衡型 | | | | |
| | 积分型 | | | 非反馈型 | 并　行 | 集成度高,速度较快 |
| | 双积分型 | 分辨率高,响应快,抑制噪声,速度低 | | | |
| | 四重积分型 | | | 串并行 | 转换速度最快,元件多,复杂,价格高,精度低 |
| | 同时积分型 | | | | |
| | 五相比较型 | | | 分级型 | 速度快,精度高 |
| | 逐次比较型 | | | | |

下面仅以有代表性的逐次逼近转换器说明 A/D 转换器的工作原理。4 位逐次逼近型 A/D 转换器的逻辑电路如图 9－38 所示。

图中 5 位移位寄存器可进行并入/并出或串入/串出操作,其输入端 F 为并行置数使能端,高电平有效。其输入端 S 为高位串行数据输入。数据寄存器由 D 边沿触发器组成,数字量从 Q4～Q1 输出。电路工作过程如下。

当启动脉冲上升沿到达后,FF0～FF4 被清零,Q5 置 1,Q5 的高电平开启与门

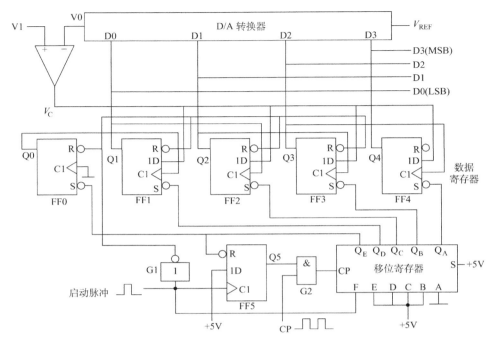

图 9-38　四位逼近比较型 A/D 转换器的逻辑电路

G2,时钟脉冲 CP 进入移位寄存器。在第一个 CP 脉冲作用下,由于移位寄存器的置数使能端 F 已由 0 变 1,并行输入数据 ABCDE 置入,$Q_A Q_B Q_C Q_D Q_E = 011\,11$,$Q_A$ 的低电平使数据寄存器的最高位($Q4$)置 1,$Q_B Q_C Q_D Q_E$ 的高电平使数据寄存器的 $Q_3 Q_2 Q_1$ 置 0,即 $Q_4 Q_3 Q_2 Q_1 = 100\,0$。D/A 转换器将数字量 100 0 转换为模拟电压 $V'_O$,送入比较器 C 与输入模拟电压 $V_I$ 比较,若 $V_I > V'_O$,则比较器 C 输出 $V_C$ 为 1,否则为 0。比较结果送 D4~D1。

　　第二个 CP 脉冲到来后,移位寄存器的串行输入端 S 为高电平,$Q_A$ 由 0 变 1,同时最高位 $Q_A$ 的 0 移至次高位 $Q_B$。于是数据寄存器的 Q3 由 0 变 1。这个正跳变为有效触发信号加到 FF4 的 CP 端,使 $V_C$ 的电平得以在 Q4 保存下来。此时,由于其他触发器无正跳变触发脉冲,$V_C$ 的信号对它们不起作用。Q3 变 1 后,建立了新的 D/A 转换器的数据,输入电压再与其输出电压 $V'_O$ 进行比较,比较结果在第三个时钟脉冲作用下存于 Q3……。如此进行,直到 $Q_E$ 由 1 变 0 时,使触发器 FF0 的输出端 Q0 产生由 0 到 1 的正跳变,做触发器 $FF_1$ 的 CP 脉冲,使上一次 A/D 转换后的 $V_C$ 电平保存于 Q1。同时使 Q5 由 1 变 0 后将 G2 封锁,一次 A/D 转换过程结束。于是电路的输出端 D3D2D1D0 得到与输入电压 $V_I$ 成正比的数字量。ADC0809 内部对转换后的数字量具有锁存能力,数字输出端 D0~D7 具有三态功能,只有当输出允许信号 OE 为高电平有效时,才将三态锁存缓冲器的数字量 D0~D7 输出。

　　由以上分析可见,逐次比较型 A/D 转换器完成一次转换所需时间与其位数和时钟脉冲频率有关。位数愈少,时钟频率越高,转换所需时间越短。这种 A/D 转换器具有转换速度快,精度高的特点。

3. A/D 转换的主要技术指标

（1）转换精度

1）分辨率　分辨率是指 A/D 转换器能分辨的最小模拟输入量,通常用能转换成的数字量的位数表示。从理论上讲,$n$ 位输出的 A/D 转换器能区分 $2^n$ 个不同等级的输入模拟电压,能区分输入电压的最小值为满量程输入的 $1/2^n$。在最大输入电压一定时,输出位数愈多,量化单位愈小,分辨率愈高。例如,A/D 转换器输出为 8 位二进制数,输入信号最大值为 5 V,那么这个转换器应能区分输入信号的最小电压为 19.53 mV。

2）转换误差　（A/D）转换器误差的来源很多,各元件参数值的误差、基准电源不够稳定、运算放大器存在零漂等都是误差存在的原因。

对于 A/D 转换器,绝对精度指的是在输出端产生给定的数字代码,实际需要的模拟输入值与理论上要求的模拟输入值之差。相对精度指的是满刻度值校准以后,任意数字输出所对应的实际模拟输入值（中间值）与理论值（中间值）之差。对于线性 A/D 转换器,相对精度就是它的线性度。与 D/A 转换器类似,精度代表的是电气或工艺精度,它的绝对值应小于分辨率,因此常用 1 LSB 的分数形式表示。

（2）转换时间

转换时间是 A/D 转换完成一次所需的时间,指从启动信号开始到转换结束并得到稳定的数字输出量为止的时间。一般地说,转换时间越短,则转换速度越快。不同的 A/D 转换器转换时间差别很大。

（3）量程

量程是指所能转换的输入电压范围。

（4）漏码

在 A/D 中,如果模拟输入连续增加（或减小）时,数字输出不是连续增加（或减小）而是越过某一数字,即是出现漏码。漏码是由于 A/D 转换器的非单调性引起的。

## 9.4.2　AT89S51 与 ADC0809 的连接及应用

AT89S51 单片机与 ADC0809 的常用工作方式有查询方式和中断方式。

1. 查询方式

查询方式下,ADC0809 与 AT89S51 接口电路如图 9—39 所示。

在图 9—39 中,ADC0809 的时钟信号由单片机的 ALE 信号经二分频得到,为单片机时钟频率的 1/2。

START 信号与 ALE 连接在一起,并与 $\overline{WR}$ 相连,在选择输入通道时即开启转换。

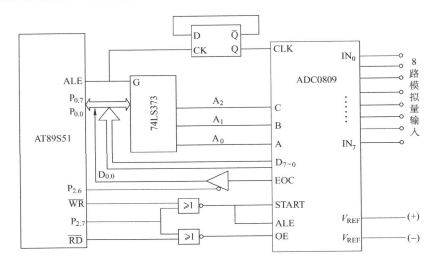

图 9—39　查询方式下 ADC0809 与单片机的接口电路图

ADC0809 的 OE 与单片机的 $\overline{RD}$ 相连，以供读出。

EOC 转换结束信号由 $P_{2.6}$ 控制与数据总线相连。因 EOC 只是一位信号，故只接数据总线的 $D_0$ 位。

由 ALE 和 $A_0$、$A_1$、$A_2$ 的连线可知，$IN_0 \sim IN_7$ 对应的地址分别确定为 07FF8H～07FFFH。在查询方式下，EOC 供查询地址为 0BFFFH。由 OE 确定的转换结果数据输出地址为 07FFFH。地址与 $IN_7$ 共用，但不会冲突，因为一个为写入，一个为读出。

【例 9—1】　以图 9—39 为硬件连接图，用查询方式对 $IN_0$ 输入进行连续 100 次采样转换。结果存在片外 50H 起的 100 个单元中。其程序如下。

| | | | |
|---|---|---|---|
| MAIN: | MOV | R0,♯50H | |
| | MOV | R7,♯100 | |
| NEXT: | MOV | DPTR,♯7FF8H | |
| | MOV | @DPTR,A | ;启动 $IN_0$ 转换 |
| | MOV | DPTR,♯0BFFFH | |
| CON: | MOVX | A,@DPTR | ;读取 EOC 信号 |
| | RRC | A | |
| | JNC | CON | ;检查 EOC 是否为 1 |
| | MOV | DPTR,♯7FFFH | |
| | MOVX | A,@DPTR | ;读取转换结果 |
| | MOVX | @R0,A | |
| | INC | R0 | |

```
DJNZ        R7,NEXT
END
```

2. 中断方式

中断方式下,ADC0809 与 AT89S51 的接口电路如图 9—40 所示。

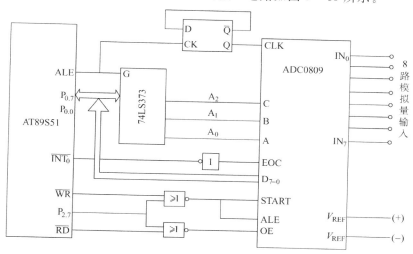

图 9—40　中断方式下 ADC0809 与单片机的接口电路图

此时,EOC 端作为中断信号,取反后与单片机 $\overline{\text{INT}}_0$ 端相连,不必再有地址以供查询。

【例 9—2】　分别以查询方式、中断方式循环对图 9—41 的 8 路模拟信号进行分时模数转换,并将结果转存到以 40H 为首址的片内数据 RAM 区。

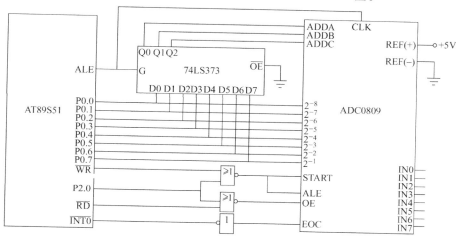

图 9—41　AT89S51 与 ADC0809 的接口电路图

由硬件电路可描述该电路的工作过程如下。

　　程序先给出通道号地址,由 ALE 正脉冲信号使 ADDA、ADDB 和 ADDC 的地址得到锁存以选中该通道,然后执行一条“MOVX@DPTR,A”指令产生$\overline{\text{WR}}$信号,经过“或非”门给 START 端提供正脉冲启动 A/D 转换。由于 START 、ALE 连在一起,故启动、锁存同时进行,A/D 转换完后 EOC 由低变高。接着执行一条“MOVXA,@DPTR”指令产生$\overline{\text{RD}}$信号,使 OE 有效,打开锁存器将 8 位数据读入 CPU 中。

　　以查询方式采样的程序如下。

```
MAIN:     MOV    R1,♯40H          ;置数据区首址
          MOV    DPTR,♯0FFF8H     ;指向 IN0
          MOV    R7,♯08H          ;置通道数
LOOP:     MOVX   C@DPTR,A         ;启动 A/D 转换
          MOV    R6,♯05H          ;软件延时
DLAY:     NOP
          DJNZ   R6,DLAY
WAIT:     JNB    P3.2,WAIT        ;查询 EOC 是否为高,高则转换结束
          MOVX   A,@DPTR          ;读取转换结果
          MOV    @R1,A            ;存取数据
          INC    DPTR             ;指向下一个通道
          INC    R1               ;指向下一个存储单元
          DJNZ   R7,LOOP          ;返回,继续采样
          RET
```

　　以中断方式采样的程序如下。

```
          ORG    0000H
          AJMP   MAIN
          ORG    0003H
          AJMP   INT0
NAIN:     MOV    R1,♯40H          ;置数据区首址
          MOV    DPTR,♯0FEF8H     ;指向 IN0
          MOV    R7,♯08H
          SETB   IT0
          SETB   EX0              ;开中断
          SETB   EA
LOOP:     MOVX   A,@DPTR          ;启动 A/D 转换
          ⋮
INT0:     MOVX   A,@DPTR          ;读取数据
          MOV    @R1,A            ;存取数据
          INC    R1               ;指向下一个存储单元
```

```
              INC      DPTR              ;指向下一个通道
              DJNZ     R7,DONE
              CLR      EX0               ;关中断
              CLR      EA
              RETI                       ;中断返回
DONE:         MOVX     @DPTR,A
              RETI
```

### 9.4.3　A/D 转换器与微机接口应注意的问题

设计 A/D 芯片和微处理器间的接口时,必须考虑以下问题。

1. A/D 的数字输出特性

A/D 与微处理器之间除了明显的电气相容性以外,对 A/D 的数字输出必须考虑的关键两点是:转换结果数据应有 A/D 锁存;数据输出最好具有三态能力。这样转换数据在外界控制下才能被送到数据总线上,从而使接口简化。

2. ADC 与微处理器间的时间配合

A/D 转换器从接到启动命令到完成转换给出转换结果数据,需要一定时间。通常最快的 ADC 转换时间都比 CPU 的指令周期长。为了得到正确的转换结果,必须根据要求,解决好启动转换和读取数据这两种操作的时间配合问题。解决的方法通常有固定延时等待法、中断响应法、保持等待法、查询法、双重缓冲法等。

3. 模拟输入信号的连接

许多 A/D 转换器要求输入模拟量为 0~5 V 标准电压信号,但其他器件有单极性和双极性输入两种工作方式,有时可根据模拟信号的性质选定。

4. A/D 转换器的启动方式

有的 A/D 要求脉冲启动,有的要求电平启动,其中又有不同的极性要求。要求脉冲启动的往往是前沿用于复位 A/D,后沿才用于启动转换。对要求电平启动的 A/D 转换器,在整个转换过程中必须始终维持该电平,否则会使转换中途停止,得出错误的转换结果。

5. 转换结束信号的处理

A/D 转换器在转换结束时会输出转换结束信号,CPU 根据此信号读取转换后的数据。判断转换是否结束的方法有中断方式、查询方式和软件延时方式。中断方式是指将转换结束信号接到 CPU 的中断申请端,转换结束信号作为中断申请信号,CPU 响应中断后在中断服务程序中读取数据,此方式适合于实时性强、多参数的系统;查询方式是指编写查询软件,使 CPU 不断查询 A/D 转换是否结束,一旦查到结束信号就读取数据。此方式简单,但占用 CPU 的机器时钟。软件延时方式是指根据完成转换所需要的时间,调用一段延时子程序,执行完后,A/D 转换也结束,立即读取数据。

# 9.5　任务二十一——基于单片机的步进电机控制系统

【学习目标】　通过任务二十一了解步进电机的工作原理,掌握用单片机控制步进电机的原理和程序设计方法。

【任务描述】　利用单片机 AT89S51 设计一个步进电机的控制电路,通过按键控制步进电机的转动方向。

1. 硬件电路与工作原理

该任务使用的是四相步进电机。该电机采用单极性直流电源供电。只要对步进电机的各相绕组按合适的时序通电,就能使步进电机步进转动。图 9—42 是四相反应式步进电机工作原理示意图。

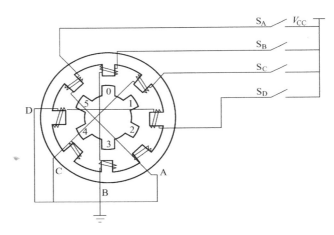

图 9—42　四相步进电机工作原理示意图

开始时,开关 $S_B$ 接通电源,$S_A$、$S_C$、$S_D$ 断开,B 相磁极和转子 0、3 号齿对齐,同时,转子的 1、4 号齿就和 C、D 相绕组磁极产生错齿,2、5 号齿就和 D、A 相绕组磁极产生错齿。当开关 $S_C$ 接通电源,$S_B$、$S_A$、$S_D$ 断开时,由于 C 相绕组的磁力线和 1、4 号齿之间磁力线的作用,使转子转动,1、4 号齿和 C 相绕组的磁极对齐。而 0、3 号齿和 A、B 相绕组产生错齿,2、5 号齿就和 A、D 相绕组磁极产生错齿。依次类推,A、B、C、D 四相绕组轮流供电,则转子会沿着 A、B、C、D 方向转动。

系统硬件电路如图 9—43。用单片机来控制此四相步进电机。按照工作原理,只需分别依次给四线一定时间的脉冲电流,电机便可连续转动。通过改变脉冲电流的时间间隔,就可以实现对转速的控制;通过改变给四线脉冲电流的顺序,则可实现对转向的控制。

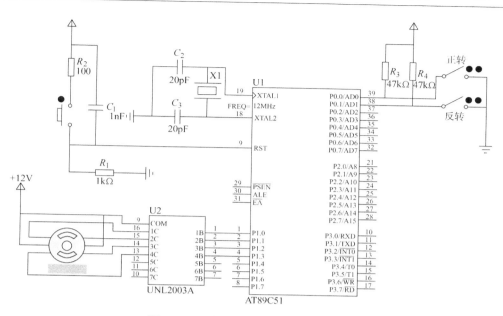

图 9—43　单片机控制步进电机电路图

2. 控制源程序

```
            ORG        0000H
START：MOV        DPTR，♯TAB1
       MOV        R0，♯03
       MOV        R4，♯0
       MOV        P1，♯3
WAIT：MOV         P1，R0          ;初始角度 0°
       MOV        P0，♯0FFH
       JNB        P0.0，POS        ;判断键盘状态
       JNB        P0.1，NEG
       SJMP       WAIT
JUST：JB          P0.1，NEG        ;首次按键处理
POS：MOV          A，R4            ;正转 9°
       MOVC       A，@A+DPTR
       MOV        P1，A
       ACALL      DELAY
       INC        R4
       AJMP       KEY
NEG：MOV          R4，♯6           ;反转 9°
       MOV        A，R4
```

```
              MOVC      A,@A+DPTR
              MOV       P1,A
              ACALL     DELAY
              AJMP      KEY
     KEY：    MOV       P0,♯03H              ;读键盘情况
              MOV       A,P1
              JB        P0.0,FZ1
              CJNE      R4,♯8,LOOPZ          ;是结束标志
              MOV       R4,♯0
     LOOPZ：MOV        A,R4
              MOVC      A,@A+DPTR
              MOV       P1,A                 ;输出控制脉冲
              ACALL     DELAY                ;程序延时
              INC       R4                   ;地址加1
              AJMP      KEY
     FZ1：    JB        P0.1,KEY
              CJNE      R4,♯255,LOOPF        ;是结束标志
              MOV       R4,♯7
     LOOPF：DEC        R4
              MOV       A,R4
              MOVC      A,@A+DPTR
              MOV       P1,A                 ;输出控制脉冲
              ACALL     DELAY                ;程序延时
              AJMP      KEY
     DELAY：MOV        R6,♯5
     DD1：    MOV       R5,♯080H
     DD2：    MOV       R7,♯0
     DD3：    DJNZ      R7,DD3
              DJNZ      R5,DD2
              DJNZ      R6,DD1
              RET
     TAB1：   DB        02H,06H,04H,0CH
              DB        08H,09H,01H,03H      ;正转模型资料
              END
```

3. 源程序的编辑、编译与下载

打开 Keil 和 PROTEUS 虚拟仿真软件进行程序的编辑、编译、模拟仿真。打开下载软件，目标文件下载到目标板上的 AT89S51 单片机芯片中，观察程序运行结果。

围绕这一任务，下面以三相步进电机为例介绍步进电机的相关知识，进而了解单片机控制步进电机工作的方法。

## 9.5.1　步进电机的基础知识

常用的步进电机有三相、四相、五相、六相 4 种，本节再以三相反应式步进电机为例，简单介绍其工作原理、与单片机的接口电路以及控制程序设计。

1. 步进电机的基本工作原理

图 9—44 所示为一种反应式步进电机的结构示意图。图中电机定子上有 6 个磁极 U1、U2、V1、V2、W1、W2，每个磁极上有 5 个均匀分布的矩形小齿。相邻两个磁极之间相隔 60°。相对的两个磁极组成一相，磁极上绕有一相线圈，构成三相步进电动机。当某一相绕组有电流通过时，该绕组所在的两个磁极形成 N 极和 S 极。转子上没有绕组，有 40 个矩形小齿均匀分布在圆周上，相邻两个小齿之间的夹角为 9°，定子上小齿的齿距相同。

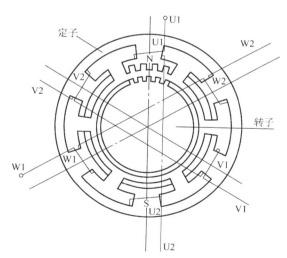

图 9—44　步进电机的结构示意图

顾名思义，步进电机的运转过程是一步一步进行的。当某相绕组通电时，所在的磁极产生磁场，与转子形成磁路。若此时该定子磁极的小齿与转子的小齿没有对齐，相互之间就会产生圆周方向的力矩，使转子齿转过一个角度，直到定子齿对齐为止，这个角度称为步距角 $\theta_b$。

　　定子从一种通电状态变换到另一种通电状态,叫做一"拍"。每一拍转子就转过一个 $\theta_b$。定子通电状态循环改变一次所包含的状态数称为拍数 $N$。

　　只要连续循环给步进电机的各相通电,步进电机就会一步一步地连续旋转。各相间的通电频率越高,电机旋转得越快;若改变各相的通电顺序,则电机的旋转方向就会相应改变。

　　2. 步进电机控制系统和控制方法

　　步进电机控制系统由步进控制器、功率放大器和步进电机构成,如图9-45所示。

图9-45　步进电机控制系统的组成

　　步进控制器包括缓冲寄存器、环形分配器、控制逻辑(有正反控制门)等,作用是把输入脉冲变为环形脉冲,分配给步进电机的 A、B、C 三相激磁绕组,以便实现对步进电机的转速和正反向的控制。不同的通电方式会得到不同的步进电机的运行方式。下面介绍三相三拍运行方式和三相六拍运行方式。

　　1)三相三拍运行方式

　　如果 A、B、C 三相绕组按 A→B→C 或 A→C→B 顺序依次通电,步进电机就处于三相三拍的运行方式下。前者的通电方式若定为使步进电机正转的顺序,则后者可使电机反转。通常每一次通电使电机转过,经过三次通电也就是三拍才完成一个通电循环,即步进电机旋转一步。

　　2)三相六拍运行方式

　　如果 A、B、C 三相绕组按 A→AB→B→BC→C→CA→A 或 A→AC→C→CB→B→BA→A 的顺序依次通电,则电机就处于三相六拍的方式下运行。在这种方式下,步进电机每一步转过 1.5°。所谓六拍是指经过六次通电才完成一个通电循环。

　　功率放大器的作用是将步进控制器输出的环形脉冲放大,以驱动步进电机转动。

　　如果步进控制器全部采用硬件电路完成,则线路复杂,加之成本高,限制了它的使用。

　　采用单片机作为主控芯片,用软件实现上述步进控制器的功能,使控制系统大为简化,不仅降低了成本,而且控制方便,提高了可靠性。在步进电机的单片机控制系统中,脉冲的产生及步数、方向和速度的控制都是由单片机实现的,控制系统通过接口进行信号传递并作隔离。驱动器的作用是对脉冲信号进行功率放大。

　　利用单片机产生脉冲的方法是:令 I/O 口某位为高电平,延长一段时间后,再令该位为低电平,就能产生一个步进脉冲。程序如下。

```
PULSE: SETB      P1.0
       ACALL     DELAY
       CLR       P1.0
       ⋮
DELAY: MOV       R6,30H        ;延时一个时间段
LP1:   NOP
       NOP
       NOP
       NOP
       DJNZ      R6,LP1
       RET
```

执行此段程序,可以从 P1.0 线输出一个持续一定时间的正脉冲,脉冲幅度为 TTL 电平。延时时间取决于装入内部 RAM30H 单元的内容。

如果使用单片机的 P1.0、P1.1、P1.2,分别控制步进电机的 U、V、W 相,P1 口其他无关位取值为 0,则步进电机的工作方式和控制字如表 9－7 所示。

### 表 9－7　三相步进电机工作方式及控制字

| 方式 | 步序 | P1.2 | P1.1 | P1.0 | 通电绕组 | 控制字 |
|------|------|------|------|------|----------|--------|
| 三相单三拍式 | 1 步 | 0 | 0 | 1 | U 相 | 01H |
|  | 2 步 | 0 | 1 | 0 | V 相 | 02H |
|  | 3 步 | 1 | 0 | 0 | W 相 | 04H |
| 三相双三拍式 | 1 步 | 0 | 1 | 1 | UV 相 | 03H |
|  | 2 步 | 1 | 1 | 0 | VW 相 | 06H |
|  | 3 步 | 1 | 0 | 1 | WU 相 | 05H |
| 三相六拍式 | 1 步 | 0 | 0 | 1 | U 相 | 01H |
|  | 2 步 | 0 | 1 | 1 | UV 相 | 03H |
|  | 3 步 | 0 | 1 | 0 | V 相 | 02H |
|  | 4 步 | 1 | 1 | 0 | VW 相 | 06H |
|  | 5 步 | 1 | 0 | 0 | W 相 | 04H |
|  | 6 步 | 1 | 0 | 1 | WU 相 | 05H |

### 9.5.2　单片机与步进电机的接口电路设计及应用

图 9－46 所示为三相步进电机与单片机的接口电路示意图。此接口电路包括光电耦合和功率驱动部分。V2 是大功率三极管。V1、V2 都工作在开关状态。步进电机绕组串联了限流电阻。由于绕组对于交流和直流电流呈现的阻抗有较大的差别,绕组的静态电流较大,必须采取限流措施。

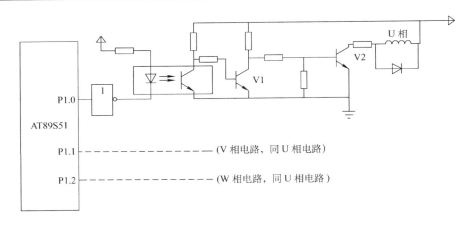

图 9—46　三相步进电机与单片机 AT89S51 的接口电路

以 U 相为例,当 P1 口的 P1.0 为高电平时,光耦合器导通,V1 截止,V2 导通,U 相绕组通电。当 P1.0 为低电平时,U 相绕组不通电。这样就实现了 P1.0 的输出脉冲对 U 相绕组的控制。

若采取三相六拍运行方式,并设正驱动相序为 U→UV→V→VW→W→WU→U,反转驱动程序为 U→WU→W→VW→V→UV→U。再把控制字组成一个表,通过查表法查找控制字,采用循环程序设计可大大简化程序。图 9—47 为步进电机控制程序流程图。

三相六拍步进电机驱动程序如下。

```
            ORG   0100H
MOTOR:      MOV  R0,≠NUM            ;转动步数送 R0 寄存器
LP0:        MOV  R1,≠00H            ;偏移量初值为 0
            MOV  DPTR,≠TAB          ;控制字表首地址
            JNB   00H,LP2           ;00H 单元为正反转标识位
LP1:        MOV  A,R1               ;查表偏移量送 A
            MOVCA,@A+DPTR           ;查表取控制字
            JZ    LP0               ;控制字为 0 表示已走完六拍,
                                        返回
            MOV  P1,A               ;控制字送 P1 口,步进一步
            ACALIDELAY              ;调用延时子程序
            INC   R1                ;偏移量加 1(拍数加 1)
            DJNZ R0,LP1             ;判别步数到否
            RET
LP2:        MOV  A,R1               ;查表偏移量送 A
```

```
            ADD   A,≠07H          ;修正偏移量,查反向控制字
            MOV  R1,A            ;偏移量保存在 R3 中
            AJMP LP1
DELAY:      MOV  R6,≠20          ;延时子程序,控制转速
LP3:        MOV  R7,≠100
            DJNZ R7,$
            DJNZ R6,LP3
            RET
TAB:        DB   01H,03H,02H,06H,04H,05H,00H;正转
            DB   01H,05H,04H,06H,02H,03H,00H;反转
                                   ;00H 作为结束标志
            END
```

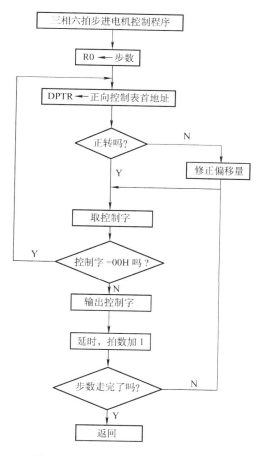

图 9—47　步进电机控制程序流程图

# 本 章 小 结

　　按键在仪器仪表中使用非常普遍。键盘分编码键盘和非编码键盘。在单片机组成的测控系统及智能化仪器中,用得最多的是非编码键盘。非编码键盘包括独立式和行列式键盘,应用于不同场合。键盘的处理主要涉及按键的识别、抖动的消除、键值的读取等。初学者主要应学会设计键盘电路,并能够编写相关的键盘处理程序。

　　单片机串行扩展技术在近几年得到了飞速发展,并正在成为单片机应用系统扩展的主流。$I^2C$ 总线是同步通信的一种特殊形式,具有接口线少、控制方式简单、器件封装形式小、通信速率较高等优点。读者应着重理解 $I^2C$ 总线的总线协议和接线方法。

　　点阵式的 LED 显示器是由发光二极管排列成的矩阵,一个发光二极管控制点阵中的一个点。这种显示器显示的字形逼真,能显示的字符比较多,显示清晰明亮,但控制比普通的 LED 数码管要复杂。硬件电路大致上可以分成单片机系统及外围电路、列驱动电路和行驱动电路 3 部分;扩展方式可以分为并行扩展和串行扩展,常用的是串行扩展技术;软件设计一般采用扫描方式显示,要注意扫描频率的选择,一定要符合视觉暂留的要求。

　　单片机接收来自传感器的信号多为模拟量,输出的控制信号为数字量,因此需要用到 A/D 转换器和 D/A 转换器。它们可以把数字信号转换成模拟信号输出到外部设备,或把模拟信号转换成数字信号输入到计算机。

　　ADC0808/0809 是常用的集成逐次逼近型 A/D 转换器。输入为 8 个可选通的模拟量,至于 A/D 转换器接收哪一路输入由 ADDA、ADDB 和 ADDC 3 个地址输入线控制。ALE 地址锁存允许信号的上升沿用于锁存 3 个地址输入的状态,然后由译码器选中一个模拟输入端进行 A/D 转换。ADC0809 的转换过程由时钟脉冲 CLOCK 控制,频率范围为 10～1 280 kHz。转换过程由 START 信号启动,转换完成由结束信号 EOC 指示。ADC0809 与 AT89S51 单片机的接口设计要满足 ADC0809 转换时序的要求。编写程序时,一般要包含初始化、启动 ADC0809、判断 A/D 转换是否结束、读取转换结果等步骤。

　　步进电机由脉冲电流控制,转角是离散、数字化的量,可以精确控制,因而广泛应用于计算机控制系统中的执行机构,直接由计算机的数字信号驱动完成精确控制。在步进电机的单片机控制系统中,脉冲的产生及步数、方向和速度的控制都是由单片机的程序来实现。一般把控制字组成数据表,通过查表法查找控制字,采用循环程序设计。

# 习题与思考题

1. 为什么要消除键盘的机械抖动？有哪些方法？
2. 设计一个 2×2 行列式键盘电路并编写键扫描子程序？
3. 在非编码键盘中按键是如何被识别的？键盘电路如何设计？
4. 设计一个按键检测程序，要求键盘处理程序以跳转地址表的形式存在。
5. AT24C 系列的读写工作原理是什么？
6. 简述 $I^2C$ 总线上一次典型的工作流程。
7. 设计一个电子钟，其中采用 AT24C02 芯片作为存储器，存储闹铃设定值。
8. 简述 16×16LED 点阵显示原理。
9. 做一个点阵显示屏，显示 5 个汉字，能够向左动态循环移动。

# 第10章 一起来做经典的单片机课程设计项目 ——基于单片机的一键多功能数字时钟

**本章学习目标**

　　※了解单片机课程设计的目的和过程要求,理解课程设计的意义

　　※掌握数字时钟课题的硬件电路设计方法

　　※理解数字时钟课题的软件设计流程,能够分析读懂控制源程序

　　※尝试设计完成给出的参考选题

## 10.1 课程设计的目的和过程要求

　　单片机是一门实践性、综合性和应用性都很强的学科,十分注重动手能力的培养。单片机实验课一般与理论课程同时进行,主要是进行一些基本实验,比如熟悉仿真器与仿真软件的使用方法、各种编程练习以及单片机内部资源的基础实验等。课程设计是学好本门课程的又一重要的实践性教学环节。课程设计的目的就是配合单片机日常教学和平时实验,进一步加强单片机的综合应用能力及单片机应用系统开发和设计能力的训练,启发学生的创新思维,使之初步具备单片机产品开发和科研的基本技能,把所学知识系统化、综合化和工程化,为学生走出校门从事单片机应用的相关工作打下扎实的基础。

　　课程设计的过程包括以下几点:

　　①按设计任务的要求制订设计方案,借鉴工程手册、元器件资料及参考文献中有价值的部分来完善自己的课程设计;

　　②使用 PROTEL 等电路绘制软件绘制应用系统与单片机连接的电路图,在面板上(或单片机综合实验箱)配置相关硬件,正确地进行接线;

　　③根据设计任务和要求,画出程序总体流程图,应用 KEIL C(或其他仿真软件)在计算机上编写源程序并初步调试运行;

　　④借助仿真器配合外部电路进行系统功能测试,熟练使用各种电子仪器仪表进行单元及系统的调试,并能独立快速地排除故障,直至正确地实现系统的

功能；

⑤最后使用编程器将程序写入到单片机中，脱机运行。

## 10.2  课程设计实例——基于单片机的一键多功能数字时钟

单片机控制数字时钟的设计与制作是公认的单片机入门的经典选题。它综合应用了单片机应用技术中的定时器、中断、LED 显示、按键处理等很多知识。表面上看，硬件电路的设计难度不大，但程序编制工作量比较多，能很好的锻炼学生的程序设计能力，这一点对于初学者尤其重要。该设计题目具体要求可简可繁，只要完成了时间显示的基本要求，在日后还可继续扩充完善电路，增加程序，实现更复杂、更丰富的功能。

本章中的数字时钟题目具体要求如下。采用 6 位 LED 数码管显示时、分、秒，用 24 h 计时方式。该电路除具有显示时间的基本功能外，能够实现时间调整（调整时，相应数码管闪烁），可进入省电状态（即关闭数码管显示，时钟仍在计时）。

### 10.2.1  硬件电路设计

单片机数字时钟电路主控制器采用实验室常用的 AT89S51 单片机，内部资源完全能够满足电路系统的设计需要。为了实现数码管的数字显示，可以采用静态显示方法或动态显示方法。静态显示法需要外接数据锁存器等硬件电路。考虑到时钟显示只有 6 位，而且系统没有其他复杂的处理任务，所以采用动态扫描法实现 LED 的显示。LED 采用共阳数码管，三极管 9012 提供驱动电流，晶振频率为 12 MHz。P1 口输出共阳段码数据信息，P2.0～P2.5 输出位码控制信息，P2.6 外接功能控制按键，实现省电功能和调时功能。

单片机控制的数码管时钟电路如图 10-1 所示。

### 10.2.2  控制程序设计

1. 主程序设计

主程序主要完成定时中断的初始化、LED 时间显示以及按键的判断。主程序流程图如图 10-2 所示。

2. 显示子程序

LED 数码管显示的数据信息存放在内部 RAM30H～35H 单元中，其中 30H、31H 单元存放"秒"数，32H、33H 单元存放"分钟"数，34H、35H 单元存放"小时"数。时间数据采用 BCD 码表示，数据的高四位全为 0，低四位是有效信

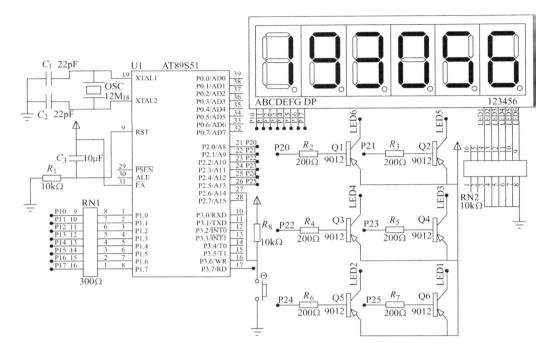

图 10-1　基于单片机的一键多功能数字时钟电路

息 0～9,共阳极段码信息存放在 ROM 中,通过查表指令(MOVC)调用。在正常显示时,应先取出各显示单元的数据,根据共阳段码表查出相应的显示用段码并从 P1 口输出,同时 P2 口输出对应的位控制码,每个数码管维持显示 1 ms,轮流显示,这就是动态显示的基本方法。

　　3. 定时器 T0 中断服务程序

　　定时器 T0 用于产生时钟的最小计时单位——秒。由于 16 位定时器的最长定时时间(若采用 12 MHz 晶振频率)约为 65 ms,所以可设置定时初值为 50 ms。采用中断累计 20 次的方法,即可实现 1 s 定时。在中断服务程序中应实现 60 s 进位 1 min、60 min 进位 1 h、24 h 归零的功能。中断服务程序流程图如图 10-3 所示。

　　4. 定时器 T1 中断服务程序

　　当进行时间调整时,正在被调整的时间以闪烁形式表现。定时器 T1 用于产生闪烁的时间间隔 0.3 s,每隔 0.3 s 闪烁一次。中断服务程序流程图略。

　　5. 调时功能程序

　　调时功能程序的设计方法如下。

按下 P2.6 按键,若按键时间小于 1 s,则进入省电状态(数码管熄灭,但时钟不停)。在省电状态下若再次按键,将恢复正常显示。若按键时间大于 1 s,则进入调分状态,等待下一次按键,此时计时器停止计时。当再次按下按键时,若按键时间小于 0.5 s,则时间加 1 min,否则进入小时调整状态。在小时调整状态下,若再次按键时间小于 0.5 s,则时间加 1 h,否则退出调整状态,恢复正常显示。程序流程图略。

6. 延时程序

该系统总共需要 3 个延时程序,分别是 1 ms,500 ms 和 1 s。由于系统采用的是动态显示,为了确保系统正常显示,500 ms 的延时程序是通过执行显示程序大约 80 遍来实现的。调用 2 次 500 ms 延时可实现 1 s 延时。

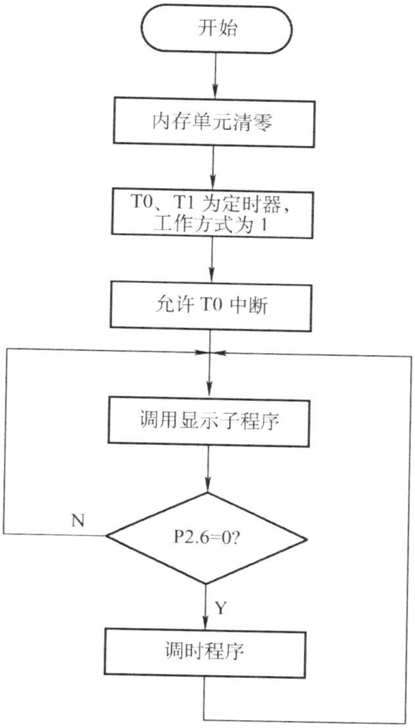

全部源程序如下。

图 10-2 主程序的流程图

```
            ORG 0000H
            LJMP MAIN
            ORG 000BH              ;定时器 0 的中断服务程序入口地址
            LJMP INTT0
            ORG 001BH              ;定时器 1 的中断服务程序入口地址
            LJMP INTT1
/* 以下是主程序 */
            ORG 0030H
MAIN:       MOV SP,#50H            ;设置堆栈指针
            MOV R0,#4FH            ;内部 RAM 00H~4FH 单元清零
            MOV A,#00H
CLR00:      MOV @R0,A
            DJNZ R0,CLR00
            MOV TMOD,#11H          ;定时器,工作方式 1
            MOV TH0,#3CH           ;50 ms 定时初值(12 MHz 晶振)
            MOV TL0,#0B0H
```

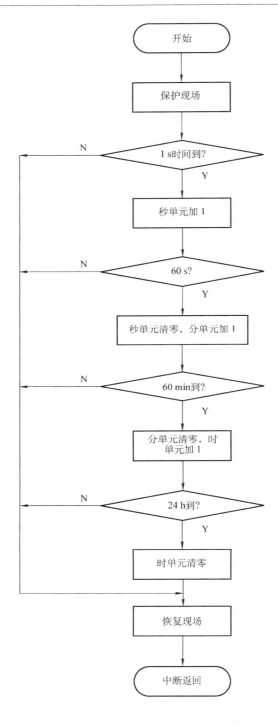

图 10-3　定时器 T0 中断服务程序流程图

```
                MOV TH1,≠3CH
                MOV TL1,≠0B0H
                SETB EA              ;开总中断
                SETB ET0             ;允许 T0 中断
                SETB TR0             ;启动 T0 定时器
                MOV R2,≠20           ;1 s 定时用初值(20×50 ms＝1 s)
NOKEY:          LCALL DISP           ;无键按下时调用时间显示子程序
                JNB P2.6,QUDOU       ;有键按下先去抖动
                SJMP NOKEY           ;无键按下,继续显示
QUDOU:          LCALL DISP           ;通过调用时间显示子程序去抖
                JNB P2.6,ADJUST      ;确认有键按下,进入调时处理程序
                LJMP NOKEY           ;无键按下,继续显示
ADJUST:         LCALL DEL1S          ;调用 1 s 延时子程序
                JB P2.6,SAVE         ;按键时间小于 1 s,进入省电状态
                CLR ET0              ;按键时间大于 1 s,进入调时状态
                CLR TR0              ;禁止 T0 中断,停止计时
FEN:            JN JNB P2.6,TEMP1    ;等待按键释放
ADFEN:          JB P2.6,TEMP2        ;继续等待按键
                LCALL DEL05S         ;有键按下,延时 0.5 s
                JNB P2.6,HOUR        ;按键时间大于 0.5 s,转到调小时状态
                MOV R0,≠33H          ;按键时间小于 0.5 s,进入调分状态
                CLR 01H              ;调分标志位清零
                MOV R3,≠06           ;R3 为闪烁定时初值(6×50 ms＝0.3 s)
                SETB ET1             ;允许 T1 中断
                SETB TR1             ;启动 T1 定时器
                LCALL JIA1           ;调用时间加 1 子程序
                MOV A,R4             ;取要调整的单元数据
                CLR C                ;清进位标识位
                CJNE A,≠60,CLRFEN    ;计分单元数据与 60 比较
                JC ADFEN             ;不到 60 转到 ADFEN,继续等待按键
CLRFEN:         MOV A,≠00H           ;大于或等于 60,分数据清零
                MOV @R0,A            ;33H 清零
                DEC R0
                MOV @R0,A            ;32H 清零
                CLR C                ;清进位标识位
```

|  | LJMP ADFEN | ;继续等待按键 |
|---|---|---|
| TEMP1： | LJMP WAIT | ;防止 JNB 指令跳转出范围,二次跳 |
| TEMP2： | LJMP WAIT1 | ;防止 JB 指令跳转出范围,二次跳 |
| SAVE： | MOV 30H,♯0BH | ;进入省电状态 |
|  | MOV 31H,♯0BH | ;"熄灭符"数据放入各显示单元 |
|  | MOV 32H,♯0BH |  |
|  | MOV 33H,♯0BH |  |
|  | MOV 34H,♯0BH |  |
|  | MOV 35H,♯0BH |  |
| WAIT2： | JB P2.6,$ | ;等待按键 |
|  | LCALL DISP | ;有键按下,调用时间显示子程序去抖 |
|  | JB P2.6,WAIT2 | ;无键,继续等待 |
| WAIT3： | JNB P2.6,WAIT3 | ;等待键释放 |
|  | MOV 30H,40H | ;省电状态退出前,将计时单元数据移入对应显示单元 |
|  | MOV 31H,41H |  |
|  | MOV 32H,42H |  |
|  | MOV 33H,43H |  |
|  | MOV 34H,44H |  |
|  | MOV 35H,45H |  |
|  | LJMP NOKEY | ;退出省电状态 |
| HOUR： | JNB P2.6,WAIT4 | ;等待按键释放 |
|  | SETB 01H | ;置调小时标识位 |
| ADHOUR： | JB P2.6,WAIT5 | ;继续等待按键 |
|  | LCALL DEL05S | ;有键按下,延时 0.5 s |
|  | JNB P2.6,QUIT | ;按键时间超过 0.5 s,退出调时状态 |
|  | MOV R0,♯35H | ;按键时间小于 0.5 s,调整小时 |
|  | LCALL JIA1 | ;调用时间加 1 子程序 |
|  | MOV A,R4 | ;取要调整的单元数据 |
|  | CLR C | ;清进位标识位 |
|  | CJNE A,♯24,CLRHOUR | ;计时单元数据与 24 比较 |
|  | JC ADHOUR | ;小于 24,继续等待 |
| CLRHOUR： | MOV A,♯00H | ;大于等于 24 应将计时单元数据清零 |

```
                MOV @R0,A              ;35H 单元清零
                DEC R0
                MOV @R0,A              ;34H 单元清零
                LJMP ADHOUR            ;继续等待按键
QUIT:           CLR TR1                ;禁止定时器 T1 中断
                CLR ET1
                JNB P2.6,QUIT1         ;等待按键释放
                LJMP NOKEY             ;返回主程序
WAIT:           LCALL DISP             ;通过调用时间显示子程序,防止按键处
                                       理阶段无时钟显示
                LJMP FEN
WAIT1:          LCALL DISP
                LJMP ADFEN
WAIT4:          LCALL DISP
                LJMP HOUR
WAIT5:          LCALL DISP
                LJMP ADHOUR
QUIT1:          LCALL DISP
                LJMP QUIT
/ * 以下是时间显示子程序 * /
DISP:           MOV R1,≠30H            ;显示数据首地址
                MOV R4,≠0FEH           ;位扫描控制字初值
NEXT:           MOV A,R4               ;位控制字先放入 A 中
                MOV P2,A               ;位控制字输出到 P2 口
                MOV A,@R1              ;取出要显示的各单元数据
                MOV DPTR,≠TAB          ;赋段码表的首地址
                MOVC A,@A+DPTR         ;查表,取出相应的段码
                MOV P1,A               ;段码输出给 P1 口
                LCALL DEL1MS           ;每位数码管轮流显示 1 ms
                MOV P2,≠0FFH           ; P1、P2 口复位
                MOV P1,≠0FFH           ;熄灭 LED
                INC R1                 ;显示地址增 1
                MOV A,R4               ;位控制字送 A
                JNB ACC.5,EXIT         ;6 位数码管各显示 1 遍,退出
                RL A                   ;位控制字左移
```

```
                MOV R4,A                ;位控制字送回 R4
                LJMP NEXT               ;循环显示下一个数据
EXIT：          RET                     ;子程序返回
/* 以下是定时器 T0 中断服务子程序 */
INTT0：         PUSH ACC                ;进入中断,保护现场
                PUSH PSW
                MOV TH0,#3CH            ;重装定时器 T0 的计数初值
                MOV TL0,#0B0H
                DJNZ R3,T0EXIT          ;20 次未到,退出中断
                MOV R3,#20              ;1 s 定时时间到,重新赋值
                MOV R0,#31H             ;指向秒计时单元(30H,31H)
                LCALL JIA1              ;调用加 1 子程序
                MOV A,R4                ;秒数据放入 A 中
                CLR C                   ;清进位标识位
                CJNE A,#60,CLRS         ;当前数据与 60 s 相比较
CLRS：          JC T0EXIT               ;小于 60 s,中断退出
                CLR A                   ;大于等于 60 s,清秒计数单元
                MOV @R0,A               ;31H 单元清零
                DEC R0                  ;指向 30H 单元
                MOV @R0,A               ;30H 单元清零
                MOV R0,#43H             ;指向分计数单元(43H,42H)
                LCALL JIA1              ;调用时间加 1 子程序
                MOV A,R4                ;取出时间数据
                CLR C                   ;清进位标识位
                CJNE A,#60,CLRM         ;当前时间与 60 min 比较
CLRM：          JC T0EXIT               ;小于 60 min,中断退出
                CLR A                   ;大于等于 60 min,清分计数单元
                MOV @R0,A               ;43H 单元清零
                DEC R0                  ;指向 42H 单元
                MOV @R0,A               ;42H 单元清零
                MOV R0,#45H             ;指向小时计数单元(45H,44H)
                LCALL JIA1              ;调用时间加 1 子程序
                MOV A,R4                ;取出时间数据
                CLR C                   ;清进位标识位
                CJNE A,#24,CLRH         ;当前时间与 24 h 比较
```

```
CLRH：        JC T0EXIT              ;小于 24 h,中断退出
             CLR A                  ;大于等于 24 h,清小时计数单元
             MOV @R0,A              ;45H 单元清零
             DEC R0                 ;指向 44H 单元
             MOV @R0,A              ;44H 单元清零
T0EXIT：      MOV 32H,42H            ;中断退出前将分、小时计数单元数据移
                                      入对应显示单元
             MOV 33H,43H
             MOV 34H,44H
             MOV 35H,45H
             MOV 36H,46H
             POP PSW                ;恢复现场
             POP ACC
             RETI                   ;中断返回
/ * 以下是定时器 T1 中断服务子程序 * /
INTT1：       PUSH ACC               ;保护现场
             PUSH PSW
             MOV TL1,≠0B0H          ;重装定时器 T1 的计数初值
             MOV TH1,≠3CH
             DJNZ R3,T1EXIT         ;0.3 s 未到,退出中断
             MOV R3,≠06H            ;重新装入 0.3 s 定时次数
             CPL 02H                ;0.3 s 定时时间到,对闪烁标志取反
             JB 02H,FLASH           ;02H 位单元为 1,数码管闪烁
             MOV 32H,42H            ;02H 位单元为 0,数码管正常显示
             MOV 33H,43H
             MOV 34H,44H
             MOV 35H,45H
T1EXIT：      POP PSW                ;恢复现场
             POP ACC
             RETI                   ;中断返回
FLASH：       JB 01H,HFLASH          ;01H 位单元为 1,转向小时闪烁处理
             MOV 32H,≠0BH           ;分钟闪烁处理
             MOV 33H,≠0BH           ;"熄灭符"数据存入分计数单元
             MOV 34H,44H            ;时计数单元正常显示
             MOV 35H,45H
```

```
                LJMP T1EXIT              ;转中断退出
HFLASH：        MOV 32H,42H              ;分计数单元正常显示
                MOV 33H,43H
                MOV 34H,♯0BH             ;小时闪烁处理
                MOV 35H,♯0BH
                LJMP T1EXIT
JIA1：          MOV A,@R0                ;取出现计时数据单元的数据
                DEC R0                   ;指向上一个单元
                SWAP A                   ;A 中低四位为有效数据,先移动到高四
                                         位中,与另一个单元的数据的低四位拼成
                                         一个压缩 BCD 码。
                ORL A,@R0
                ADD A,♯01                ;计时数据加 1,压缩 BCD 码形式
                DA A                     ;十进制调整
                MOV R4,A                 ;暂保存在 R4 寄存器中
                ANL A,♯0FH               ;数据的高四位清零,保留低四位
                MOV @R0,A                ;数据以 BCD 码形式存入相应计数单元
                MOV A,R4
                INC R0
                SWAP A                   ;数据的高四位与低四位互换
                ANL A,♯0FH               ;与运算,保留低四位
                MOV @R0,A                ;数据以 BCD 码形式存入计数单元
                RET                      ;子程序返回
/ * 以下是各延时子程序 * /
DEL1MS：        MOV R5,♯10               ;延时 1 ms 子程序
LP1：           MOV R6,♯50
                DJNZ R6,$
                DJNZ R5,LP1
                RET
DEL1S：         LCALL DEL05S             ;延时 1 s 子程序
                LCALL DEL05S
                RET
DEL05S：        MOV R7,♯51H              ;延时 500 ms 子程序
LP2：           LCALL DISP
                DJNZ R7,LP2
```

```
           RET
TAB：      DB 0C0H,0F9H,0A4H    ；共阳数码管字型表
           DB 0B0H,99H,92H,82H
           DB 0F8H,80H,90H,0FFH
           END
```

# 10.3　单片机课程设计参考选题

单片机课程设计有如下参考选题。

1）步进电机控制系统设计　从键盘上输入正、反转命令、转速和转动步数,要求转速参数和转动步数显示在数码管显示器上;系统控制步进电机转动,直到转动步数为 0 时停止。

2）交通灯模拟控制系统设计　在任务七的基础之上,增加 A、B 道的倒计时显示功能,分别用 2 位 LED 数码管显示倒计时时间;若上述要求完成,还可继续增加交通路口盲人音响提示功能,用"嘟嘟"声的快慢分辨红绿灯状态,红灯时"嘟嘟"声音较慢,绿灯时声音较快。

3）计时器系统设计　利用单片机的定时器/计数器定时和计数,用 LED 数码管显示计时的时间;设置两个控制键,一个键按下计时,再按一下停止计时;另一键按下则时间清 0。

4）频率计系统设计　利用单片机的定时器/计数器定时和计数,计算出外部信号的频率,用多位 LED 数码管显示。

5）密码锁控制器设计　要求从键盘上设置密码,六位 LED 显示。由串行 EEP-ROM—AT24C01 存储密码。使用时,密码正确可控制电子锁打开;密码不正确,产生报警信号。

6）电子显示屏设计　要求设计一个 16×16 点阵汉字显示屏,设置 2 个功能键。一个键按下时,显示学校的名称,每字单独显示 2 s;另一个键按时,学校名称左移,滚动显示。

7）温度测量系统设计　利用热敏电阻和电桥电路测量温度变化信号,经过放大后送到 ADC0809 转换成数字信号,计算后在 LED 数码管显示其温度值。

8）基于单片机的 DS18B20 数字温度计的设计　以单片机为核心器件,组成一个数字式温度计。采用数字式温度计传感器 DS18B20 为检测器件,进行单点温度检测,检测精度为 ±0.5 ℃。温度显示采用 3 位 LED 数码管显示,两位整数,一位小数。具有键盘输入上、下限功能,超过上、下限温度时,进行声音报警。

# 本 章 小 结

　　单片机是一门实践性、综合性和应用性很强的学科,十分注重动手能力的培养。课程设计环节是学好本门课程的一个很重要的实践性教学内容。经过课程设计的锻炼,可以进一步加强学习者的单片机系统开发、设计和调试的能力。

　　本章以数字时钟的应用实例,给出了软硬件设计的全部过程。该课题的设计方法有多种,读者不要拘泥于教材中的内容,应努力尝试提出多种方案,并自己解决出现的问题。

　　课程设计的选题要量力而行,以学习锻炼为主,尤其要注意在实战中积累单片机软硬件的调试经验。对于部分难度较大的选题,例如第 8)题,可以先完成基本功能,即测温功能,也可以作为毕业设计的参考选题。

# 附录 A　AT89 系列单片机指令表

| 指　　令 | 功 能 说 明 | 机 器 码 | 字节数 | 周期数 |
|---|---|---|---|---|
| 数据传送类指令 | | | | |
| MOV A,Rn | 寄存器送累加器 | E8~EF | 1 | 1 |
| MOV A,direct | 直接字节送累加器 | E5 (direct) | 2 | 1 |
| MOV A,@Ri | 间接 RAM 送累加器 | E6~E7 | 1 | 1 |
| MOV A,#data | 立即数送累加器 | 74 (data) | 2 | 1 |
| MOV Rn,A | 累加器送寄存器 | F8~FF | 1 | 1 |
| MOV Rn,direct | 直接字节送寄存器 | A8~AF (direct) | 2 | 2 |
| MOV Rn,#data | 立即数送寄存器 | 78~7F (data) | 2 | 1 |
| MOV direct,A | 累加器送直接字节 | F5 (direct) | 2 | 1 |
| MOV direct,Rn | 寄存器送直接字节 | 88~8F (direct) | 2 | 2 |
| MOV direct2,direct1 | 直接字节送直接字节 | 85 (direct1)(direct2) | 3 | 2 |
| MOV direct,@Ri | 间接 RAM 送直接字节 | 86~87(direct) | 2 | 2 |
| MOV direct,#data | 立即数送直接字节 | 75(direct)(data) | 3 | 2 |
| MOV @Ri,A | 累加器送间接 RAM | F6~F7 | 1 | 1 |
| MOV @Ri,direct | 直接字节送间接 RAM | A6~A7(direct) | 2 | 2 |
| MOV @Ri,#data | 立即数送间接 RAM | 76~77(data) | 2 | 1 |
| MOV DPTR,#data16 | 16 位立即数送数据指针 | 90(data15~8)(data7~0) | 3 | 2 |
| MOVC A,@A+DPTR | 以 DPTR 为变址寻址的程序存储器读操作 | 93 | 1 | 2 |
| MOVC A,@A+PC | 以 PC 为变址寻址的程序存储器读操作 | 83 | 1 | 2 |
| MOVX A,@Ri | 外部 RAM(8 位地址)读操作 | E2~E3 | 1 | 2 |
| MOVX A,@DPTR | 外部 RAM(16 位地址)读操作 | E0 | 1 | 2 |
| MOVX @Ri,A | 外部 RAM(8 位地址)写操作 | F2~F3 | 1 | 2 |

续表

| 指　　令 | 功 能 说 明 | 机 器 码 | 字节数 | 周期数 |
|---|---|---|---|---|
| MOVX @ DPTR,A | 外部 RAM(16 位地址)写操作 | F0 | 1 | 2 |
| PUSH direct | 直接字节进栈 | C0(direct) | 2 | 2 |
| POP direct | 直接字节出栈 | D0(direct) | 2 | 2 |
| XCH A,Rn | 交换累加器和寄存器 | C8~CF | 1 | 1 |
| XCH A,direct | 交换累加器和直接字节 | C5(direct) | 2 | 1 |
| XCH A,@Ri | 交 换 累 加 器 和 间接 RAM | C6~C7 | 1 | 1 |
| XCHD A,@Ri | 交 换 累 加 器 和 间 接RAM 的低四位 | D6~D7 | 1 | 1 |
| 算术运算类指令 | | | | |
| ADD A,Rn | 寄存器加到累加器 | 28~2F | 1 | 1 |
| ADD A,direct | 直接字节加到累加器 | 25(direct) | 2 | 1 |
| ADD A,@Ri | 间接 RAM 加到累加器 | 26~27 | 1 | 1 |
| ADD A,#data | 立即数加到累加器 | 24(data) | 2 | 1 |
| ADDC A,Rn | 寄存器带进位加到累加器 | 38~3F | 1 | 1 |
| ADDC A,direct | 直接字节带进位加到累加器 | 35(direct) | 2 | 1 |
| ADDC A,@Ri | 间接 RAM 带进位加到累加器 | 36~37 | 1 | 1 |
| ADDC A,#data | 立即数带进位加到累加器 | 34(data) | 2 | 1 |
| SUBB A,Rn | 累加器带寄存器 | 98~9F | 1 | 1 |
| SUBB A,direct | 累加器带借位减去直接字节 | 95(direct) | 2 | 1 |
| SUBB A,@Ri | 累加器带借位减去间接 RAM | 96~97 | 1 | 1 |
| SUBB A,#data | 累加器带借位减去立即数 | 94(data) | 2 | 1 |
| INC A | 累加器加 1 | 04 | 1 | 1 |

| 指　令 | 功 能 说 明 | 机 器 码 | 字节数 | 周期数 |
|---|---|---|---|---|
| INC Rn | 寄存器加 1 | 08～0F | 1 | 1 |
| INC direct | 直接字节加 1 | 05(direct) | 2 | 1 |
| INC @Ri | 间接 RAM 加 1 | 06～07 | 1 | 1 |
| DEC A | 累加器减 1 | 14 | 1 | 1 |
| DEC Rn | 寄存器减 1 | 18～1F | 1 | 1 |
| DEC direct | 直接字节减 1 | 15(direct) | 2 | 1 |
| DEC @Ri | 间接 RAM 减 1 | 16～17 | 1 | 1 |
| INC DPTR | 数据指针加 1 | A3 | 1 | 2 |
| MUL AB | A 乘以 B | A4 | 1 | 4 |
| DIV AB | A 除以 B | 84 | 1 | 4 |
| DA A | 十进制调整 | D4 | 1 | 1 |
| 逻辑运算类指令 | | | | |
| ANL A,Rn | 寄存器"与"累加器 | 58～5F | 1 | 1 |
| ANL A,direct | 直接字节"与"累加器 | 55(direct) | 2 | 1 |
| ANL A,@Ri | 间接 RAM"与"累加器 | 56～57 | 1 | 1 |
| ANL A,#data | 立即数"与"累加器 | 54(data) | 2 | 1 |
| ANL direct,A | 累加器"与"直接字节 | 52(direct) | 2 | 1 |
| ANL direct,#data | 立即数"与"直接字节 | 53(direct)(data) | 3 | 2 |
| ORL A,Rn | 寄存器"或"累加器 | 48～4F | 1 | 1 |
| ORL A,direct | 直接字节"或"累加器 | 45(direct) | 2 | 1 |
| ORL A,@Ri | 间接 RAM"或"累加器 | 46～47 | 1 | 1 |
| ORL A,#data | 立即数"或"累加器 | 44(data) | 2 | 1 |
| ORL direct,A | 累加器"或"直接字节 | 42(direct) | 2 | 1 |
| ORL direct,#data | 立即数"或"直接字节 | 43(direct)(data) | 3 | 2 |
| XRL A,Rn | 寄存器"异或"累加器 | 68～6F | 1 | 1 |
| XRL A,direct | 直接字节"异或"累加器 | 65(direct) | 2 | 1 |
| XRL A,@Ri | 间接 RAM"异或"累加器 | 66～67 | 1 | 1 |
| XRL A,#data | 立即数"异或"累加器 | 64(data) | 2 | 1 |
| XRL direct,A | 累加器"异或"直接字节 | 62(direct) | 2 | 1 |
| XRL direct,#data | 立即数"异或"直接字节 | 63(direct)(data) | 3 | 2 |

续表

| 指 令 | 功 能 说 明 | 机 器 码 | 字节数 | 周期数 |
|---|---|---|---|---|
| CLR A | 累加器清零 | E4 | 1 | 1 |
| CPL A | 累加器取反 | F4 | 1 | 1 |
| 移位操作类指令 | | | | |
| RL A | 循环左移 | 23 | 1 | 1 |
| RLC A | 带进位循环左移 | 33 | 1 | 1 |
| RR A | 循环右移 | 03 | 1 | 1 |
| RRC A | 带进位循环右移 | 13 | 1 | 1 |
| SWAP A | 半字节交换 | C4 | 1 | 1 |
| 位操作指令 | | | | |
| MOV C,bit | 直接位送进位位 | A2(bit) | 2 | 1 |
| MOV bit,C | 进位位送直接位 | 92(bit) | 2 | 2 |
| CLR C | 进位位清零 | C3 | 1 | 1 |
| CLR bit | 直接位清零 | C2(bit) | 2 | 1 |
| SETB C | 进位置1 | D3 | 1 | 1 |
| SETB bit | 直接位置1 | D2(bit) | 2 | 1 |
| CPL C | 进位取反 | B3 | 1 | 1 |
| CPL bit | 直接位取反 | B2(bit) | 2 | 1 |
| ANL C,bit | 直接位"与"进位位 | 82(bit) | 2 | 2 |
| ANL C,/bit | 直接位取反"与"进位位 | B0(bit) | 2 | 2 |
| ORL C,bit | 直接位"与"进位位 | 72(bit) | 2 | 2 |
| ORL C,/bit | 直接位取反"与"进位位 | A0(bit) | 2 | 2 |
| 控制转移类指令 | | | | |
| ACALL addr11 | 绝对子程序调用 | (addr10 ～ 8 10001)(addr7～0) | 2 | 2 |
| LCALL addr16 | 长子程序调用 | 12(addr15～8)(addr7～0) | 3 | 2 |
| RET | 子程序返回 | 22 | 1 | 2 |
| RETI | 中断返回 | 32 | 1 | 2 |
| AJMP addr11 | 绝对转移 | (addr10 ～ 8 00001)(addr7～0) | 2 | 2 |

续表

| 指　　令 | 功能说明 | 机器码 | 字节数 | 周期数 |
|---|---|---|---|---|
| LJMP addr16 | 长转移 | 02(addr15～8)(addr7～0) | 3 | 2 |
| SJMP rel | 短转移 | 80(rel) | 2 | 2 |
| JMP @A+DPTR | 间接转移 | 73 | 1 | 2 |
| JZ rel | 累加器为零转移 | 60 (rel) | 2 | 2 |
| JNZ rel | 累加器不为零转移 | 70 (rel) | 2 | 2 |
| CJNE A,direct,rel | 直接字节与累加器比较,不相等则转移 | B5 (direct)(rel) | 3 | 2 |
| CJNE A,#data,rel | 立即数与累加器比较,不相等则转移 | B4 (data)(rel) | 3 | 2 |
| CJNE Rn,#data,rel | 立即数与寄存器比较,不相等则转移 | B8～BF (data)(rel) | 3 | 2 |
| CJNE @Rn,#data,rel | 立即数与间接 RAM 比较,不相等则转移 | B6～B7 (data)(rel) | 3 | 2 |
| DJNZ Rn,rel | 寄存器减 1 不为零转移 | D8～DF (rel) | 2 | 2 |
| DJNZ direct,rel | 直接字节减 1 不为零转移 | D5 (direct)(rel) | 3 | 2 |
| NOP | 空操作 | 00 | 1 | 1 |
| JC rel | 进位位为 1 转移 | 40 (rel) | 2 | 2 |
| JNC rel | 进位位为 0 转移 | 50 (rel) | 2 | 2 |
| JB bit,rel | 直接位为 1 转移 | 20 (bit)(rel) | 3 | 2 |
| JNB bit,rel | 直接位为 0 转移 | 30 (bit)(rel) | 3 | 2 |
| JBC rel | 直接位为 1 转移并清零该位 | 10 (bit)(rel) | 3 | 2 |

# 附录 B  ASCII 码字符表

| 八进制 | 十六进制 | 十进制 | 字符 | 八进制 | 十六进制 | 十进制 | 字符 |
|---|---|---|---|---|---|---|---|
| 00 | 00 | 0 | nul | 100 | 40 | 64 | @ |
| 01 | 01 | 1 | soh | 101 | 41 | 65 | A |
| 02 | 02 | 2 | stx | 102 | 42 | 66 | B |
| 03 | 03 | 3 | etx | 103 | 43 | 67 | C |
| 04 | 04 | 4 | eot | 104 | 44 | 68 | D |
| 05 | 05 | 5 | enq | 105 | 45 | 69 | E |
| 06 | 06 | 6 | ack | 106 | 46 | 70 | F |
| 07 | 07 | 7 | bel | 107 | 47 | 71 | G |
| 10 | 08 | 8 | bs | 110 | 48 | 72 | H |
| 11 | 09 | 9 | ht | 111 | 49 | 73 | I |
| 12 | 0a | 10 | nl | 112 | 4a | 74 | J |
| 13 | 0b | 11 | vt | 113 | 4b | 75 | K |
| 14 | 0c | 12 | ff | 114 | 4c | 76 | L |
| 15 | 0d | 13 | er | 115 | 4d | 77 | M |
| 16 | 0e | 14 | so | 116 | 4e | 78 | N |
| 17 | 0f | 15 | si | 117 | 4f | 79 | O |
| 20 | 10 | 16 | dle | 120 | 50 | 80 | P |
| 21 | 11 | 17 | dc1 | 121 | 51 | 81 | Q |
| 22 | 12 | 18 | dc2 | 122 | 52 | 82 | R |
| 23 | 13 | 19 | dc3 | 123 | 53 | 83 | S |
| 24 | 14 | 20 | dc4 | 124 | 54 | 84 | T |
| 25 | 15 | 21 | nak | 125 | 55 | 85 | U |
| 26 | 16 | 22 | syn | 126 | 56 | 86 | V |
| 27 | 17 | 23 | etb | 127 | 57 | 87 | W |
| 30 | 18 | 24 | can | 130 | 58 | 88 | X |
| 31 | 19 | 25 | em | 131 | 59 | 89 | Y |
| 32 | 1a | 26 | sub | 132 | 5a | 90 | Z |
| 33 | 1b | 27 | esc | 133 | 5b | 91 | [ |
| 34 | 1c | 28 | fs | 134 | 5c | 92 | \ |
| 35 | 1d | 29 | gs | 135 | 5d | 93 | ] |
| 36 | 1e | 30 | re | 136 | 5e | 94 | ^ |

续表

| 八进制 | 十六进制 | 十进制 | 字符 | 八进制 | 十六进制 | 十进制 | 字符 |
|---|---|---|---|---|---|---|---|
| 37 | 1f | 31 | us | 137 | 5f | 95 | _ |
| 40 | 20 | 32 | sp | 140 | 60 | 96 | ` |
| 41 | 21 | 33 | ! | 141 | 61 | 97 | a |
| 42 | 22 | 34 | " | 142 | 62 | 98 | b |
| 43 | 23 | 35 | # | 143 | 63 | 99 | c |
| 44 | 24 | 36 | $ | 144 | 64 | 100 | d |
| 45 | 25 | 37 | % | 145 | 65 | 101 | e |
| 46 | 26 | 38 | & | 146 | 66 | 102 | f |
| 47 | 27 | 39 | ` | 147 | 67 | 103 | g |
| 50 | 28 | 40 | ( | 150 | 68 | 104 | h |
| 51 | 29 | 41 | ) | 151 | 69 | 105 | i |
| 52 | 2a | 42 | * | 152 | 6a | 106 | j |
| 53 | 2b | 43 | + | 153 | 6b | 107 | k |
| 54 | 2c | 44 | , | 154 | 6c | 108 | l |
| 55 | 2d | 45 | - | 155 | 6d | 109 | m |
| 56 | 2e | 46 | . | 156 | 6e | 110 | n |
| 57 | 2f | 47 | / | 157 | 6f | 111 | o |
| 60 | 30 | 48 | 0 | 160 | 70 | 112 | p |
| 61 | 31 | 49 | 1 | 161 | 71 | 113 | q |
| 62 | 32 | 50 | 2 | 162 | 72 | 114 | r |
| 63 | 33 | 51 | 3 | 163 | 73 | 115 | s |
| 64 | 34 | 52 | 4 | 164 | 74 | 116 | t |
| 65 | 35 | 53 | 5 | 165 | 75 | 117 | u |
| 66 | 36 | 54 | 6 | 166 | 76 | 118 | v |
| 67 | 37 | 55 | 7 | 167 | 77 | 119 | w |
| 70 | 38 | 56 | 8 | 170 | 78 | 120 | x |
| 71 | 39 | 57 | 9 | 171 | 79 | 121 | y |
| 72 | 3a | 58 | : | 172 | 7a | 122 | z |
| 73 | 3b | 59 | ; | 173 | 7b | 123 | { |
| 74 | 3c | 60 | < | 174 | 7c | 124 | \| |
| 75 | 3d | 61 | = | 175 | 7d | 125 | } |
| 76 | 3e | 62 | > | 176 | 7e | 126 | ~ |
| 77 | 3f | 63 | ? | 177 | 7f | 127 | del |

# 附录 C  Keil uVision2 仿真软件使用方法

uVision2 IDE 是德国 Keil 公司开发的基于 Windows 平台的单片机集成开发环境，是 51 单片机开发的优秀软件之一。它集编辑、编译、仿真功能于一体，支持汇编、PLM 和 C 语言的程序设计，界面友好，易学易用。它包含一个高效的编译器、一个项目管理器和一个 MAKE 工具。其中 Keil C51 是一种专门为单片机设计的高效率 C 语言编译器，符合 ANSI 标准，生成的程序代码运行速度极高，所需要的存储器空间极小，完全可以与汇编语言媲美。

uVision2 包括一个项目管理器，它可以使 8x51 应用系统的设计变得简单。要创建一个应用，需要按下列步骤进行操作：

①启动 uVision2，新建一个项目文件，并从器件库中选择目标器件；

②新建一个源文件并把它加入到项目中；

③增加并设置所选器件的启动代码；

④针对目标硬件设置工具选项；

⑤编译项目并生成可编程 PROM 的 HEX 文件。

下面将逐步地进行描述，从而指引读者创建一个简单的 uVision2 项目。

①选择【Project】/【New Project】选项，在弹出的"Create New Project"对话框中选择要保存项目文件的路径，比如保存到 lianxi 目录里，在"文件名"文本框中输入项目名为 ex1，然后单击"保存"按钮。

②在弹出的对话框中按要求选择单片机的型号。读者可以根据使用的单片机型号来选择，Keil C51 几乎支持所有的 51 核的单片机，这里选择常用的 AT89S51，然后单击"确定"按钮。

③此时需要选择【File】/【New】选项，新建一个汇编或 C 源程序文件。如果已经有源程序文件，可以忽略这一步。在弹出的程序文本框中输入程序。

④选择【File】/【Save】选项，或者单击工具栏 按钮，保存文件。在弹出的对话框中选择要保存的路径，在"文件名"文本框中输入文件名，注意一定要输入扩展名。如果是 C 程序文件，扩展名为 .c；如果是汇编文件，扩展名为 .asm。这里需要存储 ASM 源程序文件，所以输入 .asm 扩展名，单击"保存"按钮。

⑤单击 Target1 前面的 ＋ 号，展开里面的内容 Source Group1。用右键单击 Source Group1，选择 Add File to Group`Source Group1`选项。选择刚才输入的源文件，文件类型选择 Asm Source file(＊.C)。如果是 C 文件，则选择 C Source file，最后单击"Add"按钮。添加完毕后单击"Close"按钮。

⑥接下来要对目标进行一些设置。用鼠标右键（注意用右键）单击 Target1，在

弹出的菜单中选择 Options for Target "Target 1"选项,主要是设置好单片机工作的频率,选择编译后目标文件的存储目录,设置生成的目标文件的名字,选择仿真形式等。

⑦选择【Project】/【Rebuild all target files】选项编译程序。如果编译成功,开发环境下面会显示编译成功的信息。

⑧编译完毕之后,选择【Debug】/【Start/Stop Debug Session】选项,即就进入调试环境。

# 参 考 文 献

[1]董晓红．单片机原理与接口技术[M]．西安：西安电子科技大学出版社,2004.

[2]付晓光．单片机原理与实用技术[M]．北京：清华大学出版社,2004.

[3]肖洪兵．跟我学用单片机[M]．北京：北京航空航天大学出版社,2006.

[4]王幸之,钟爱琴,王雷,等．AT89系列单片机原理与接口技术[M]．北京:北京航空航天大学出版社,2004.

[5]韩全立,王建明．单片机控制技术及应用[M]．北京:电子工业出版社,2004.

[6]梅丽凤,王艳秋．单片机原理及接口技术(第3版)[M]．北京:清华大学出版社,2009.

[7]刘守义,杨宏丽,王静霞．单片机应用技术[M]．西安:西安电子科技大学出版社,2006.

[8]李全利．单片机原理及应用技术[M]．北京:高等教育出版社,2009.

[9]张靖武,周灵斌．单片机系统的PROTEUS设计与仿真[M]．北京:电子工业出版社,2007.

[10]张晔,王玉民．单片机应用技术[M]．北京：高等教育出版社,2006.